新一代信息技术系列教材

基于 Python 的深度学习图像处理

易 诗 钟晓玲 编

机械工业出版社

本书是一本具有实践导向性的教材，主要面向信息工程专业的学生和从事图像处理的读者。本书以图像处理技术为主线，介绍了深度学习在图像处理中的理论和应用。

本书的核心内容涵盖了深度学习的各个层面，包括设计卷积神经网络的基础知识、低阶和高阶图像处理任务的实现等。这些内容不仅包含理论介绍，还包括大量的实例代码，使用 Python 语言及当前流行的深度学习环境，帮助读者理解和实践深度学习在图像处理中的应用。在低阶图像处理任务部分，本书详细介绍了图像去噪、去模糊、增强和超分辨率重建等任务。在高阶图像处理任务部分，读者将学习到如何使用深度学习方法进行图像分类、目标检测、语义分割和实例分割等。

本书旨在通过理论介绍与实践案例相结合的方式，帮助读者更好地理解并掌握深度学习在图像处理领域的应用，是一本理论与实践并重、实用性强的教材。

图书在版编目（CIP）数据

基于 Python 的深度学习图像处理 / 易诗，钟晓玲编 . —北京：机械工业出版社，2024.4

新一代信息技术系列教材

ISBN 978-7-111-75745-0

Ⅰ . ①基…　Ⅱ . ①易…②钟…　Ⅲ . ①图像处理软件 – 教材　Ⅳ . ① TP391.413

中国国家版本馆 CIP 数据核字（2024）第 090575 号

机械工业出版社（北京市百万庄大街 22 号　邮政编码 100037）
策划编辑：王玉鑫　　　　　　责任编辑：王玉鑫　周海越
责任校对：张爱妮　张　征　　封面设计：王　旭
责任印制：张　博
天津市光明印务有限公司印刷
2024 年 7 月第 1 版第 1 次印刷
184mm×260mm · 12.5 印张 · 317 千字
标准书号：ISBN 978-7-111-75745-0
定价：45.00 元

电话服务　　　　　　　　　网络服务
客服电话：010-88361066　机 工 官 网：www.cmpbook.com
　　　　　010-88379833　机 工 官 博：weibo.com/cmp1952
　　　　　010-68326294　金 书 网：www.golden-book.com
封底无防伪标均为盗版　机工教育服务网：www.cmpedu.com

前　言

随着图像处理技术的不断发展，其应用范围越来越广泛。从日常生活中的图像编辑软件，到医疗影像的诊断与分析，再到自动驾驶领域的图像识别与处理，图像处理技术都扮演着重要的角色。深度学习技术在图像处理领域的应用也越来越受到关注，已经成为当前图像处理领域的热门研究方向之一。

本书旨在为图像处理技术和深度学习技术的初学者提供一套完整的学习指南，从理论基础到编程实践，全面深入地介绍深度学习在低阶和高阶图像处理任务中的应用。

本书首先介绍图像处理技术和深度学习的基础概念，包括图像处理的基本操作与深度学习的基本模型和算法，为读者打下坚实的理论基础。接着，详细讲解卷积神经网络的设计和搭建，以及深度学习在低阶图像处理任务中的应用，包括图像去噪、图像去模糊、图像增强和图像超分辨率重建等。这些任务是图像处理领域的常见问题，也是深度学习在图像处理中的入门任务，通过本书的学习，读者将能够初步掌握深度学习在图像处理中的基本思想和方法。

在学习了深度学习在低阶图像处理任务中的应用后，将进入深度学习在高阶图像处理任务中的应用，包括图像分类、目标检测、语义分割和实例分割等。这些任务是图像处理领域的重要问题，也是深度学习在图像处理中的核心任务。通过本书的学习，读者将深入了解深度学习在高阶图像处理任务中的应用，并能够掌握深度学习在实际应用中的关键技术和方法。

除了理论知识的介绍外，本书还将通过 Python 语言编程实现各种深度学习图像处理任务，包括卷积神经网络的设计、搭建、训练和测试等。将使用目前流行的深度学习图像处理开发环境，使读者能够深入了解深度学习图像处理的编程实践，掌握深度学习在图像处理中的具体实现方法和技巧。

本书不仅涵盖了深度学习在图像处理中的理论基础和编程实践，还包括了当前深度学习图像处理领域的研究热点和趋势，为读者提供了一个完整的图像处理技术和深度学习技术的学习和研究平台。

本书适合对图像处理和深度学习有一定了解的读者学习。对于图像处理领域的研究人员和工程师，本书可以作为进一步学习深度学习在图像处理领域的应用的入门指南；对于学习深度学习的初学者，本书可以帮助他们在图像处理领域快速掌握深度学习的基础理论和编程实践中的技术和方法。

最后，感谢所有参与本书编写的作者，他们的努力使本书得以顺利完成。希望本书能够对读者有所帮助，欢迎读者提出宝贵的意见和建议，让我们共同进步。

编　者

目　录

第 1 章

数字图像处理概述

1.1 数字图像处理的基本概念

图像作为人类感知世界的视觉基础，是人类获取信息、表达信息和传递信息的重要手段。数字图像处理，即用计算机对图像进行处理，其发展历史并不长。数字图像处理技术源于 20 世纪 20 年代，当时通过海底电缆从英国伦敦到美国纽约传输的一张照片，采用了数字压缩技术。首先数字图像处理技术可以帮助人们更客观、准确地认识世界，人的视觉系统可以帮助人类从外界获取 3/4 以上的信息，而图像、图形又是所有视觉信息的载体，尽管人眼的鉴别力很高，可以识别上千种颜色，但很多情况下，图像对于人眼来说是模糊甚至是不可见的，通过图像增强技术可以使模糊甚至不可见的图像变得清晰明亮。

图像处理（Image Processing）是用计算机对图像进行分析以达到所需结果的技术，又称影像处理。图像处理一般指数字图像处理。数字图像是指用工业相机、摄像机、扫描仪等设备经过拍摄得到的一个大的二维数组，该数组的元素称为像素，其值称为灰度值。

在计算机中，按照颜色和灰度的多少可以将图像分为二值图像、灰度图像、索引图像和真彩色 RGB 图像 4 种基本类型。其中，二值图像的二维矩阵仅由 0、1 两个值构成，0 代表黑色，1 代表白色。由于每一个像素（矩阵中每一个元素）取值仅有 0、1 两种可能，所以计算机中二值图像的数据类型通常为 1 个二进制位。二值图像通常用于文字、线条图的扫描识别和掩膜图像的存储。灰度图像矩阵元素的取值范围通常为 [0，255]，因此其数据类型一般为 8 位无符号整型（int8），这就是人们经常提到的 256 灰度图像。0 代表纯黑色，255 代表纯白色，中间的数字从小到大表示由黑色到白色的过渡色。在某些软件中，灰度图像也可以用双精度数据类型表示，像素的值域为 [0，1]，0 代表黑色，1 代表白色，0 到 1 之间的小数表示不同的灰度等级。二值图像可以看成是灰度图像的一个特例。索引图像的文件结构比较复杂，除了存放图像的二维矩阵外，还包括一个称为颜色索引矩阵 MAP 的二维数组。MAP 的大小由存放图像的矩阵元素值域决定，如矩阵元素值域为 [0，255]，则 MAP 的大小为 256×3，用 MAP=[RGB] 表示。MAP 中每一行的 3 个元素分别指定该行对应颜色的红、绿、蓝单色值，MAP 中每一行对应图像矩阵像素的一个灰度值，如某一像素的灰度值为 64，则该像素就与 MAP 中的第 64 行建立了映射关系，该像素在屏幕上的实际颜色由第 64 行的 [RGB] 组合决定。也就是说图像在屏幕上显示时，每一像素的颜色由存放在矩阵中该像素的灰度值作为索引，通过检索颜色索引矩阵得到。索引图像的数据类型一般为 8 位无符号整型（int8），相应索引矩阵的大小为 256×3，因此一般索引图像只能同时显示 256 种颜色，但通过改变索引矩阵，颜色的类型可以调整。索引图像的数据类型也可采用双精度浮点型。索引图像一般用于存放色彩要求比较简单的图像，如 Windows 中色彩构成比较简单的壁纸多采用索引图像存放，如果图像的色彩比较复杂，就要用到 RGB 真彩色图像。RGB 图像与索引图像一样都可以用来表示彩色图像。与索引图像一样，它分别用红（R）、绿（G）、蓝（B）三原色的组合来表示每个像素的颜色。但与索引图像不同的是，RGB 图像每一个像素的颜色值（由 RGB 三原色表示）直接存放在图像矩阵中，由于每一像素的颜色需由 R、G、B 3 个分量来表示，M、N 分别表示图像的行数、列数，3 个 $M \times N$ 的二维矩阵分别表示各个像素的 R、G、B 3 个颜色分量。RGB 图像的数据类型一般为 8 位无符号整型，通常用于表示和存放真彩色图像，当然也可以存放灰度图像。

数字化图像数据有两种存储方式：位图存储（Bitmap）和矢量存储（Vector）。其中，位图方式是将图像的每一个像素值点转换为一个数据，当图像是单色（只有黑白二色）时，8 个像素值点的数据只占据 1 字节（1 字节就是 8 个二进制数，1 个二进制数存放像素值点）；16 色（区别于前段"16 位色"）的图像每两个像素值点用 1 字节存储；256 色图像每一个像素值点用 1 字节存储。这样就能够精确地描述不同颜色模式的图像画面。位图图像弥补了矢量图像的缺陷，它能够制作出色彩和色调变化丰富的图像，可以逼真地表现自然界的景象，同时也可以很容易地在不同软件之间交换文件；而其缺点是无法制作真正的 3D 图像，并且图像缩放和旋转时会产生失真的现象，同时文件较大，对内存和硬盘空间容量的需求也较高。如果用 1 位数据来记录颜色，那么它只能代表 2 种颜色（$2^1=2$）；如果以 8 位来记录，便可以表现出 256 种颜色或色调（$2^8=256$），因此使用的位元素越多所能表现的色彩也越多。通常我们使用的颜色有 16 色、256 色、增强 16 位和真彩色 24 位。一般所说的真彩色是指 24 位（2^{24}）的位图存储模式，适合内容复杂的图像和真实照片。但随着分辨率以及颜色数的提高，图像所占用的磁盘空间也非常大；另外由于在放大图像的过程中，其图像势必要变得模糊而失真，放大后的图像像素点实际上变成了像素"方格"。用数字照相机和扫描仪获取的图像都属于位图。矢量图像存储的是图像信息的轮廓部分，而不是图像的每一个像素值点。例如，一个圆形图案只要存储圆心的坐标位置和半径长度，以及圆的边线和内部的颜色即可。该存储方式的缺点是经常耗费大量的时间做一些复杂的分析演算工作，图像的显示速度较慢；但图像缩放不会失真，图像的存储空间也要小得多。所以，矢量图像比较适合存储各种图表和工程。

数字图像处理的常用方法包括以下几方面：

1）图像变换。由于图像阵列很大，直接在空间域中进行处理，涉及计算量很大。因此，往往采用各种图像变换的方法，如傅里叶变换、沃尔什变换、离散余弦变换等间接处理技术，将空间域的处理转换为变换域处理，不仅可减少计算量，而且可获得更有效的处理（如傅里叶变换可在频域中进行数字滤波处理）。目前新兴研究的小波变换在时域和频域中都具有良好的局部化特性，它在图像处理中也有着广泛而有效的应用。

2）图像编码压缩。图像编码压缩技术可减少描述图像的数据量（即比特数），以便节省图像传输、处理时间和减少所占用的存储器容量。压缩可以在不失真的前提下获得，也可以在允许的失真条件下进行。编码是压缩技术中最重要的方法，它在图像处理技术中是发展最早且比较成熟的技术。

3）图像增强和复原。图像增强和复原的目的是提高图像的质量，如去除噪声、提高图像的清晰度等。图像增强不考虑图像降质的原因，突出图像中所感兴趣的部分。如强化图像高频分量，可使图像中物体轮廓清晰，细节明显；如强化低频分量可减少图像中噪声影响。图像复原要求对图像降质的原因有一定的了解，一般来说应根据降质过程建立"降质模型"，再采用某种滤波方法，恢复或重建原来的图像。

4）图像分割。图像分割是数字图像处理中的关键技术之一。图像分割是将图像中有意义的特征部分提取出来，其有意义的特征有图像中的边缘、区域等，这是进一步进行图像识别（Image Recognition）、分析和理解的基础。虽然目前已研究出很多边缘提取、区域分割的方法，但还没有一种普遍适用于各种图像的有效方法。因此，对图像分割的研究还在不断深入之中，是目前图像处理研究的热点之一。

5）图像描述。图像描述是图像识别和理解的必要前提。作为最简单的二值图像可采用其几何特性描述物体的特性，一般图像的描述方法采用二维形状描述，它有边界描述和区域描述两类方法。对于特殊的纹理图像可采用二维纹理特征描述。随着图像处理研究的深入发展，已经开始进行三维物体描述的研究，提出了体积描述、表面描述、广义圆柱体描述等方法。

6）图像分类（识别）。图像分类（识别）属于模式识别的范畴，其主要内容是图像经过某些预处理（增强、复原、压缩）后，进行图像分割和特征提取，从而进行判决分类。图像分类常采用经典的模式识别方法，有统计模式分类和句法（结构）模式分类，近年来新发展起来的模糊模式识别和人工神经网络模式分类在图像识别中也越来越受到重视。

1.2　数字图像处理系统的组成

数字图像处理的基本流程分为图像采集、图像预处理、数字图像处理、输出 4 个步骤。其中图像采集为前端成像传感器对环境进行成像，图像预处理包括图像数字化、图像编码、图像压缩、图像恢复与增强等操作，数字图像处理为核心图像处理算法，输出是将最终的处理结果进行显示、存储、形成决策或控制信息。整个流程如图 1.1 所示。

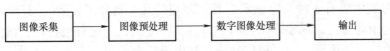

图 1.1　数字图像处理基本流程

因此，数字图像处理系统主要由三大部分组成：图像输入、图像处理分析和图像输出。图像输入部分获取图像并进行数字输入功能，相关设备包括数字照相机、数字摄像机、扫描仪、带照相和摄像功能的手机等。要把数字图像交由计算机进行图像处理，首先要将数字图像数据输入计算机中。输入方式一般有数字图像输入、图片扫描输入、视频图像输入 3 种。

1. 数字图像输入

数字照相机所拍摄的图像是以数字图像的形式存储在照相机的存储器或可移动式存储卡中，只要通过电缆连接线把照相机或移动硬盘、存储卡等移动式存储器和计算机连接在一起，图像的数据就可以输入计算机中，并以图像文件的形式存储。从数字照相机输入计算机的信号，即数字图像信号，可以直接由计算机进行加工处理，经过计算机处理的图像，能极大限度地发挥数字摄影的特点。数字照相机接入计算机的方式有两种，串行接口和 USB 接口。串行电缆的连接方式比较简单，但数据信号的传输速率比较慢；USB 电缆接口传输数据信号的速率比较快，因此数字照相机的连接一般都采用 USB 接口。另外，摄影者还可以将存储卡从数字照相机中取出，插入读卡器中读出数据后再传给计算机。

2. 图片扫描输入

建立电子暗房，必须准备的设备就是电子扫描仪，它可以将图片通过扫描方式转换为数字信号。当需要将图片、绘画、照片、胶片等图像资料输入计算机中时，必须先将它们转换为数字信号，通常转换的方式有两种，一是用数字照相机拍摄，二是用电子扫描仪扫描。显然电子扫描仪是进行图像数字化转换最有效的仪器，也是最常用的图像输入设备，它通过对图片的逐点扫描，可以将图片转化为数字图像信号，然后输入计算机中进行图像处理。电子扫描仪可以通过电缆线将数据信号传输到计算机中，接入方式也有两种，串行接口和 USB 接口。USB 接口的扫描仪连接方便、操作简单、传输数据信号的速率快，并且支持热插板，这意味着无须关闭计算机电源就可以加装或卸载各种设备。因此，目前多数电子扫描仪都使用 USB 接口。

3. 视频图像输入

视频图像输入主要是指将摄像机和录像机中的电视图像信号输入计算机中。通常电视图像信号有两类，一类是数字摄像机、数字录像机等数字式视频设备输出的信号，这种信号本身就是数字图像。另一类是普通电视摄像、录像设备和有视频输入功能的电视机所输出的模拟图像信号，模拟图像信号必须通过计算机专门配置的"视频采集卡"才能输入计算机中，由视频采集电路和模 / 数转换电路将模拟图像信号转换成数字图像信号，再进入计算机进行图像加工处理。一般情况下，输入计算机中的图像信号是每秒 25 幅画面，因此计算机加工处理图像信号的速度是必须考虑的。

图像处理分析模块，包括计算机、数字信号处理器（DSP）芯片等硬件设备，服务器搭载的并行处理器［图像处理单元（Graphics Processing Unit，GPU）］以及通用或专用软件，用来完成各种处理目的。

图像输出部分包括显示输出、打印输出，也可以输出到 Internet 上的其他设备。数字图像输出的方式主要有 5 种，即显示观看、制成胶片（负片或正片）、打印成图片、刻录成光盘以及远距离传送。视频图像显示一般有 3 种形式，一是直接在计算机上显示，二是通过计算机的电视调谐卡换为视频信号输出到电视机上显示，三是用投影仪投影在屏幕上显示。3 种显示方法目的的不同，显示的大小也有所不同。数字打印机是数字图像的另一种终端设备，通过数字打印出来的图片，类似于传统照片的效果。数字图像是通过打印机在专用的打印纸上打印成图片的，图片的规格大小可以任意设置。

1.3　数字图像处理的应用

目前数字图像处理技术广泛应用于生产生活的各个领域，包括航天和航空技术、生物医学工程、通信工程、工业和工程、军事公安、文化艺术、机器视觉等。

1）航天和航空技术方面的应用：数字图像处理技术在航天和航空技术方面的应用如对月球、火星照片的处理，以及在飞机遥感和卫星遥感技术中的应用。许多国家每天派出很多侦察飞机对地球上的一些地区进行大量的空中摄影。对由此得来的照片进行处理分析，以前需要雇用几千人，而现在改用配备有高级计算机的图像处理系统来判读分析，既节省人力又加快了速度，还可以从照片中提取人工所不能发现的大量有用情报。从 20 世纪 60 年代末以来，美国及一些国际组织发射了资源遥感卫星（如 LANDSAT 系列）和天空实验室（如 SKYLAB），由于成像条件受飞行器位置、姿态、环境条件等影响，图像质量总不是很高。因此，以如此昂贵的代价进行简单直观的判读来获取图像是不合算的，而必须采用数字图像处理技术。如 LANDSAT 系列陆地卫星，采用多波段扫描器（MSS），在 900km 高空对地球每一个地区以 18 天为一周期进行扫描成像，其图像分辨率大致相当于地面上十几米或 100m 左右（如 1983 年发射的 LANDSAT–4，分辨率为 30m）。这些图像在空中先处理（数字化，编码）成数字信号存入磁带中，在卫星经过地面站上空时，再高速传送下来，然后由处理中心分析判读。这些图像无论是在成像、存储、传输过程中，还是在判读分析中，都必须采用很多数字图像处理方法。现在世界各国都在利用陆地卫星所获取的图像进行资源调查（如森林调查、海洋泥沙和渔业调查、水资源调查等）、灾害检测（如病虫害检测、水火检测、环境污染检测等）、资源勘察（如石油勘查、矿产量探测、大型工程地理位置勘探分析等）、农业规划（如土壤营养、水分和农作物生长、产量的估算等）和城市规划（如地质结构、水源及环境分析等）。我国也陆续开展了以上各方面的一些实际应用，并获得了良好的效果。在气象预报和对太空其他星球研究方面，数字图像处理技术也发挥了很大作用。遥感图像地物分类实例如图 1.2 所示。

图 1.2　遥感图像地物分类实例

2）生物医学工程方面的应用：数字图像处理在生物医学工程方面的应用十分广泛，而且很有成效。除了应用于 CT 技术之外，还有一类是对医用显微图像的处理分析，如红细胞、白细胞分类，染色体分析，癌细胞识别等。此外，在 X 光肺部图像增晰、超声波图像处理、心电图分析、立体定向放射治疗等医学诊断方面都广泛地应用数字图像处理技术。医学图像脑部肿瘤分割实例如图 1.3 所示。

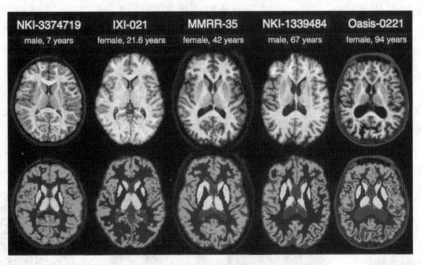

图 1.3　医学图像脑部肿瘤分割实例

3）通信工程方面的应用：当前通信的主要发展方向是声音、文字、图像和数据结合的多媒体通信。具体地讲是将电话、电视和计算机以三网合一的方式在数字通信网上传输。其中以图像通信最为复杂和困难，因图像的数据量十分巨大，如传送彩色电视信号的速率达 100Mbit/s 以上。要将这样高速率的数据实时传送出去，必须采用编码技术来压缩信息的比特量。从一定意义上讲，编码压缩是这些技术成败的关键。除了已应用较广泛的熵编码、差分脉冲编码调制（Differential Pulse Code Modulation，DPCM）、变换编码外，目前国内外正在大力开发研究新的编码方法，如分行编码、自适应网络编码、小波变换图像压缩编码等。图像压缩实例如图 1.4 所示。

图 1.4　图像压缩实例

4）工业和工程方面的应用：在工业和工程领域中图像处理技术有着广泛的应用，如自动装配线中检测零件的质量并对零件进行分类，印制电路板疵病检查，弹性力学图片的应力分析，流体力学图片的阻力和升力分析，邮政信件的自动分拣，在一些有毒、放射性环境内识别工件及物体的形状和排列状态，先进的设计和制造技术中采用工业视觉等。其中值得一提的是研制具备视觉、听觉和触觉功能的智能机器人，将会给工农业生产带来新的激励，目前已在工业生产中的喷漆、焊接、装配中得到有效的利用。探地雷达地基图像探伤实例如图 1.5 所示。

5）军事公安方面的应用：在军事方面图像处理和识别主要用于导弹的精确末制导，各种侦察照片的判读，具有图像传输、存储和显示的军事自动化指挥系统，飞机、坦克和军舰模拟训练系统等；公安方面应用有公安业务图片的判读分析、指纹识别、人脸鉴别、不完整图片的复原，以及交通监控、事故分析等。目前已投入运行的高速公路不停车自动收费系统中的车辆和车牌的自动识别都是图像处理技术成功应用的例子。人脸识别实例如图 1.6 所示。

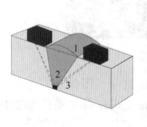

图 1.5　探地雷达地基图像探伤实例　　　　　图 1.6　人脸识别实例

6）文化艺术方面的应用：目前这类应用有电视画面的数字编辑、动画的制作、电子图像游戏、纺织工艺品设计、服装设计与制作、发型设计、文物资料照片的复制和修复、运动员动作分析和评分等，现在已逐渐形成一门新的艺术——计算机美术。AI 自动服装搭配实例如图 1.7 所示。

图 1.7 AI 自动服装搭配实例

7）机器视觉方面应用：机器视觉作为智能机器人的重要感觉器官，主要进行三维景物理解和识别，是目前处于研究中的开放课题。机器视觉主要用于军事侦察、危险环境的自主机器人，邮政、医院和家庭服务的智能机器人，装配线工件识别、定位，太空机器人的自动操作等。视觉引导机械臂抓取物体实例如图 1.8 所示。

此外，数字图像处理在视频和多媒体系统中的变换、合成，多媒体系统中静止图像和动态图像的采集、压缩、处理、存储和传输，科学可视化领域中的图像处理和图形学，电子商务中的身份认证、产品防伪、水印技术均有广泛应用。

图 1.8 视觉引导机械臂抓取物体实例

1.4 数字图像处理任务的层次划分

数字图像处理任务一般分为 3 个层次：低级图像处理（狭义图像处理）、中级图像处理（图像分析）和高级图像处理（图像理解）。三者既有联系又有区别，三者有机结合就是图像工程。数字图像处理任务层次划分如图 1.9 所示。

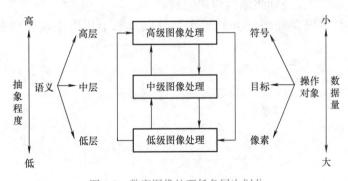

图 1.9 数字图像处理任务层次划分

（1）低级图像处理（狭义图像处理） 低级图像处理主要对图像进行各种加工以改善图像的视觉效果或突出有用信息，并为自动识别打基础，或通过编码以减少对其所需存储空间、传输时间或传输带宽的要求。其特点为：输入是图像，输出也是图像，即图像之间进行的变换。低级图像处理典型应用包括图像去除雨滴、去雾、去噪、去模糊及图像复原等。

（2）中级图像处理（图像分析） 中级图像处理主要对图像中感兴趣的目标进行检测（或分割）和测量，以获得它们的客观信息，从而建立对图像中目标的描述，是一个从图像到数值或符号的过程。其特点为：输入是图像，输出是数据。中级图像处理典型应用包括图像分类、目标跟踪、目标检测、图像分割等。

（3）高级图像处理（图像理解） 高级图像处理在中级图像处理的基础上，进一步研究图像中各目标的性质和它们之间相互的联系，并得出对图像内容含义的理解（对象识别）及对原来客观场景的解释（计算机视觉），从而指导和规划行动。其特点为：以客观世界为中心，借助知识、经验等来把握整个客观世界。其特点为：输入是数据，输出是理解。高级图像处理典型应用包括图像解释、推理，视频理解，视觉问答等。

本 章 总 结

本章通过介绍数字图像处理的基本概念，为学习深度学习图像处理奠定了理论基础。通过介绍数字图像处理系统的组成，建立了数字图像处理系统的架构思想。通过展示数字图像处理的应用领域，阐明了学习数字图像处理的意义。通过阐述数字图像处理任务的层次划分，为后期学习各种类型的数字图像处理任务建立了前期认知。通过本章节的学习，可以初步了解与掌握数字图像处理的基础知识与应用。

习　　　题

1. 简要说明图像处理的定义。

2. 简述数字图像在计算机中存储的方式。

3. 简要说明数字图像的分类。

4. 简要说明数字图像处理所包含的基本方法。

5. 简要描述数字图像处理的基本流程。

6. 简要说明数字图像处理系统的构成。

7. 简要列举数字图像处理当前的应用领域。

8. 简要阐述数字图像处理任务的层次划分以及每个层次中所包含的主要图像处理任务。

第 2 章

Python 语言编程基础

2.1 Python 语言简介

Python 语言由荷兰数学和计算机科学研究学会的吉多·范罗苏姆于 20 世纪 90 年代初设计，作为 ABC 语言的替代品。Python 提供了高效的高级数据结构，还能简单有效地面向对象编程。Python 语法和动态类型以及解释型语言的本质，使它成为多数平台上写脚本和快速开发应用的编程语言。随着版本的不断更新和语言新功能的添加，它逐渐被用于独立、大型项目的开发。Python 解释器易于扩展，可以使用 C 语言或 C++ 语言（或者其他可以通过 C 语言调用的语言）扩展新的功能和数据类型。Python 也可用于可定制化软件中的扩展程序语言。Python 语言具有丰富的标准库，提供了适用于各个主要系统平台的源码或机器码。Python 语言的标识如图 2.1 所示。

图 2.1 Python 语言的标识

由于 Python 语言的简洁性、易读性以及可扩展性，在国外用 Python 语言做科学计算的研究机构日益增多，一些知名大学已经采用 Python 语言来教授程序设计课程。例如，卡耐基梅隆大学的编程基础、麻省理工学院的计算机科学及编程导论就使用 Python 语言讲授。众多开源的科学计算软件包都提供了 Python 语言的调用接口，例如著名的计算机视觉库 OpenCV、三维可视化库 VTK、医学图像处理库 ITK。而 Python 专用的科学计算扩展库就更多了，例如下面 3 个十分经典的科学计算扩展库：NumPy、SciPy 和 matplotlib，它们分别为 Python 语言提供了快速数组处理、数值运算以及绘图功能。因此，Python 语言及其众多的扩展库所构成的开发环境十分适合工程技术、科研人员处理实验数据、制作图表，甚至开发科学计算应用程序。

Python 语言具有如下的优点：

1）简单：Python 是一种代表简单主义思想的语言。阅读一个良好的 Python 语言程序就感觉像是在读英语一样。它使你能够专注于解决问题而不是理解语言本身。

2）易学：Python 语言极其容易上手，因为它有极其简单的说明文档。

3）易读、易维护：风格清晰划一、强制缩进。

4）速度较快：Python 语言的底层是用 C 语言编写的，很多标准库和第三方库也都是用 C 语言编写的，运行速度非常快。

5）免费、开源：Python 语言是 FLOSS（自由/开放源码软件）之一。使用者可以自由地发布这个软件的复制，阅读它的源代码，对它做改动，把它的一部分用于新的自由软件中。FLOSS 是基于一个团体分享知识的概念。

6）高层语言：用 Python 语言编写程序的时候无须考虑如何管理你的程序使用的内存

一类的底层细节。

7）可移植性：由于它的开源本质，Python 语言已经被移植在许多平台上（经过改动使它能够工作在不同平台上）。这些平台包括 Linux、Windows、FreeBSD、Macintosh、Solaris、OS/2、Amiga、AROS、AS/400、BeOS、OS/390、z/OS、Palm OS、QNX、VMS、Psion、Acom RISC OS、VxWorks、PlayStation、Sharp Zaurus、Windows CE、PocketPC、Symbian 以及 Google 基于 Linux 开发的 Android 平台。运行程序的时候，连接 / 转载器软件把你的程序从硬盘复制到内存中并且运行。而 Python 语言写的程序不需要编译成二进制代码，可以直接从源代码运行程序。在计算机内部，Python 解释器把源代码转换成称为字节码的中间形式，然后再把它翻译成计算机使用的机器语言并运行。这使得使用 Python 语言更加简单，也使得 Python 程序更加易于移植。

8）解释性：一个用编译性语言如 C 语言或 C++ 语言编写的程序可以从源文件（即 C 或 C++ 语言）转换到一个计算机使用的语言（二进制代码，即 0 和 1）。这个过程通过编译器和不同的标记、选项完成。

9）面向对象：Python 语言既支持面向过程的编程也支持面向对象的编程。在"面向过程"的语言中，程序是由过程或仅仅是可重用代码的函数构建起来的；在"面向对象"的语言中，程序是由数据和功能组合而成的对象构建起来的。Python 语言是完全面向对象的语言。函数、模块、数字、字符串都是对象，并且完全支持继承、重载、派生、多继承，有益于增强源代码的复用性。Python 语言支持重载运算符和动态类型。相对于 Lisp 这种传统的函数式编程语言，Python 语言对函数式设计只提供了有限的支持。有两个标准库（functools、itertools）提供了 Haskell 和 Standard ML 中久经考验的函数式程序设计工具。

10）可扩展性、可扩充性：如果需要一段关键代码运行得更快或者希望某些算法不公开，可以部分程序用 C 或 C++ 语言编写，然后在 Python 程序中使用它们。Python 语言本身被设计为可扩充的，并非所有的特性和功能都集成到语言核心。Python 语言提供了丰富的 API 和工具，以便程序员能够轻松地使用 C、C++、Python 语言来编写扩充模块。Python 编译器本身也可以被集成到其他需要脚本语言的程序内。因此，很多人还把 Python 语言作为一种"胶水语言（Glue Language）"使用。使用 Python 语言将其他语言编写的程序进行集成和封装。在 Google 内部的很多项目，例如 Google Engine 使用 C++ 语言编写性能要求极高的部分，然后用 Python 语言或 Java/Go 调用相应的模块。《Python 技术手册》的作者马特利（Alex Martelli）说："这很难讲，不过 2004 年，Python 语言已在 Google 内部使用，Google 招募许多 Python 语言高手，但在这之前就已决定使用 Python 语言，他们的目的是 Python where we can，C++ where we must，在操控硬件的场合使用 C++ 语言，在快速开发时使用 Python。"

11）可嵌入性：可以把 Python 语言嵌入 C/C++ 程序，从而向程序用户提供脚本功能。

12）丰富的库：Python 语言标准库很庞大，它可以帮助处理各种工作，包括正则表达式、文档生成、单元测试、线程、数据库、网页浏览器、CGI（公共网关接口）、FTP（文件传输协议）、电子邮件、XML、XML-RPC、HTML、WAV 文件、密码系统、GUI（图形用户界面）、Tk 和其他与系统有关的操作。这被称作 Python 语言的"功能齐全"理念。除了标准库以外，还有许多其他高质量的库，如 wxPython、Twisted 和 Python 图像库等。

13）规范的代码：Python 语言采用强制缩进的方式使得代码具有较好可读性。而 Python 语言写的程序不需要编译成二进制代码。Python 语言的作者设计限制性很强的语法，使得不好的编程习惯（例如 if 语句的下一行不向右缩进）都不能通过编译。其中很重要的一项就是 Python 语言的缩进规则。它与其他语言（如 C 语言）的一个区别就是，一个模块的界限完全是由每行的首字符在这一行的位置来决定（而 C 语言是用一对大括号"{}"（不含引号）来明确地定出模块的边界，与字符的位置毫无关系）。通过强制程序员们缩进（包括 if、for 和函数定义等所有需要使用模块的地方），Python 语言确实使得程序更加清晰和美观。

14）高级动态编程：虽然 Python 语言可能被粗略地分类为"脚本语言（Script Language）"，但实际上一些大规模软件开发计划如 Zope、Mnet 及 BitTorrent，以及 Google 广泛地使用它。Python 语言的支持者较喜欢称它为一种高级动态编程语言，原因是"脚本语言"泛指仅作简单程序设计任务的语言，如 shellscript、VBScript 等只能处理简单任务的编程语言，并不能与 Python 语言相提并论。

15）做科学计算优点多：说起科学计算，首先会被提到的可能是 MATLAB。除了 MATLAB 的一些专业性很强的工具箱还无法被替代之外，MATLAB 的大部分常用功能都可以在 Python 世界中找到相应的扩展库。和 MATLAB 相比，用 Python 语言做科学计算有如下优点。

首先，MATLAB 是一款商用软件，并且价格不菲。而 Python 语言完全免费，众多开源的科学计算库都提供了 Python 语言的调用接口。用户可以在任何计算机上免费安装 Python 语言及其绝大多数扩展库。

其次，与 MATLAB 相比，Python 语言是一门更易学、更严谨的程序设计语言。它能让用户编写出更易读、易维护的代码。

最后，MATLAB 主要专注于工程和科学计算。然而即使在计算领域，也经常会遇到文件管理、界面设计、网络通信等各种需求，而 Python 有着丰富的扩展库，可以轻易完成各种高级任务，开发者可以用 Python 语言实现完整应用程序所需的各种功能。

但是使用 Python 语言进行开发，也存在一些不足之处。

1）单行语句和命令行输出问题：很多时候不能将程序连写成一行，如 import sys ；for i in sys.path : print i。而 perl 和 awk 就无此限制，可以较为方便地在 shell 下完成简单程序，不需要如 Python 语言一样，必须将程序写入一个 .py 文件。

2）给初学者带来困惑：独特的语法，这也许不应该被称为局限，但是它用缩进来区分语句关系的方式还是给很多初学者带来了困惑。即便是很有经验的 Python 语言程序员，也可能陷入陷阱当中。

3）运行速度慢（这里是指与 C 语言和 C++ 语言相比）：Python 语言开发人员尽量避开不成熟或者不重要的优化。一些针对非重要部位的加快运行速度的补丁通常不会被合并到 Python 语言内，所以很多人认为 Python 语言很慢。不过，根据二八定律，大多数程序对速度要求不高。在某些对运行速度要求很高的情况，Python 语言设计师倾向于使用 JIT 技术，或者使用 C/C++ 语言改写这部分程序。

使用 Python 语言进行图像处理、深度学习网络构架已成为当今的主流趋势，在 Python 语言环境下存在大量针对图像处理的库，例如 OpenCV、SimpleCV、Mahotas 等，十分方便调用来进行数字图像处理。

2.2 Python 语言的基本语法

Python 语言是一个高层次的结合了解释性、交互性和面向对象的脚本语言。解释型语言意味着开发过程中没有编译环节，对代码逐行解析。Python 语言还具有可嵌入性，如 Python 语言无法运行的代码可以使用 C 语言或 C++ 语言完成程序，然后从 Python 程序中调用。也提供了数据库接口和 GUI 编程。Python 作为解释性语言，其运行平台具有 Python 解析器，任何安装了解析器的系统都可以运行 Python 文件。

2.2.1　Python 语言的基本编程语法

下面对 Python 语言的基本编程语法进行介绍。

（1）标识符与保留字　Python 语言默认 utf-8 编码，所有字符串都是 Unicode 字符串。标识符的第一个字符必须是字母表中字母或下划线 "_"。标识符的其他部分由字母、数字和下划线组成。标识符对大小写敏感。Python 语言保留字的例子如下：

```
>>> import keyword
>>> keyword.kwlist
['False', 'None', 'True', '__peg_parser__', 'and', 'as', 'assert', 'async', 'await', 'break', 'class', 'continue', 'def', 'del', 'elif', 'else', 'except', 'finally', 'for', 'from', 'global', 'if', 'import', 'in', 'is', 'lambda', 'nonlocal', 'not', 'or', 'pass', 'raise', 'return', 'try', 'while', 'with', 'yield']
```

（2）Python 语言的注释　Python 语言的注释分为单行注释与多行注释，例子如下：

```
# 这是单行注释
"""
这是多行注释
"""
'''
也可以用 3 个单引号来进行多行注释
'''
```

（3）使用缩进来表示代码块　缩进的空格数是可变的，但是同一个代码块的语句必须包含相同的缩进空格数。

（4）Python 语言中的基本数据类型　Python 语言中有 6 个标准的数据类型：Number（数字）、String（字符串）、List（列表）、Tuple（元组）、Set（集合）与 Dictionary（字典）。值得注意的是，Python3 的 6 个标准数据类型中：

不可变数据类型（3 个）：Number（数字）、String（字符串）、Tuple（元组）。

可变数据类型（3 个）：List（列表）、Set（集合）、Dictionary（字典）。

可变数据和不可变数据的 "变" 是相对于引用地址来说的，不是不能改变其数据，而是改变数据的时候会不会改变变量的引用地址。

Python 语言中的列表可以完成大多数集合类的数据结构实现。它支持字符、数字、字符串，甚至可以包含列表（也就是嵌套）。列表用 "[ ]" 标识，是 Python 语言最通用的复合数据类型。例如：

```
list = [ 'abcd', 786 , 2.23, 'john', 70.2 ]
tinylist = [123, 'john']
print list # 输出完整列表
print list[0] # 输出列表的第 1 个元素
print list[1:3] # 输出第 2、3 个的元素
print list[2:] # 输出从第 3 个开始至列表末尾的所有元素
print tinylist * 2 # 输出列表 2 次
print list + tinylist # 打印组合的列表
```

Python 语言中的元组是另一个数据类型，类似于列表。元组用 "()" 标识，内部元素用逗号隔开，但是元素不能 2 次赋值，相当于只读列表。例如：

```
tuple = ( 'abcd', 786 , 2.23, 'john', 70.2 )
tinytuple = (123, 'john')
print tuple # 输出完整元组
print tuple[0] # 输出元组的第 1 个元素
print tuple[1:3] # 输出第 2、3 个的元素
print tuple[2:] # 输出从第 3 个开始至元组末尾的所有元素
print tinytuple * 2 # 输出元组 2 次
print tuple + tinytuple # 打印组合的元组
```

Python 中的字典是除列表以外 Python 中最灵活的内置数据结构类型。列表是有序的对象集合，字典是无序的对象集合。两者之间的区别在于：字典中的元素是通过键来存取的，而不是通过偏移存取。字典用 "{ }" 标识。字典由索引（Key）和它对应的值（Value）组成。例如：

```
dict = {}
dict['one'] = "This is one"
dict[2] = "This is two"
tinydict = {'name': 'john','code':6734, 'dept': 'sales'}
print dict['one'] # 输出键为 'one' 的值
print dict[2] # 输出键为 2 的值
print tinydict # 输出完整的字典
print tinydict.keys() # 输出所有键
print tinydict.values() # 输出所有值
```

另外，Python 语言中对数据内置的类型进行转换，只需要将数据类型作为函数名即可。

（5）Python 语言中的运算符　Python 语言中数字运算符 "+" "-" "*" "/" "%" 与其他语言一样，"()" 用于分组，"/" 为保留小数部分的除法，"//" 为保留整数的除法，"**" 计算幂乘方，更高级计算需要引入数学计算库。Python 语言也提供单引号 '...' 或双引号 "..." 标识字符。"\" 可以用来转义，也可以使用原始字符串，方法是在第一个引号前加一个 r 就会原样输出。

（6）Python 语言中的切片与类型判断　在 Python 语言中要取得一段子串，可以用变量 [头下标：尾下标]，就可以截取相应的字符串，例如：

```
str="qwertyuiop"
print(str[0:5])
#qwert
```

Python 语言可以用 type() 函数来检查一个变量的类型，例如：

```
type(name)
```

（7）Python 语言中的输入输出流　在 Python 语言中使用 input() 函数作为输入流，函数 print() 作为输出流，例如：

```
name=input()
print(name)
```

（8）Python 语言中的变量　Python 语言中的变量是存储在内存中的值，就是指针无关数据类型，解释器会分配指定大小的内存，例如：

```
# 等号 (=) 用来给变量赋值
counter = 100 # 赋值整型变量
```

```
miles = 1000.0 # 浮点型
name = "John" # 字符串
# 多个对象指定多个变量
a, b, c = 1, 2, "john"
```

（9）Python 语言中的文本换行　在 Python 语言中使用 "＋\" 起到多行连接的作用，例如：

```
data="this   " + \
     "is   " + \
     "Tuesday"
print(data)
#this   is   Tuesday
# 空格也会被视为字符
```

2.2.2　Python 语言的基本流程控制

以下介绍 Python 语言在编程中的基本流程控制，包括条件判断与循环。

（1）条件判断　Python 语言中判断只有 if ...elif...else，只有两条判定路径时使用 if...else，有多条判定条件时使用 if...elif...else。

1）两个条件判断例如：

```
age=int(input(" 请输入年龄："))
if age<10:
    print(" 未成年 ")
else:
    print(" 成年人 ")
```

2）多条件判断例如：

```
score=int(input(" 请输入分数："))
if score>90:
    print(" 优秀 ")
elif 75<score<=80:
    print(" 良好 ")
elif score>60 and score<=75:
    print(" 及格 ")
else:
print(" 该努力了小伙 !")
```

if 判断中的非空即真（空字符串、空列表、空字典、空集合等都符合这一语法）、非 0 即真、非 None 即真，这 3 个用在平常的代码里会减少代码的量。例如现在需要判断用户的输入是否为空，直接把用户输入的参数跟在判断条件后面即可，不需要调用 strip() 和 len() 函数来去前后空格然后取输入长度再判断参数是否为空，代码如下：

```
# 非空即真
if '':   # 字符串为空，所以为假，进入下一个判断
    print(' 假 ')
elif 'asd': # 字符串有值不为空，所以为真，这里会打印真
    print(' 真 ')
else:
    print('over')
```

```
# 非 0 即真
if 0:   # 值是 0，所以为假，进入下一个判断
    print(' 假 ')
elif 123: # 值不是 0，所以为真，这里会打印真
    print(' 真 ')
else:
    print('over')

# 非 None 即真
if None:   # 值为 None，所以为假，进入下一个判断
    print(' 假 ')
elif 'asd': # 字符串有值不为空，所以为真，这里会打印真
    print(' 真 ')
else:
    print('over')
```

（2）循环　Python 语言中循环有两种，一种是 while 循环，一种是 for 循环，循环的意义是可以按条件循环循环体内的指令，完成重复性的操作。

先看 while 循环，看到 while 循环顾名思义就是当满足条件时就执行 while 循环下面的循环体内容，反之当不满足条件时就不执行循环，这样结束循环后又会回到判断条件，这时只要条件一直为真，那么将一直运行下去，如同永动机，这就是所谓的死循环，所以用来判断的这个条件不能是一个常量，需要是变化的，即要赋值一个计数器，并且计数器循环一次就要改变一次，不然就是一个死循环，程序永远也不会结束。例如：

```
# 从 0 开始定义一个计数器
count=0
#while 后面跟一个判定条件，满足则运行循环体代码
while count<10:
    print(count)
    # 计数器自加 1
    count+=1
# 跟着的 else 是正常结束的意思
else:
    print("over")
```

while 循环里面还有 break 和 continue，break 的意思是终止，在 while 循环中只要遇到 break，不管循环有没有结束都退出整个循环，遇到 continue 就是跳出本次循环，接着进行下次循环。例如：

```
i=0
while i<=10:
    i += 1
    if i==5:     # 当 i 的值等于 5 时，执行下面的 break
        break   #while 遇到 break 时，结束整个循环，所以这段代码运行的结果是打印 1-4
    print(i)
else:    # 当上面的 while 循环正常结束时，运行 else
    print('over')    # 这里非正常结束，所以打印 1-4 后，不打印 over

i=0
while i<=10:
    i += 1
```

```
        if i==5:      # 当 i 的值等于 5 时，执行下面的 continue
            continue  #while 遇到 continue 时，结束本次循环，继续下一个循环，所以这段代码运行
的结果是打印 1-4、5-11
        print(i)
    else:   # 当上面的 while 循环正常结束时，运行 else
        print('over')   # 这里会正常结束，所以打印 1-4、5-11 后，打印 over
```

在 Python 语言中，for 循环是一种常用的迭代结构，用于遍历可迭代对象的元素。可迭代对象（Iterable）指的是可以一次返回其中一个成员的对象，如列表、元组、字典、字符串等。在 for 循环中，Python 会逐一访问可迭代对象中的元素，直到所有元素被访问完毕。具体来说，for 循环的工作流程如下：

1）从可迭代对象中获取一个迭代器（Iterator）。

2）迭代器逐个返回对象的元素，for 循环对每个元素执行代码块。

3）当迭代器中没有更多元素时，循环结束。

例如，for item in［1,2,3］：将会依次处理列表［1,2,3］中的每个元素，首先处理 1，然后是 2，最后是 3。每处理一个元素，都会执行 for 循环体内的代码。

Python 语言里常用的可迭代的对象有：字符串（每次取一个字符）、列表（每次取一个元素）、元组（每次取一个元素）、集合（每次取一个元素）和字典（注意这里取的是字典的关键字）。切记，数字、小数是不能迭代的。

for 循环比 while 循环更方便，因为不需要像 while 循环一样设置计数器，它迭代完所有可迭代对象里的值后就结束了，不存在死循环。其他语法和 while 循环类似。for 循环代码如下：

```
for i in ['a','b','c']:
    if i=='b':     # 当 i 的值等于 'b' 时，执行下面的 break
        break      # 当 for 遇到 break 时，就结束整个循环，所以这段代码运行的结果是打印 'a'
    print(i)
else:   # 当上面的 for 循环非正常结束时，运行 else
    print('over')   # 这里非正常结束，所以打印 'a' 后，不打印 over

for i in ['a','b','c']:
    if i=='b':     # 当 i 的值等于 'b' 时，执行下面的 continue
        continue   # 当 for 遇到 continue 时，就结束本次循环，继续下一个循环，所以这段代码
运行的结果是打印 'a', 'c'
    print(i)
else:   # 当上面的 for 循环正常结束时，运行 else
    print('over')   # 这里非正常结束，所以打印 'a', 'c' 后，打印 over
```

for 循环应记住以下几点：

1）循环 list 实质是根据下标循环里面的元素。

2）循环 list 时切记不要删除 list 元素，否则会导致取值错乱，解决方法是用 copy 方法设置一个新 list。

3）只要能通过下标取值的对象，都能够用 for 循环。

4）循环文件对象的实质是循环文件里的行内容。

5）循环字典的实质是循环关键字。

2.2.3 Python 语言的内置库和函数

1. 内置库

使用任何开发语言进行软件开发，都离不开语言提供的内置库（或应用程序接口），甚至内置库的强大及使用是否方便会影响大家对开发语言的选择。Python 语言也提供了很多内置的功能，可供开发时使用。

Python 语言提供了很多标准的包和模块，提供了很多功能可直接使用。实际上，对于 Python 语言，社区提供了大量的第三方库，只是标准库不需要自己下载，可直接使用，而第三方库需要自己下载到环境中才能使用。

使用 import 导入模块的语法：

import 模块名 1 [as 别名 1]，模块名 2 [as 别名 2]，… ：

使用这种语法格式的 import 语句，会导入指定模块中的所有成员（包括变量、函数、类等）。不仅如此，当需要使用模块中的成员时，需用该模块名（或别名）作为前缀，否则 Python 解释器会报错。

from 模块名 import 成员名 1 [as 别名 1]，成员名 2 [as 别名 2]，… ：

使用这种语法格式的 import 语句，只会导入模块中指定的成员，而不是全部成员。同时，当程序中使用该成员时，无须附加任何前缀，直接使用成员名（或别名）即可。

下面介绍下 Python 语言中常见的标准库，注意这些库随着版本变化可能有变化。

（1）sys 模块 可以通过 sys 模块访问与 Python 解释器密切相关的变量和函数。其中，sys.path 可以获取 Python 语言的系统路径清单，如通过 sys.argv 可以获取执行 Python 脚本时传递给 Python 脚本的参数列表。例如：

```
#coding=utf-8
import sys
print sys.argv
```

（2）os 模块 os 模块可以获取与操作系统相关的信息，例如：

```
#coding=utf-8
import sys,os
print os.getcwd()    # 获取运行脚本的当前路径，注意不一定是脚本所在路径
print sys.path[0]    # 获取脚本所在路径，是全路径，但不包括脚本名
print sys.argv[0]    # 获取执行时输入的路径和脚本名，是否包括路径依赖执行时的输入
```

除上述标准模块之外，Python 语言中常见的标准库还包括：用于读取文本文件中内容的 fileinput 模块，可以获取系统日期时间、实现日期时间和字符串转换的 time 模块，可以用于生成随机数的 random 模块，用于将数据存到文件中的 shelve 模块、正则表达式模块、数学计算库（Python math 模块与 Python cmath 模块）等。

2. 函数

定义函数需要用 def 关键字实现，具体的语法格式如下：

```
def 函数名 ( 参数列表 ):
    // 实现特定功能的多行代码
    [return [ 返回值 ]]
```

定义一个 Python 语言自定义函数，例如：

```
def func(a,b):
    return a+b
func(1,2)
```

同时，Python 语言支持在函数内部定义函数，此类函数又称为局部函数，局部函数和局部变量一样，默认情况下局部函数只能在其所在函数的作用域内使用。例如：

```
# 全局函数
def outdef ():
    # 局部函数
    def indef():
        print("http://c.biancheng.net/python/")
    # 调用局部函数
    indef()
# 调用全局函数
outdef()
```

对于定义一个简单的函数，Python 语言还提供了另外一种方法：lambda 表达式，又称匿名函数，常用来表示内部仅包含 1 行表达式的函数。如果一个函数的函数体仅有 1 行表达式，则该函数就可以用 lambda 表达式来代替，例如：

```
name = lambda [list] : 表达式
def name(list):
    return 表达式
name(list)
```

Python 语言中的 eval() 和 exec() 函数的功能是相似的，都可以执行一个字符串形式的 Python 代码（代码以字符串的形式提供），相当于一个 Python 的解释器。两者不同之处在于，eval() 函数执行完要返回结果，而 exec() 函数执行完不返回结果。

2.2.4　Python 语言的面向对象

Python 是一门面向对象的编程语言。类和对象是 Python 语言的重要特征，相比其他面向对象的语言，Python 语言很容易就可以创建出一个类和对象。同时，Python 语言也支持面向对象的三大特征：封装、继承和多态。

面向对象中，常用术语包括：

类：可以理解为一个模板，通过它可以创建出无数个具体实例。例如，编写一个 tortoise 类表示乌龟这个物种，通过它可以创建出无数个实例来代表不同特征的乌龟（这一过程又称为类的实例化）。

对象：类并不能直接使用，通过类创建出的实例（又称对象）才能使用。这有点像汽车图样和汽车的关系，图样（类）本身并不能被人们使用，通过图样创建出的汽车（对象）才能使用。

属性：类中所有变量称为属性。例如 tortoise 这个类中，bodyColor、footNum、weight、hasShell 都是这个类拥有的属性。

方法：类中的所有函数通常称为方法。但是，和函数所不同的是，类方法至少要包含一个 self 参数。例如 tortoise 类中，crawl()、eat()、sleep()、protect() 都是这个类所拥有的方法，类方法无法单独使用，只能和类的对象一起使用。

在 Python 语言中，所有变量其实都是对象，包括整型（Int）、浮点型（Float）、字符串（String）、列表（List）、元组（Tuple）、字典（Dictionary）和集合（Set）。以字典为例，它包含多个函数供我们使用，例如使用 keys() 获取字典中所有的键，使用 values() 获取字典中所有的值，使用 item() 获取字典中所有的键值对。

Python 语言中定义一个类使用 class 关键字实现，其基本语法格式如下：

```
class 类名：
    多个 (≥0) 类属性…
    多个 (≥0) 类方法…
```

在创建类时，可以手动添加一个 __init__() 方法，该方法是一个特殊的类实例方法，称为构造方法（或构造函数）。

```
def __init__(self,…):
    代码块
```

注意，此方法的方法名中，开头和结尾各有两个下划线，且中间不能有空格。Python 语言中有很多以双下划线开头、双下划线结尾的方法，都具有特殊的意义。

类的构造方法最少也要有一个 self 参数。self 所表示的都是实际调用该方法的对象。无论是类中的构造函数还是普通的类方法，实际调用哪个，则第一个参数 self 就代表哪个。

创建类对象的过程又称为类的实例化格式为：类名（参数）。定义的类只有进行实例化后，才能得到利用。实例化后的类对象可以执行以下操作：访问或修改类对象具有的实例变量，甚至可以添加新的实例变量或者删除已有的实例变量；调用类对象的方法，包括调用现有的方法，以及给类对象动态添加方法。

Python 语言的类体中，根据变量定义的位置和方式不同，属性又可细分为以下 3 种类型：

类体中所有函数之外定义的变量称为类属性或类变量。

类体中所有函数内部，以 "self. 变量名" 的方式定义的变量称为实例属性或实例变量。

类体中所有函数内部，以 "变量名 = 变量值" 的方式定义的变量称为局部变量。

类变量的特点是，所有类的实例化对象同时共享类变量，实例变量只作用于调用方法的对象。另外，实例变量只能通过对象名访问，无法通过类名访问。局部变量只能用于所在函数中，函数执行完成后，局部变量也会被销毁。

Python 语言的方法也可以进行更细致的划分，具体可分为类方法、实例方法和静态方法。

采用 @classmethod 修饰的方法为类方法，采用 @staticmethod 修饰的方法为静态方法，不用任何修改的方法为实例方法。

实例方法最大的特点是，最少要包含一个 self 参数，用于绑定调用此方法的实例对象（Python 语言会自动完成绑定）。实例方法通常会用类对象直接调用。

类方法和实例方法相似，它最少也要包含一个参数，只是类方法中通常将其命名为 cls，Python 语言会自动将类本身绑定给 cls 参数（注意，绑定的不是类对象）。也就是说，在调用类方法时，无须显式给 cls 参数传参。和 self 一样，cls 参数的命名也不是规定的（可以随意命名）。类方法推荐使用类名直接调用，当然也可以使用实例对象来调用（不推荐），例如：

```
class CLanguage:
    # 类构造方法，也属于实例方法
```

```
    def __init__(self):
        self.name = "C 语言中文网 "
        self.add = "http://c.biancheng.net"
    # 下面定义了一个类方法
    @classmethod
    def info(cls):
        print(" 正在调用类方法 ",cls)
```

类的静态方法中无法调用任何类属性和类方法，例如：

```
class CLanguage:
    @staticmethod
    def info(name,add):
        print(name,add)
```

Python 中使用"类对象 . 属性"的方式访问类中定义的属性，其实这种做法是欠妥的，因为它破坏了类的封装原则。正常情况下，类包含的属性应该是隐藏的，只允许通过类提供的方法来间接实现对类属性的访问和操作。在不破坏类封装原则的基础上，为了能够有效操作类中的属性，类中应包含读（或写）类属性的多个 getter（或 setter）方法，这样就可以通过"类对象 . 方法（参数）"的方式操作属性。此时属性要定义为实例属性。例如：

```
class CLanguage:
    # 构造函数
    def __init__(self,name):
        self.name = name
    # 设置 name 属性值的函数
    def setname(self,name):
        self.name = name
    # 访问 name 属性值的函数
    def getname(self):
        return self.name
    # 删除 name 属性值的函数
    def delname(self):
        self.name="xxx"
```

这种操作类属性的方式比较麻烦，更习惯使用"类对象 . 属性"这种方式。Python 语言中提供了 property() 函数，可以实现在不破坏类封装原则的前提下，让开发者依旧使用"类对象 . 属性"的方式操作类中的属性，例如：

```
class CLanguage:
    # 构造函数
    def __init__(self,n):
        self.__name = n
    # 设置 name 属性值的函数
    def setname(self,n):
        self.__name = n
    # 访问 name 属性值的函数
    def getname(self):
        return self.__name
    # 删除 name 属性值的函数
    def delname(self):
        self.__name="xxx"
```

```
# 为 name 属性配置 property() 函数
name = property(getname, setname, delname, ' 指明出处 ')
```

Python 语言中对类的封装机制保证了类内部数据结构的完整性，因为使用类的用户无法直接看到类中的数据结构，只能使用类允许公开的数据，很好地避免了外部对内部数据的影响，提高了程序的可维护性。还可以定义以单下划线 "_" 开头的类属性或者类方法，这种类属性和类方法通常被视为私有属性和私有方法。

Python 语言中对类的继承机制经常用于创建和现有类功能类似的新类，又或是新类只需要在现有类基础上添加一些成员（属性和方法），但又不想直接将现有类代码复制给新类。也就是说，通过使用继承这种机制，可以轻松实现类的重复使用。

子类继承父类时，只需在定义子类时，将父类（可以是多个）放在子类之后的圆括号里。语法格式如下：

class 类名（父类 1, 父类 2,… ）:
　　# 类定义部分

注意，如果该类没有显式指定继承自哪个类，则默认继承 object 类（object 类是 Python 语言中所有类的父类，即要么是直接父类，要么是间接父类）。另外，Python 语言的继承是多继承机制（和 C++ 语言一样），即一个子类可以同时拥有多个直接父类。多继承经常需要面临的问题是，多个父类中包含同名的类方法。对于这种情况，Python 语言的处置措施是：根据子类继承多个父类时这些父类的前后次序决定，即排在前面父类中的类方法会覆盖排在后面父类中的同名类方法。

Python 语言中子类继承了父类，那么子类就拥有了父类所有的类属性和类方法。通常情况下，子类会在此基础上，扩展一些新的类属性和类方法。在子类定义一个同名、同类型和参数的方法，重写方法体即可。

使用 super() 函数访问父类成员或方法。但如果涉及多继承，该函数只能调用第一个直接父类的构造方法，例如：

super().__init__(self,…)

Python 是弱类型语言，其最明显的特征是在使用变量时，无须为其指定具体的数据类型。因此，需要定义类的特殊成员。__new__() 是一种负责创建类实例的静态方法，它无须使用 staticmethod 装饰器修饰，且该方法会优先 __init__() 初始化方法被调用。

通常情况下，直接输出某个实例化对象，得到的信息只会是 "类名 +object at+ 内存地址"，对了解该实例化对象帮助不大。通过重写类的 __repr__() 方法，当输出某个实例化对象时，其调用的就是该对象的 __repr__() 方法，输出的是该方法的返回值。

__del__() 方法：功能正好和 __init__() 相反，其用来销毁实例化对象。创建的类实例化对象后续不再使用，在适当位置手动将其销毁，释放其占用的内存空间（整个过程称为垃圾回收，简称 GC）。

__dir()__ 函数：通过此函数可以获取某个对象拥有的所有属性名和方法名，该函数会返回一个包含所有属性名和方法名的有序列表。

__dict__ 属性：需要注意的一点是，该属性可以用类名或者类的实例对象来调用，用类名直接调用 __dict__ 会输出由类中所有类属性组成的字典；而使用类的实例对象调用 __dict__ 会输出由类中所有实例属性组成的字典。

hasattr() 函数用来判断某个类实例对象是否包含指定名称的属性或方法，例如：

```
hasattr(obj, name)
```

getattr() 函数获取某个类实例对象中指定属性的值，例如：

```
getattr(obj, name[, default])
```

setattr() 函数的功能相对比较复杂，它最基础的功能是修改类实例对象中的属性值，它还可以实现为实例对象动态添加属性或者方法，例如：

```
setattr(obj, name, value)
```

Python 语言中的列表（List）、元组（Tuple）、字典（Dictionary）、集合（Set）这些序列式容器有一个共同的特性，它们都支持使用 for 循环遍历存储的元素，都是可迭代的，因此它们又有一个别称——迭代器。有如下两种方法可以实现容器操作：

__next__(self)：返回容器的下一个元素。

__iter__(self)：该方法返回一个迭代器 (iterator)。

2.2.5　Python 语言的异常处理

Python 语言中，用 try except 语句块捕获并处理异常，其基本语法结构如下所示：

```
try:
可能产生异常的代码块
except [ (Error1, Error2, … ) [as e] ]:
处理异常的代码块 1
except [ Error3, Error4, … ) [as e] ]:
处理异常的代码块 2
except [Exception]:
处理其他异常
```

在原本的 try except 结构的基础上，Python 语言异常处理机制还提供了一个 else 块，也就是原有 try except 语句的基础上再添加一个 else 块，即 try except else 结构。使用 else 包裹的代码，只有当 try 块没有捕获到任何异常时，才会得到执行；反之，如果 try 块捕获到异常，即便调用对应的 except 处理完异常，else 块中的代码也不会得到执行。例如：

```
try:
    result = 20 / int(input(' 请输入除数 :'))
    print(result)
except ValueError:
    print(' 必须输入整数 ')
except ArithmeticError:
    print(' 算术错误，除数不能为 0')
else:
    print(' 没有出现异常 ')
print(" 继续执行 ")
```

Python 语言异常处理机制还提供了一个 finally 语句，通常用来为 try 块中的程序做扫尾清理工作。在整个异常处理机制中，finally 语句的功能是：无论 try 块是否发生异常，最终都要进入 finally 语句，并执行其中的代码块。例如：

```
try:
    a = int(input(" 请输入 a 的值 :"))
    print(20/a)
except:
```

```
    print(" 发生异常！")
else:
    print(" 执行 else 块中的代码 ")
finally :
    print(" 执行 finally 块中的代码 ")
```

注意，和 else 不同，finally 只要求和 try 搭配使用，而该结构中是否包含 except 以及 else，对于 finally 不是必需的（else 必须和 try except 搭配使用）。

Python 语言中的 raise 语句在程序的指定位置手动抛出一个异常。例如：

```
raise [exceptionName [(reason)]]
```

其中，用［］括起来的为可选参数，其作用是指定抛出的异常名称以及异常信息的相关描述。如果可选参数全部省略，则 raise 会把当前错误原样抛出；如果仅省略（reason），则在抛出异常时，将不附带任何的异常描述信息。

2.2.6　Python 语言的 IO 处理

Python 语言提供了内置的文件对象，以及对文件、目录进行操作的内置模块，通过这些技术可以很方便地将数据保存到文件（如文本文件等）中。在 Windows 中，路径书写使用反斜线 "\" 作为文件夹之间的分隔符，但在 OS X 和 Linux 中，使用正斜线 "/" 作为它们的路径分隔符，需要两个 "/" 即 "//"，第一个是转义字符。对文件的系统级操作功能单一，比较容易实现，可以借助 Python 语言中的专用模块（os、sys 等），并调用模块中的指定函数来实现。例如：

```
import os
os.remove("a.txt")
```

文件的应用级操作可以分为以下 3 步，每一步都需要借助对应的函数实现。

1）打开文件：使用 open() 函数，该函数会返回一个文件对象。

2）对已打开文件做读 / 写操作：读取文件内容可使用 read()、readline() 以及 readlines() 函数；向文件中写入内容，可以使用 write() 函数。

3）关闭文件：完成对文件的读 / 写操作之后，最后需要关闭文件，可以使用 close() 函数。

如果想要操作文件，首先需要创建或者打开指定的文件，并创建一个文件对象，而这些工作可以通过内置的 open() 函数实现：

```
file = open(file_name [, mode='r' [ , buffering=-1 [ , encoding = None ]]])
```

Python 语言提供了如下 3 种函数，它们都可以实现读取文件中数据的操作：

read() 函数：逐个字节或者字符读取文件中的内容；

readline() 函数：逐行读取文件中的内容；

readlines() 函数：一次性读取文件中多行内容。

Python 语言中的文件对象提供了 write() 函数，可以向文件中写入指定内容，如 file.write（string）。close() 函数专门用于关闭已打开文件，如 file.close()。

Python 语言实现对文件指针的移动，文件对象提供了 tell() 函数和 seek() 函数。tell() 函数用于判断文件指针当前所处位置，而 seek() 函数用于移动文件指针到文件的指定位置。tell() 函数的用法很简单，如 file.tell()，seek() 函数用法如 file.seek（offset［,whence］）。使用 with as（本身为上下文管理器）操作已经打开的文件对象，无论期间是否抛出异常，都能保证 with as 语句执行完毕后自动关闭已经打开的文件：

```
with 表达式 [as target]:
    代码块
```

2.3 Python–OpenCV 的应用

2.3.1 Python–OpenCV 简介

OpenCV（Open Source Computer Vision Library）是一个基于开源发行的跨平台计算机视觉库，它实现了图像处理和计算机视觉方面的很多通用算法，已成为计算机视觉领域最有力的研究工具。在这里要区分两个概念：图像处理和计算机视觉。图像处理侧重于"处理"图像，如增强、还原、去噪、分割等；而计算机视觉重点在于使用计算机来模拟人的视觉，因此模拟才是计算机视觉领域的最终目标。

OpenCV 用 C++ 语言编写，它具有 C ++、Python、Java 和 MATLAB 接口，并支持 Windows、Linux、Android 和 Mac OS，如今也提供对于 C#、Ch、Ruby、GO 的支持。在 Python 语言环境下的 OpenCV 是一种常用的图像处理库，其图标如图 2.2 所示。

OpenCV 常用于各种图像和视频分析，如面部识别和检测、车牌读取、照片编辑、高级机器人视觉、光学字符识别等。OpenCV 的应用范围很广，已经深入到监控摄像头、图像视频处理、游戏、现代工厂、质检、无人机航拍分析、图像拼接获取街景、航空图像等领域。

图 2.2 OpenCV 的图标

OpenCV 包含模块，最底层→最上层顺序为：OpenCV HAL（基于硬件加速层的各种硬件优化）、OpenCV 的核心（用于解决计算机视觉面临的难题方法）、OpenCV Contrib 模块（语言绑定和示例应用程序）、OpenCV 和操作系统的交互。OpenCV 提供许多模块和方法，开发人员不必过多关注这些模块和方法的实现细节，只需要关注图像处理本身就能够方便地使用它们对图像进行相应的处理。具体模块包括：Core（包含 OpenCV 的基础结构及基本操作）、Improc（包含基本的图像转换、滤波及卷积操作）、Highgui（包含可以用于显示图像或者进行简单输入的用户交互方法，可以看作是一个非常轻量级的 Window UI 工具包）、Video（包含读取和写视频流的方法）、Calib3d（包括校准单个、双目及多个相机的算法实现）、Feature2d（包含用于检测、描述及匹配特征点的算法）、Objdectect（包含检测特定目标的算法）、ML（包含大量的机器学习的算法）、Flann（包含一些不会直接使用的方法，但是这些方法供其他模块调用）、GPU（包含在 CUDA GPU 上优化实现的方法）、Photo（包含计算摄影学的一些方法）、Stitching（是一个精巧的图像拼接流程实现）。

2.3.2 Python–OpenCV 的基本图像处理操作

对于 OpenCV 的基本使用，从以下 7 个方面展开。

1. 读取、显示与存储图像

cv.imread() 函数可以按照不同模式读取图像，一般最常用到的是读取单通道灰度图，或者直接默认读取多通道灰度图。imshow() 函数用于显示图像。cv.imwrite() 函数用于储存图像。例程如下：

```
import cv2
img = cv2.imread('dog.jpg')
cv2.imshow('Image',img)
cv2.waitKey(0)
cv2.destroyAllWindows() # 关闭所有窗口
cv2.imwrite('image/test.jpg',img)
```

图 2.3　读取、显示、保存的图像

读取、显示、保存的图像如图 2.3 所示。

2. 调整图像大小

在 OpenCV 中，可以使用 resize() 函数调整图像形状的
大小。要首先调整图像的大小，需要知道图像的形状。可以
使用 shape 来找到任何图像的形状，然后根据图像形状改变图像的大小。如果不想对宽度
和高度进行硬编码，也可以使用形状，然后使用索引来增加宽度和高度。例程如下：

```
import cv2
img = cv2.imread('dog.jpg')
print(img.shape)
shape = img.shape
imgResize = cv2.resize(img,(shape[0]//2,shape[1]//2))##Decrease size
imgResize2 = cv2.resize(img,(shape[0]*2,shape[1]*2)) ##Increase size
cv2.imshow("Image",img)
cv2.imshow("Image Resize",imgResize)
cv2.imshow("Image Increase size",imgResize2)
print(imgResize.shape)
cv2.waitKey(0)
cv2.destroyAllWindows() # 关闭所有窗口
cv2.imwrite('image/test.jpg',img)
cv2.imwrite('image/test1.jpg',imgResize)
cv2.imwrite('image/test2.jpg',imgResize2)
```

调整图像大小效果如图 2.4 所示。

图 2.4　调整图像大小效果

3. 图像 HSV 空间

可以通过 HSV 空间对色调和明暗进行调节。HSV 空间是由美国的图形学专家 A. R. Smith 提出的一种颜色空间，HSV 分别是色调（Hue）、饱和度（Saturation）和明度（Value）。在 HSV 空间中进行调节就避免了直接在 RGB 空间中调节，但是还需要考虑 3 个通道的相关性。OpenCV 中 H 的取值是［0，180］，其他两个通道的取值都是［0，256］。HSV 空间对色调和明暗进行调节的过程如下：

```
import cv2
img = cv2.imread('dog.jpg')
# 通过 cv2.cvtcolor 把图像从 RGB 转到 HSV
img_hsv=cv2.cvtColor(img,cv2.COLOR_BGR2HSV)
# H 空间中，绿色比黄色值高，所以给每个像素 +15，黄色就会变绿
turn_green_hsv=img_hsv.copy()
turn_green_hsv[:,:,0]=(turn_green_hsv[:,:,0]+15)
turn_green_img=cv2.cvtColor(turn_green_hsv,cv2.COLOR_HSV2BGR)
cv2.imshow("turn_green_img",turn_green_img)
# 减小饱和度会让图像损失鲜艳，变得更灰
colorless_hsv=img_hsv.copy()
colorless_hsv[:,:,1]=0.5*colorless_hsv[:,:,1]
colorless_img=cv2.cvtColor(colorless_hsv,cv2.COLOR_HSV2BGR)
cv2.imshow("colorless_img",colorless_img)
cv2.waitKey(0)
cv2.imwrite('image/test.jpg',img)
cv2.imwrite('image/test1.jpg',turn_green_img)
cv2.imwrite('image/test2.jpg',colorless_img)
```

HSV 空间对色调和明暗进行调节的效果如图 2.5 所示。

a) 原图像　　　　　　　　b) 色彩调节图像　　　　　　　c) 饱和度减小图像

图 2.5　HSV 空间对色调和明暗进行调节的效果

4. 图像二值化

图像二值化处理是将像素点的值突出为 0、255，使得图片呈现黑白两种颜色。在灰度图像中像素值在 0 ～ 255 之间，二值化后图像中像素值为 0 或 255。CV_THRESH_BINARY 表示如果当前像素点的灰度值大于阈值则将输出图像的对应位置像素值置为 255，否则为 0。在 OpenCV 常用的阈值处理函数除上述演示外还有 4 种，分别是 THRESH_BINARY_INV、THRESH_TRUNC、THRESH_TOZERO、THRESH_TOZERO_INV。图像二值化的例程如下：

```
import cv2
img = cv2.imread('dog.jpg')
```

```
cv2.imshow("img",img)
# 灰度化处理
gray=cv2.cvtColor(img,cv2.COLOR_BGR2GRAY)
# 二值化处理
ret,im_fixed=cv2.threshold(gray,50,255,cv2.THRESH_BINARY)
cv2.imwrite('image/test.jpg',img)
cv2.imwrite('image/test1.jpg',im_fixed)
```

图像二值化效果如图 2.6 所示。

a) 原图像　　　　　　　　b) 二值化图像

图 2.6　图像二值化效果

5. 图像滤波

　　滤波是根据原有图像的某个像素的周围像素来确定新的像素值，滤波器主要的作用是消去噪声，消除图像中不合理的像素点。OpenCV 中基本的滤波操作包括均值滤波（通过求与单位矩阵做内积和的平均值进行图像处理）、高斯滤波（根据正态分布处理图像，越靠近中心点，值越接近）与中值滤波（根据正态分布处理图像，越靠近中心点，值越接近）。图像滤波的例程如下：

```
import cv2
img = cv2.imread('dog.jpg')
cv2.imshow("img",img)
blur1 = cv2.blur(img,(25,25))
blur2 = cv2.GaussianBlur(img,(25,25),0)
blur3 = cv2.cv2.medianBlur(img,25)
cv2.imwrite('image/test.jpg',img)
cv2.imwrite('image/test1.jpg',blur1)
cv2.imwrite('image/test2.jpg',blur2)
cv2.imwrite('image/test3.jpg',blur3)
```

图像滤波的效果如图 2.7 所示。

a) 原图像　　　　b) 均值滤波图像　　　　c) 高斯滤波图像　　　　d) 中值滤波图像

图 2.7　图像滤波的效果

6. 图像边缘检测

边缘检测是图像处理和计算机视觉中的基本问题，边缘检测的目的是标识数字图像中亮度变化明显的点。图像属性中的显著变化通常反映了属性的重要事件和变化。边缘检测是特征提取中的一个研究领域。图像边缘检测大幅度地减少了数据量，并且剔除了可以认为不相关的信息，保留了图像重要的结构属性。有许多方法用于边缘检测，大部分方法可以划分为两类：基于查找的方法和基于零穿越的方法。基于查找的方法通过寻找图像一阶导数中的最大值和最小值来检测边界，通常是将边界定位在梯度最大的方向。基于零穿越的方法通过寻找图像二阶导数零穿越来寻找边界，通常是拉普拉斯（Laplacian）过零点或者非线性差分表示的过零点。滤波作为边缘检测的预处理通常是必要的，通常采用高斯滤波。OpenCV 中用于图像边缘检测的算子包括：Sobel 边缘检测算子、Scharr 算子、Laplacian 算子与 Canny 算子。

Sobel 边缘检测算法比较简单，实际应用中效率比 Canny 边缘检测效率高，但是边缘不如 Canny 检测的准确，但是很多实际应用的场合，Sobel 边缘检测算法却是首选，Sobel 边缘检测算子是高斯平滑与微分操作的结合体，所以其抗噪声能力很强，用途较多，尤其是效率要求较高，而不注重细纹理的时候。使用 Sobel 边缘检测的例程如下：

```
import cv2
img = cv2.imread('dog.jpg')
cv2.imshow("img",img)
x = cv2.Sobel(img, cv2.CV_16S, 1, 0)
y = cv2.Sobel(img, cv2.CV_16S, 0, 1)
# cv2.convertScaleAbs(src[, dst[, alpha[, beta]]])
# 可选参数 alpha 是伸缩系数，beta 是加到结果上的一个值，结果返回 uint 类型的图像
Scale_absX = cv2.convertScaleAbs(x)   # convert 转换，Scale 缩放
Scale_absY = cv2.convertScaleAbs(y)
result = cv2.addWeighted(Scale_absX, 0.5, Scale_absY, 0.5, 0)
cv2.imshow('img', img)
cv2.imshow('Scale_absX', Scale_absX)
cv2.imshow('Scale_absY', Scale_absY)
cv2.imshow('result', result)
cv2.waitKey(0)
cv2.imwrite('image/test.jpg',img)
cv2.imwrite('image/test1.jpg',result)
```

使用 Sobel 边缘检测效果如图 2.8 所示。

a) 原图像　　　　　　　　b) Sobel边缘检测

图 2.8　Sobel 边缘检测效果

当 Sobel() 函数的参数 ksize=−1 时，就演变成了 3×3 的 Scharr 算子。使用 Scharr 边

缘检测例程如下：

```
import cv2
img = cv2.imread('dog.jpg')
cv2.imshow("img",img)
x = cv2.Sobel(img, cv2.CV_16S, 1, 0, ksize=-1)
y = cv2.Sobel(img, cv2.CV_16S, 0, 1, ksize=-1)
# ksize=-1 Scharr 算子
# cv2.convertScaleAbs(src[, dst[, alpha[, beta]]])
# 可选参数 alpha 是伸缩系数，beta 是加到结果上的一个值，结果返回 uint 类型的图像
Scharr_absX = cv2.convertScaleAbs(x)    # convert 转换，Scale 缩放
Scharr_absY = cv2.convertScaleAbs(y)
result = cv2.addWeighted(Scharr_absX, 0.5, Scharr_absY, 0.5, 0)
cv2.imshow('img', img)
cv2.imshow('Scale_absX', Scale_absX)
cv2.imshow('Scale_absY', Scale_absY)
cv2.imshow('result', result)
cv2.waitKey(0)
cv2.imwrite('image/test.jpg',img)
cv2.imwrite('image/test1.jpg',result)
```

使用 Scharr 边缘检测效果如图 2.9 所示。

Laplacian() 函数实现的方法是先用 Sobel 算子计算 x 和 y 二阶导数，再求和。前两个参数是必选参数，其后是可选参数。第一个参数是需要处理的图像，第二个参数是图像的深度，–1 表示与原图像深度相同，目标图像的深度必须大于或等于原图像的深度；ksize 参数是算子的大小即卷积核的大小，必须为 1、3、5、7，默认为 1。scale 是缩放导数的比例 chan 常数，默认情况下没有

a) 原图像　　　　　　b) Scharr边缘检测

图 2.9　Scharr 边缘检测效果

伸缩系数；borderType 是判断图像边界的模式。这个参数默认值为 cv2.BORDER_ DEFAULT。使用 Laplacian 边缘检测例程如下：

```
import cv2
img = cv2.imread('dog.jpg')
cv2.imshow("img",img)
laplacian = cv2.Laplacian(img, cv2.CV_16S, ksize=3)
dst = cv2.convertScaleAbs(laplacian)
cv2.imshow('laplacian', dst)
cv2.waitKey(0)
cv2.imwrite('image/test.jpg',img)
cv2.imwrite('image/test1.jpg',dst)
```

使用 Laplacian 边缘检测效果如图 2.10 所示。

根据对信噪比与定位乘积进行测度，得到最优化逼近算子，这就是 Canny 边缘检测算子。算法的基本步骤为：

a) 原图像　　　　　　b) Laplacian边缘检测

图 2.10　Laplacian 边缘检测效果

1）用高斯滤波器平滑图像。

2）用一阶偏导的有限差分来计算梯度的幅值和方向。

3）对梯度幅值进行非极大抑制。

4）用双阈值算法检测和连接边缘。

在 OpenCV 中使用如下函数进行 Canny 边缘检测：

canny = cv2.Canny(image, threshold1, threshold2, edges, apertureSize, L2gradient)

第一个参数是需要处理的原图像单通道的灰度图，第二个参数是阈值 1，第三个参数是阈值 2，较大的阈值 2 用于检测图像中明显的边缘，但一般情况下检测的效果不会那么完美，边缘检测出来是断断续续的。所以这时候应用较小的第一个阈值来将这些间断的边缘连接起来。可选参数中 apertureSize 参数是卷积核的大小，而 L2gradient 参数是一个布尔值，如果为 true，则使用更精确的 L2 范数进行计算（即两个方向的倒数的平方和再开方），否则使用 L1 范数（直接将两个方向导数的绝对值相加）。使用 Canny 边缘检测例程如下：

```
import cv2
img = cv2.imread('dog.jpg')
cv2.imshow("img",img)
blur = cv2.GaussianBlur(img, (3, 3), 0)    # 用高斯滤波处理原图像降噪
canny = cv2.Canny(blur, 50, 150)           # 50 是最小阈值，150 是最大阈值
cv2.imshow('canny', canny)
cv2.waitKey(0)
cv2.imwrite('image/test.jpg',img)
cv2.imwrite('image/test1.jpg',canny)
```

使用 Canny 边缘检测效果如图 2.11 所示。

a) 原图像　　　　　　　　b) Canny 边缘检测

图 2.11　Canny 边缘检测效果

7. 图像腐蚀和膨胀

腐蚀（取局部最小值）：腐蚀是原图中的高亮区域被蚕食，效果图拥有比原图更小的高亮区域。膨胀（取局部最大值）：膨胀就是对图像高亮部分进行"领域扩张"，效果图拥有比原图更大的高亮区域。图像腐蚀和膨胀目的在于进行图像的开运算与闭运算。其中，开运算为先腐蚀后膨胀，用于移除由图像噪声形成的斑点；闭运算为先膨胀后腐蚀，用来连接被误分为许多小块的对象。图像腐蚀和膨胀的例程如下：

```
import cv2
img = cv2.imread('dog.jpg')
cv2.imshow("img",img)
```

```
kernel = cv2.getStructuringElement(cv2.MORPH_RECT, (26, 26))
eroded = cv2.erode(img, kernel)    # 腐蚀图像
cv2.imshow('eroded.png', eroded)
dilated = cv2.dilate(img, kernel)    # 膨胀图像
cv2.imshow('dilated.png', dilated)
cv2.imwrite('image/test.jpg',img)
cv2.imwrite('image/test1.jpg',eroded)
cv2.imwrite('image/test2.jpg',dilated)
```

图像腐蚀和膨胀效果如图 2.12 所示。

a) 原图像　　　　　　　　　　b) 腐蚀图像　　　　　　　　　c) 膨胀图像

图 2.12　图像腐蚀和膨胀效果

本 章 总 结

　　本章通过介绍 Python 语言的基础知识，为后期使用 Python 语言进行深度学习图像处理奠定了基础。通过介绍 Python 语言的基本语法与编程思路，为后期进行图像处理方向编程做了准备。通过展示 Python-OpenCV 库的基本图像处理案例及代码，为后期使用OpenCV 进行深度学习图像处理建立了基本思路。通过本章的学习，可以初步了解与掌握Python 语言的基础知识与基于 Python 语言的图像处理应用。

习　　　题

　　1. 简要说明 Python 语言的特点。

　　2. 简要列举 Python 语言相比其他编程语言的优势与劣势。

　　3. 根据 2.2 节内容，编写一段 Python 语言的条件选择代码，并输出结果。

　　4. 根据 2.2 节内容，编写一段 Python 语言的循环控制代码，并输出结果。

　　5. 简要说明 Python-OpenCV 库的组成。

　　6. 简要列举 Python-OpenCV 库的应用场景。

　　7. 根据 2.3 节内容，编写一段基于 Python-OpenCV 库的图像边缘检测代码，使用每一种算子，并保存结果。

　　8. 根据 2.3 节内容，编写一段基于 Python-OpenCV 库的图像开运算与闭运算代码，并保存结果。

第 3 章

深度学习图像处理技术基础

3.1 深度学习的基本概念

深度学习（Deep Learning，DL）是机器学习（Machine Learning，ML）领域一个新的研究方向，它被引入机器学习使其更接近于最初的目标——人工智能（Artificial Intelligence，AI）。深度学习是机器学习的一种，而机器学习是实现人工智能的必经路径。深度学习的概念源于人工神经网络的研究，含多个隐藏层的多层感知器就是一种深度学习结构。深度学习通过组合低层特征形成更加抽象的高层表示属性类别或特征，以发现数据的分布式特征来表示。研究深度学习的动机在于建立模拟人脑进行分析学习的神经网络，它模仿人脑的机制来解释数据，如图像、声音和文本等。

20 世纪八九十年代由于计算机计算能力有限和相关技术的限制，可用于分析的数据量太小，深度学习在模式分析中并没有表现出优异的识别性能。自从 2006 年，Hinton 等提出快速计算受限玻尔兹曼机（Restricted Boltzmann Machine，RBM）网络权值及偏差的 CD-K 算法以后，RBM 就成了增加神经网络深度的有力工具，同时导致后面使用广泛的深度置信网络（Deep Belief Network，DBN）（由 Hinton 等开发并已被微软等公司用于语音识别中）等深度网络的出现。与此同时，稀疏编码等由于能自动从数据中提取特征也被应用于深度学习中。基于局部数据区域的卷积神经网络（Convolutional Neural Network，CNN）方法近年来也被大量研究。

深度学习是学习样本数据的内在规律和表示层次，这些学习过程中获得的信息对文字、图像和声音等数据的解释有很大的帮助。它的最终目标是让机器能够像人一样具有分析学习能力，能够识别文字、图像和声音等数据。深度学习是一个复杂的机器学习算法，在语音和图像识别方面取得的效果远远超过先前的相关技术。深度学习在搜索技术、数据挖掘、机器学习、机器翻译、自然语言处理、多媒体学习、语音、推荐和个性化技术，以及其他相关领域都取得了很多成果。深度学习使机器能模仿视听和思考等人类的活动，解决了很多复杂的模式识别难题，使得 AI 相关技术取得了很大进步。

深度学习是一类模式分析方法的统称，就具体研究内容而言，主要涉及三类方法：

1）基于卷积运算的神经网络系统，即卷积神经网络（CNN）。

2）基于多层神经元的自编码神经网络，包括自编码（Auto Encoding）以及近年来受到广泛关注的稀疏编码（Sparse Coding）两类。

3）以多层自编码神经网络的方式进行预训练，进而结合鉴别信息进一步优化神经网络权值的深度置信网络（DBN）。

通过多层处理，逐渐将初始的"低层"特征表示转化为"高层"特征表示后，用"简单模型"即可完成复杂的分类等学习任务。由此可将深度学习理解为进行"特征学习"（Feature Learning）或"表示学习"（Representation Learning）。

以往在机器学习用于现实任务时，描述样本的特征通常需由人类专家来设计，这称为"特征工程"（Feature Engineering）。众所周知，特征的好坏对泛化性能有至关重要的影响，人类专家设计出好特征也并非易事；特征学习（表征学习）则通过机器学习技术自身来产生好特征，这使机器学习向"全自动数据分析"又前进了一步。

近年来，研究人员也逐渐将这几类方法结合起来，如对原本是以有监督学习为基础的卷积神经网络结合自编码神经网络进行无监督的预训练，进而利用鉴别信息微调网络参数形成的卷积深度置信网络。与传统的学习方法相比，深度学习方法预设了更多的模型参数，因此模型训练难度更大。根据统计学习的一般规律知道，模型参数越多，需要参与训练的数据量也越大。

区别于传统的浅层学习，深度学习的不同在于：

1）强调了模型结构的深度，通常有 5 层、6 层，甚至 10 多层的隐层节点。

2）明确了特征学习的重要性。也就是说，通过逐层特征变换，将样本在原空间的特征表示变换到一个新特征空间，从而使分类或预测更容易。与人工规则构造特征的方法相比，利用大数据来学习特征，更能够刻画数据丰富的内在信息。

3）通过设计建立适量的神经元计算节点和多层运算层次结构，选择合适的输入层和输出层，通过网络的学习和调优，建立起从输入到输出的函数关系，虽然不能 100% 找到输入与输出的函数关系，但是可以尽可能地逼近现实的关联关系。使用训练成功的网络模型，就可以实现对复杂事务处理的自动化要求。

典型的深度学习模型有卷积神经网络（CNN）、深度信任网络（DBN）和堆栈自编码网络（Stacked Auto-Encoder Network）等，下面对这些模型进行描述。

1）卷积神经网络（CNN）。在无监督预训练出现之前，训练深度神经网络通常非常困难，而其中一个特例是卷积神经网络。卷积神经网络受视觉系统的结构启发而产生。第一个卷积神经网络计算模型是在 Fukushima.D 的神经认知机中提出的，基于神经元之间的局部连接和分层组织图像转换，将有相同参数的神经元应用于前一层神经网络的不同位置，得到一种平移不变神经网络结构形式。后来，Le Cun 等人在该思想的基础上，用误差梯度设计并训练卷积神经网络，在一些模式识别任务上得到优越的性能。至今，基于卷积神经网络的模式识别系统是最好的实现系统之一，尤其在手写体字符识别任务上表现出非凡的性能。卷积神经网络示例如图 3.1 所示。

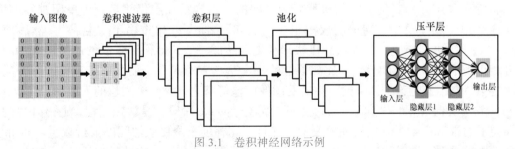

图 3.1　卷积神经网络示例

注：卷积滤波器也称卷积核，用于提取输入数据中的特征；卷积层通过卷积操作对输入数据进行滤波和特征提取，获取局部信息和特征，为后续网络层提供高质量特征表示；池化为特征降维，提取特征并抽象；压平层将多维数据转换为一维向量。

2）深度信任网络（DBN）。DBN 可以解释为贝叶斯概率生成模型，由多层随机隐变量组成，上面的两层具有无向对称连接，下面的层得到来自上一层的自顶向下的有向连接，最底层单元的状态为可见输入数据向量。DBN 由若干单元堆栈组成，结构单元通常为 RBM。堆栈中每个 RBM 单元的可视层神经元数量等于前一个 RBM 单元的隐层神经元数量。根据深度学习机制，采用输入样例训练第一层 RBM 单元，并利用其输出训练第二层 RBM 模型，将 RBM 模型进行堆栈，通过增加层来改善模型性能。在无监督预训练过程中，DBN 编码输入到顶层 RBM 后，解码顶层的状态到最底层的单元，实现输入的重构。RBM 作为 DBN 的结构单元，与每一层 DBN 共享参数。深度信任网络示例如图 3.2 所示。

3）堆栈自编码网络。堆栈自编码网络的结构与 DBN 类似，由若干结构单元堆栈组成，不同之处在于其结构单元为自编码模型，而不是 RBM。自编码模型是一个两层的神经网络，第一层称为编码层，第二层称为解码层。堆栈自编码网络示例如图 3.3 所示。

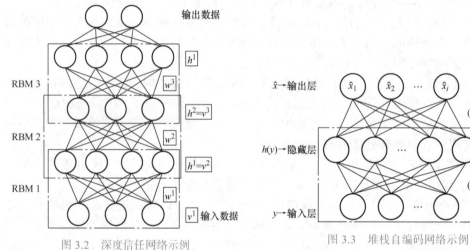

图 3.2 深度信任网络示例

注：h^1、h^2 为隐层的两个节点；$v^1 \sim v^3$ 为输入向量；$w^1 \sim w^3$ 为各层之间的权重值。

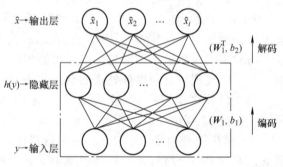

图 3.3 堆栈自编码网络示例

注：W_1 为输入层与隐藏层之间的权重值；b_1、b_2 为各层之间的置偏值；W_1^T 为 W_1 的转置。

对于深度学习训练的过程，2006 年 Hinton 提出了一个在非监督数据上建立多层神经网络的有效方法，具体分为两步：首先逐层构建单层神经元，则每次都是训练一个单层网络；然后当所有层训练完后，使用 wake-sleep 算法进行调优。

将除最顶层外的其他层间的权重变为双向的，这样最顶层仍然是一个单层神经网络，而其他层则变成图模型。向上的权重用于"认知"，向下的权重用于"生成"。然后使用 wake-sleep 算法调整所有的权重。让认知和生成达成一致，即保证生成的最顶层表示能够尽可能正确地复原底层的节点。比如顶层的一个节点表示人脸，那么所有人脸的图像应该激活这个节点，并且这个结果向下生成的图像应该能够表现为一个大概的人脸图像。wake-sleep 算法分为醒（wake）和睡（sleep）两个部分。wake 阶段：是认知过程，通过外界的特征和向上的权重产生每一层的抽象表示，并且使用梯度下降修改层间的下行权重。sleep 阶段：是生成过程，通过顶层表示和向下权重生成底层的状态，同时修改层间向上的权重。

深度学习的训练与学习方式大体分为两大类别：自下向上的非监督学习和自顶向下的监督学习。

自下向上的非监督学习的特点在于从底层开始，一层一层地往顶层训练。采用无标定数据（有标定数据也可）分层训练各层参数，可以将这一步看作一个无监督训练过程，这也是和传统神经网络区别最大的部分，可以看作特征学习过程。具体的，先用无标定数据训练第一层，训练时先学习第一层的参数，这层可以看作是得到一个使得输出和输入差别最小的 3 层神经网络的隐层，由于模型容量的限制以及稀疏性约束，使得得到的模型能够学习到数据本身的结构，从而得到比输入更具有表示能力的特征；在学习到 n-1 层后，将 n-1 层的输出作为第 n 层的输入，训练第 n 层，由此分别得到各层的参数。

自顶向下的监督学习的特点在于通过带标签的数据去训练，误差自顶向下传输，对网络进行微调。基于第一步得到的各层参数进一步优调整个多层模型的参数，这一步是一个有监督训练过程。第一步类似神经网络的随机初始化初值过程，由于第一步不是随机初始化，而是通过学习输入数据的结构得到的，因而这个初值更接近全局最优，从而能够取得更好的效果。所以深度学习的良好效果在很大程度上归功于第一步的特征学习的过程。

深度学习技术目前的应用：

1）计算机视觉（图像处理）。香港中文大学的多媒体实验室是最早应用深度学习进行计算机视觉研究的中国团队。在世界级人工智能竞赛 LFW（大规模人脸识别竞赛）上，该实验室曾力压 Facebook 夺得冠军，使得人工智能在该领域的识别能力首次超越真人。基于深度学习的人脸识别示例如图 3.4 所示。

图 3.4　基于深度学习的人脸识别示例

2）语音识别。微软研究人员通过与 Hinton 合作，率先将 RBM 和 DBN 引入到语音识别声学模型训练中，并且在大词汇量语音识别系统中获得巨大成功，使得语音识别的错误率相对降低 30%。但是，DNN 还没有有效的并行快速算法，很多研究机构是利用大规模数据语料通过 GPU 平台提高 DNN 声学模型的训练效率。在国际上，IBM、Google 等公司快速进行了 DNN 语音识别的研究，并且速度飞快。国内方面，阿里巴巴、科大讯飞、百度、中国科学院自动化研究所等公司或研究单位，也在进行深度学习在语音识别上的研究。基于深度学习的语音识别示例如图 3.5 所示。

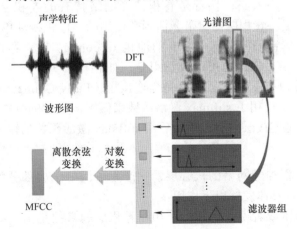

图 3.5　基于深度学习的语音识别示例

注：光谱图对声音信号频谱分析和可视化；滤波器组对信号进行频率分析，每个滤波器专门处理输入信号的特定频段；MFCC 是一种常用于语音和音频信号处理的声学特征表示方法。

3）自然语言处理等其他领域。很多机构对自然语言处理开展研究，2013 年 Tomas Mikolov、Kai Chen、Greg Corrado、Jeffrey Dean 发 表 论 文 *Efficient Estimation of Word Representations in Vector Space*，建立 word2vector 模型，与传统的词袋（Bag of Words）模型相比，word2vector 能够更好地表达语法信息。深度学习在自然语言处理等领域主要应用于机器翻译以及语义挖掘等方面。

2020 年，深度学习可以加速半导体封测创新，在降低重复性人工、提高良率、管控精度和效率、降低检测成本等方面发挥重要作用，AI 深度学习驱动的光学自动检测（Automated Optical Inspection，AOI）具有广阔的市场前景，但驾驭起来并不简单。2020 年 4 月 13 日，英国《自然·机器智能》杂志发表的一项医学与 AI 研究中，瑞士科学家介绍了一种人工智能系统，它可以在几秒钟之内扫描心血管血流。这个深度学习模型有望让临床医师在患者接受核磁共振扫描的同时，实时观察血流变化，从而优化诊断工作流程。

3.2 卷积神经网络的基本构成及 Python 实现

3.2.1 卷积神经网络的基本构成

卷积神经网络（CNN）是目前深度学习处理图像、视频、语音和文本等信息源最为常用的框架。本章详细解析卷积神经网络的基本构成、工作原理，每个构成模块的 Python 代码实现以及典型的卷积神经网络实例。

以一个图像分类的卷积神经网络为例，其基本结构如图 3.6 所示。

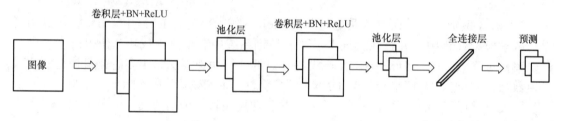

图 3.6 卷积神经网络的基本结构

图 3.6 中，图像是输入层；接着是卷积神经网络特有的卷积层和批归一化（Batch Normalization，BN）层，卷积层的自带激活函数使用的是修正线性单元（Rectified Linear Unit，ReLU）；接着是卷积神经网络特有的池化（Pooling）层；卷积层 + 池化层的组合可以在隐藏层中出现很多次，也可以灵活组合，如卷积层 + 卷积层 + 池化层、卷积层 + 卷积层等；在若干卷积层 + 池化层之后是全连接层（Fully Connected Layer），其实就是 DNN 结构，只是输出层使用了 softmax 激活函数来做图像识别的分类；一般 FC 为卷积神经网络的全连接层；全连接层一般包括最后用 softmax 激活函数的输出层。

1. 卷积层

卷积层是构建卷积神经网络的核心层，它产生了网络中大部分的计算量。卷积层的作用主要为提取特征。具体发挥以下作用：

（1）滤波器的作用或者说是卷积的作用　卷积层的参数是由一些可学习的滤波器集合构成的。每个滤波器在空间（宽度和高度）上都比较小，但是深度和输入数据一致（这一点很重要，后面会具体介绍）。直观地来说，网络会让滤波器学习到当它看到某些类型的视觉特征时就激活，具体的视觉特征可能是某些方位上的边界，或者在第一层上某些颜色的斑点，甚至可以是网络更高层上的蜂巢状或者车轮状图案。

（2）可以被看作是神经元的一个输出　神经元只观察输入数据中的一小部分，并且和空间上左右两边的所有神经元共享参数（因为这些数字都是使用同一个滤波器得到的结果）。

（3）降低参数的数量　由于卷积具有"权值共享"特性，可以降低参数数量，从而降低计算开销，防止由于参数过多而造成过拟合。

使用 Python 语言实现卷积层，有如下 3 种方式：常规卷积（Conventional Convolution）、分组卷积（Group Convolution）以及深度可分离卷积（Depthwise Separable Convolution）。

1）常规卷积。假设有一张 $6 \times 4 \times 4$ 的特征图，现在想得到一张 $10 \times 3 \times 3$ 的特征图，如果直接使用卷积操作，大卷积核（包含 channel，3 维）一共有 10 个，每个大小为 $6 \times 2 \times 2$。代码如下所示：

```
conv = nn.Conv2d(6, 10, kernel_size=2, stride=1, padding=0, bias=False, groups=1)
input = torch.ones((1, 6, 4, 4))
output = conv(input)
print(output.size())
'''
torch.Size([1, 10, 3, 3])
'''
```

参数：10 个输出 channel，6 个输入 channel，卷积核大小为 2×2。

计算量：10 个输出 channel，6 个输入 channel，卷积核大小为 2×2，输出图为 3×3。

2）分组卷积。分组卷积可降低参数量，假设一张 $6 \times 4 \times 4$ 的特征图，现在想得到一张 $10 \times 3 \times 3$ 的特征图，设分组卷积数为 2，因此每个大卷积核的大小为 $3 \times 2 \times 2$，一共有 5+5=10 个大卷积核。代码如下所示：

```
group_conv = nn.Conv2d(6, 10, kernel_size=2, stride=1, padding=0, bias=False, groups=2)
input = torch.ones((1, 6, 4, 4))
output = group_conv(input)
print(output.size())
'''
torch.Size([1, 10, 3, 3])
'''
```

参数：10 个输出 channel（分组为 2，每组 5 个 channel），6 个输入 channel（分组为 2，每组 3 个 channel），大卷积核一共分为两组，每组大小为 $3 \times 2 \times 2$，卷积核大小为 2×2。

计算量：10 个输出 channel，6 个输入 channel，卷积核大小为 2×2，输出图为 3×3。

3）深度可分离卷积。深度可分离卷积是 Google 在 2017 年提出的，主要目的是在显著降低参数和计算量的情况下保证性能，深度可分离卷积一共分为两步：深度卷积（Depthwise Convolution）以及点卷积（Pointwise Convolution）。

深度卷积中每个卷积核只负责一个通道，卷积只能在二维平面内进行，因此无法增加通道数。假设一张 $6 \times 4 \times 4$ 的特征图，因为深度卷积没办法增加通道数，所以只能得到一张 $6 \times 3 \times 3$ 的特征图。

参数：6 个输出 channel，6 个输入 channel，大卷积核大小为 $1 \times 2 \times 2$，卷积核大小为 2×2。

计算量：6 个输出 channel，6 个输入 channel，卷积核大小为 2×2，输出图为 3×3。

目前经过深度卷积得到了 $6 \times 3 \times 3$ 的特征图，为了获得 $10 \times 3 \times 3$ 的特征图，现在用

1×1 的核来进行点卷积操作，每个卷积核的大小为 $6 \times 1 \times 1$，一共有 10 个。

参数：10 个输出 channel，6 个输入 channel，大卷积核大小为 $6 \times 1 \times 1$，卷积核大小为 1×1。

计算量：10 个输出 channel，6 个输入 channel，卷积核大小为 2×2，输出图为 3×3。

上述两步的 Python 代码如下所示：

```python
depthwise = nn.Conv2d(6, 6, kernel_size=2, stride=1, padding=0, bias=False, groups=6)
pointwise = nn.Conv2d(6, 10, kernel_size=1, stride=1, padding=0, bias=False, groups=1)
input = torch.ones((1, 6, 4, 4))
output = depthwise(input)
print(output.size())
output = pointwise(output)
print(output.size())
'''
torch.Size([1, 6, 3, 3])
torch.Size([1, 10, 3, 3])'''
```

2. 批归一化（BN）层

BN 是由 Sergey Ioffe 等人提出来的，是一个广泛使用的深度神经网络训练的技巧，它不仅可以加快模型的收敛速度，还可以简化初始化要求，即可以使用较大的学习率。BN 层也属于网络的一层。在前面提到网络除了输出层外，其他层因为低层网络在训练的时候更新了参数，而引起后面层输入数据分布的变化。BN 通过引入两个和神经网络训练参数可以一起训练的参数，保留了神经网络的原始表示能力；是可微的变换，并且对梯度反向传播有好处；可以使神经网络训练过程对参数初值不再敏感；允许梯度迭代过程使用更大的学习率，且不会引起梯度更新过程发散；也可以看作是正则化过程，使得目前作为标准配置的 dropout 并非必须；允许网络使用饱和非线性激活函数，且保证非线性激活函数值不会陷入饱和区。

BN 层的 Python 实现代码如下：

```python
class BatchNorm(nn.Module):
    def __init__(self, num_features, epsilon=1e-05, momentum=0.1, device=None):
        '''
        num_features: 全连接网络的输出大小
        momentum: 训练动量
        '''
        super(BatchNorm, self).__init__()
        self.device = device
        # 需要学习的参数，用 Parameter 生成
        self.beta = nn.Parameter(torch.zeros(1, num_features))
        self.gamma = nn.Parameter(torch.ones(1, num_features))
        self.epsilon = epsilon
        self.momentum = momentum

        self.moving_mean = torch.zeros(1, num_features)
        self.moving_var = torch.ones(1, num_features)
    def forward(self, X):
        '''
        X: [batch_size, num_features]
        '''
```

```
        if self.device:
            self.moving_mean = self.moving_mean.to(device)
            self.moving_var = self.moving_var.to(device)
            # 如果是训练模式
        if self.training:
            # 当前批次的均值和方差
            mean = X.mean(dim=0)
            var = ((X – mean)**2).mean(dim=0)
            # 标准化
            X_normalized = (X – mean) / torch.sqrt(var + self.epsilon)
            # 更新移动平均值，和 nn.BatchNorm1d 的做法一样
            self.moving_mean = (1 – self.momentum) * self.moving_mean + self.momentum * mean
            self.moving_var =   (1 – self.momentum) * self.moving_var + self.momentum
        else:
            # 如果是推理模式
            X_normalized = (X – self.moving_mean) / torch.sqrt(self.moving_var + self.epsilon)
        # 公式中的 y
        Y = self.gamma * X_normalized + self.beta
        return Y # [batch_size, num_features]
    def __repr__(self):
        retur f'BatchNorm(num_features={self.moving_mean.size(1)}, momentum={self.momentum})'
```

3. ReLU 激活函数

ReLU 激活函数是常用的神经激活函数。激活函数（Activation Function）通常指代以斜坡函数及其变种为代表的非线性函数。ReLU() 函数其实是分段线性函数，把所有的负值都变为 0，而正值不变，这种操作被称为单侧抑制，如式（3.1）所示。

$$\text{ReLU}(x) = \begin{cases} x & x > 0 \\ 0 & x \leqslant 0 \end{cases} \tag{3.1}$$

ReLU() 激活函数的 Python 实现代码如下：

```
import numpy as np
def relu(x):
    return np.maximum(0, x)
y = relu(x)
```

4. 池化层

卷积神经网络中另外一个必要的环节就是池化操作，因为池化操作使得特征图的尺寸进一步缩小，从而扩大感受野、降低计算量。具体来讲，池化层对特征图进行压缩：①使特征图变小，简化网络计算复杂度，减少下一层的参数和计算量，防止过拟合。②进行特征压缩，提取特征，保留主要的特征；保持某种不变性，包括在平移和旋转中保持尺度不变性从而增大了感受野。

池化层主要分为 3 种类型：最大池化（Max Pooling）、平均池化（Average Pooling）及全局平均池化（Global Average Pooling）。

（1）最大池化　最大池化是将输入的矩阵划分为若干个矩形区域，对每个子区域输出最大值，其定义为

$$Y_{kij} = \text{Max}(X_{kpq}) \quad (p,q) \in R_{ij} \tag{3.2}$$

式中，Y_{kij} 为与第 k 个特征图有关的在矩形区域 R_{ij} 的最大池化输出值；X_{kpq} 为矩形区域 R_{ij} 中位于 (p, q) 处的元素。

对于最大池化操作，只选择每个矩形区域中的最大值进入下一层，而其他元素将不会进入下一层。所以最大池化提取特征图中响应最强烈的部分进入下一层，这种方式摒弃了网络中大量的冗余信息，使得网络更容易被优化。同时这种操作方式也会丢失一些特征图中的细节信息，所以最大池化更多保留一些图像的纹理信息。

最大池化的 Python 函数如下：

torch.nn.MaxPool1d(kernel_size,stride=None,padding=0,dilation=1,return_indices=False,ceil_mode=False)

（2）平均池化　平均池化是将输入的图像划分为若干个矩形区域，对每个子区域输出所有元素的平均值，其定义为

$$Y_{kij} = \frac{1}{|R_{ij}|} \sum X_{kpq} \quad (p,q) \in R_{ij} \tag{3.3}$$

式中，Y_{kij} 为与第 k 个特征图有关的在矩形区域 R_{ij} 的平均池化输出值；X_{kpq} 为矩形区域 R_{ij} 中位于 (p, q) 处的元素；$|R_{ij}|$ 为矩形区域 R_{ij} 中元素个数。

平均池化取每个矩形区域中的平均值，可以提取特征图中所有特征的信息进入下一层，而不像最大池化只保留值最大的特征，所以平均池化可以更多保留一些图像的背景信息。

平均池化的 Python 函数如下：

torch.nn.AvgPool1d(kernel_size,stride=None,padding=0,ceil_mode=False,count_include_pad=True)

（3）全局平均池化　全局平均池化是一种特殊的平均池化，它不划分矩形区域，而是将特征图中所有元素取平均输出到下一层。其定义为

$$Y_k = \frac{1}{|R_k|} \sum X_{kpq} \quad (p,q) \in R_{ij} \tag{3.4}$$

式中，Y_k 为与第 k 个特征图有关的全局平均池化输出值；X_{kpq} 为第 k 个特征图区域 R 中位于 (p, q) 处的元素；$|R_k|$ 为第 k 个特征图全部元素的个数。

作为全连接层的替代操作，全局平均池化层对整个网络在结构上做正则化防止过拟合，直接剔除了全连接层中黑箱的特征，直接赋予了每个 channel 实际的类别意义。除此之外，使用全局平均池化层代替全连接层，可以实现任意图像大小的输入，而全局平均池化层对整个特征图求平均值，也可以用来提取全局上下文信息，全局信息作为指导进一步增强网络性能。

全局平均池化的 Python 实现代码如下：

```
class GlobalAvgPool1d(nn.Module):
    def __init__(self):
        super(GlobalAvgPool1d,self).__init__()
    def forward(self, x):
        return nn.AvgPool1d(x,kernel_size=x.shape[2])
```

5. 全连接层

在 CNN 的最后，普遍由一个全连接层构成。全连接层指的是每一个结点都与上一层

的所有结点相连，用来把前面几层提取到的特征综合起来。或者说，全连接可以完成特征的进一步融合，使得神经网络最终看到的特征是个全局特征，而非局部特征。由于其全连接的特性，一般全连接层的参数也是最多的。

全连接层对前层输出的特征进行加权求和，并把结果输入到激活函数，最终完成目标的分类。加权求和计算公式为

$$y = f\left(\sum_{i=1}^{n} w_i x_i + b_i\right) \tag{3.5}$$

式中，f 为激活函数；n 为网络中神经元数量；w_i 为全连接层中的权重系数；x_i 为上一层第 i 个神经元的值；b_i 为全连接层的偏置量。

全连接层的 Python 函数如下：

```
class torch.nn.Linear(in_features, out_features, bias=True)
```

3.2.2　几种典型的卷积神经网络

本节以 3 种典型的卷积神经网络为例，进一步展示目前代表性卷积神经网络的结构与 Python 代码实现。下面分别展示 LeNet-5、VGGNet 与 ResNet 的基本结构与实现代码。

1. LeNet-5

LeNet 由 Yann Lecun 提出，是一种经典的卷积神经网络，是现代卷积神经网络的起源之一。Yann 将该网络用于邮政编码的识别，有着良好的学习和识别能力。

LeNet-5 一共由 7 层组成，分别是 C1、C3、C5 卷积层，S2、S4 降采样层（降采样层又称池化层），F6 为一个全连接层，输出是一个高斯连接层，该层使用 softmax() 函数对输出图像进行分类。为了对应模型输入结构，将 MNIST 中 28×28 像素的图像扩展为 32×32 像素。下面对每一层进行详细介绍。C1 卷积层由 6 个 5×5 的不同类型的卷积核组成，卷积核的步长为 1，没有零填充，卷积后得到 6 个 28×28 像素的特征图；S2 为最大池化层，池化区域为 2×2，步长为 2，经过 S2 池化后得到 6 个 14×14 像素的特征图；C3 卷积层由 16 个 5×5 的不同卷积核组成，卷积核的步长为 1，没有零填充，卷积后得到 16 个 10×10 像素的特征图；S4 为最大池化层，池化区域为 2×2，步长为 2，经过 S2 池化后得到 16 个 5×5 像素的特征图；C5 卷积层由 120 个 5×5 的不同卷积核组成，卷积核的步长为 1，没有零填充，卷积后得到 120 个 1×1 像素的特征图；将 120 个 1×1 像素的特征图拼接起来作为 F6 的输入，F6 为一个由 84 个神经元组成的全连接隐藏层，激活函数使用 sigmoid() 函数；最后一层输出层是一个由 10 个神经元组成的 softmax 高斯连接层，可以用来做分类任务。LeNet-5 的网络结构图如图 3.7 所示。

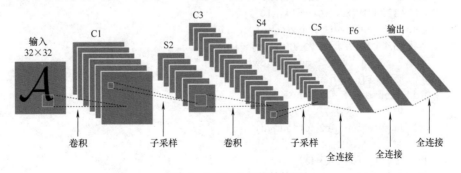

图 3.7　LeNet-5 网络结构图

注：子采样用于减小特征图尺寸，保留重要信息同时减少计算量。

LeNet-5 的 Python 实现代码如下：

```python
import torch.nn as nn

class LeNet5(nn.Module):
    def __init__(self):
        super(LeNet5, self).__init__()
        # 包含一个卷积层和池化层，分别对应 LeNet5 中的 C1 和 S2
        # 卷积层的输入通道为 1，输出通道为 6，设置卷积核为 5×5，步长为 1
        # 池化层的 kernel 为 2×2
        self._conv1 = nn.Sequential(
            nn.Conv2d(in_channels=1, out_channels=6, kernel_size=5, stride=1),
            nn.MaxPool2d(kernel_size=2)
        )
        # 包含一个卷积层和池化层，分别对应 LeNet5 中的 C3 和 S4
        # 卷积层的输入通道为 6，输出通道为 16，设置卷积核为 5×5，步长为 1
        # 池化层的 kernel 为 2×2
        self._conv2 = nn.Sequential(
            nn.Conv2d(in_channels=6, out_channels=16, kernel_size=5, stride=1),
            nn.MaxPool2d(kernel_size=2)
        )
        # 对应 LeNet5 中 C5 卷积层，由于它跟全连接层类似，所以这里使用了 nn.Linear 模块
        # 卷积层的输入特征为 4×4×16，输出特征为 120×1
        self._fc1 = nn.Sequential(
            nn.Linear(in_features=4 * 4 * 16, out_features=120)
        )
        # 对应 LeNet5 中的 F6，输入是 120 维向量，输出是 84 维向量
        self._fc2 = nn.Sequential(
            nn.Linear(in_features=120, out_features=84)
        )
        # 对应 LeNet5 中的输出层，输入是 84 维向量，输出是 10 维向量
        self._fc3 = nn.Sequential(
            nn.Linear(in_features=84, out_features=10)
        )

    def forward(self, input):
        # 前向传播
        # MNIST DataSet image's format is 28×28×1
        # [28,28,1] → [24,24,6] → [12,12,6]
        conv1_output = self._conv1(input)
        # [12,12,6] → [8,8,,16] → [4,4,16]
        conv2_output = self._conv2(conv1_output)
        # 将 [n,4,4,16] 维度转化为 [n,4×4×16]
        conv2_output = conv2_output.view(-1, 4 * 4 * 16)
        # [n,256] → [n,120]
        fc1_output = self._fc1(conv2_output)
        # [n,120] → [n,84]
        fc2_output = self._fc2(fc1_output)
        # [n,84] → [n,10]
        fc3_output = self._fc3(fc2_output)
        return fc3_output
```

2. VGGNet

2014 年，牛津大学计算机视觉组（Visual Geometry Group）和 Google DeepMind 公司一起研发了新的卷积神经网络，并命名为 VGGNet。VGGNet 是一个典型的深度卷积神经网络（Deep Convolutional Neural Network，DCNN），根据网络层数分为 VGG-19 与 VGG-16，该模型获得了 2014 年 ImageNet 大规模视觉识别挑战（ImageNet Large Scale Visual Recognition Challenge，ILSVRC）竞赛的第二名。

VGGNet 由 5 层卷积层、3 层全连接层、1 层 softmax 输出层构成，层与层之间使用 maxpool（最大池化）分开，所有隐藏层的激活单元都采用 ReLU() 函数。VGG-16 的网络结构如图 3.8 所示。

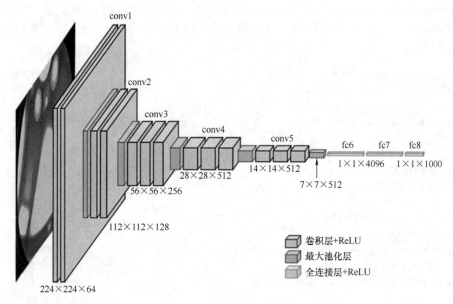

图 3.8　VGG-16 的网络结构

VGG-16 的 Python 实现代码如下：

```python
import torch
import torch.nn as nn
import torch.nn.functional as F

class VGG16(nn.Module):

 def __init__(self):
   super(VGG16, self).__init__()

   # 3 × 224 × 224
   self.conv1_1 = nn.Conv2d(3, 64, 3) # 64 × 222 × 222
   self.conv1_2 = nn.Conv2d(64, 64, 3, padding=(1, 1)) # 64 × 222 × 222
   self.maxpool1 = nn.MaxPool2d((2, 2), padding=(1, 1)) # pooling 64 × 112 × 112

   self.conv2_1 = nn.Conv2d(64, 128, 3) # 128 × 110 × 110
   self.conv2_2 = nn.Conv2d(128, 128, 3, padding=(1, 1)) # 128 × 110 × 110
   self.maxpool2 = nn.MaxPool2d((2, 2), padding=(1, 1)) # pooling 128 × 56 × 56
```

```
        self.conv3_1 = nn.Conv2d(128, 256, 3) # 256 × 54 × 54
        self.conv3_2 = nn.Conv2d(256, 256, 3, padding=(1, 1)) # 256 × 54 × 54
        self.conv3_3 = nn.Conv2d(256, 256, 3, padding=(1, 1)) # 256 × 54 × 54
        self.maxpool3 = nn.MaxPool2d((2, 2), padding=(1, 1)) # pooling 256 × 28 × 28

        self.conv4_1 = nn.Conv2d(256, 512, 3) # 512 × 26 × 26
        self.conv4_2 = nn.Conv2d(512, 512, 3, padding=(1, 1)) # 512 × 26 × 26
        self.conv4_3 = nn.Conv2d(512, 512, 3, padding=(1, 1)) # 512 × 26 × 26
        self.maxpool4 = nn.MaxPool2d((2, 2), padding=(1, 1)) # pooling 512 × 14 × 14

        self.conv5_1 = nn.Conv2d(512, 512, 3) # 512 × 12 × 12
        self.conv5_2 = nn.Conv2d(512, 512, 3, padding=(1, 1)) # 512 × 12 × 12
        self.conv5_3 = nn.Conv2d(512, 512, 3, padding=(1, 1)) # 512 × 12 × 12
        self.maxpool5 = nn.MaxPool2d((2, 2), padding=(1, 1)) # pooling 512 × 7 × 7
        # view

        self.fc1 = nn.Linear(512 * 7 * 7, 4096)
        self.fc2 = nn.Linear(4096, 4096)
        self.fc3 = nn.Linear(4096, 1000)
        # softmax 1 × 1 × 1000
    def forward(self, x):

        # x.size(0) 即为 batch_size
        in_size = x.size(0)

        out = self.conv1_1(x) # 222
        out = F.relu(out)
        out = self.conv1_2(out) # 222
        out = F.relu(out)
        out = self.maxpool1(out) # 112

        out = self.conv2_1(out) # 110
        out = F.relu(out)
        out = self.conv2_2(out) # 110
        out = F.relu(out)
        out = self.maxpool2(out) # 56

        out = self.conv3_1(out) # 54
        out = F.relu(out)
        out = self.conv3_2(out) # 54
        out = F.relu(out)
        out = self.conv3_3(out) # 54
        out = F.relu(out)
        out = self.maxpool3(out) # 28

        out = self.conv4_1(out) # 26
        out = F.relu(out)
        out = self.conv4_2(out) # 26
        out = F.relu(out)
        out = self.conv4_3(out) # 26
        out = F.relu(out)
```

```
out = self.maxpool4(out) # 14

out = self.conv5_1(out) # 12
out = F.relu(out)
out = self.conv5_2(out) # 12
out = F.relu(out)
out = self.conv5_3(out) # 12
out = F.relu(out)
out = self.maxpool5(out) # 7

# 展平
out = out.view(in_size, –1)
out = self.fc1(out)
out = F.relu(out)
out = self.fc2(out)
out = F.relu(out)
out = self.fc3(out)
out = F.log_softmax(out, dim=1)
return out
```

3. ResNet

残差网络（ResNet）是由来自 Microsoft Research 的 4 位学者提出的卷积神经网络，在 2015 年的 ImageNet 大规模视觉识别竞赛中获得了图像分类和物体识别的优胜。ResNet 的特点是容易优化，并且能够通过增加深度来提高准确率。其内部的残差块使用了跳跃连接，缓解了在深度神经网络中增加深度带来的梯度消失问题。

在 ResNet 提出之前，所有的神经网络都是通过卷积层和池化层的叠加组成的。人们认为卷积层和池化层的层数越多，获取到的图片特征信息越全，学习效果也就越好。但是在实际的试验中发现，随着卷积层和池化层的叠加，不但没有出现学习效果越来越好的情况，反而出现两种问题：

（1）梯度消失和梯度爆炸

梯度消失：若每一层的误差梯度小于 1，反向传播时网络越深，梯度越趋近于 0。

梯度爆炸：若每一层的误差梯度大于 1，反向传播时网络越深，梯度越来越大。

（2）退化问题　随着层数的增加，预测效果反而越来越差。

为了解决梯度消失或梯度爆炸问题，ResNet 提出通过数据的预处理以及在网络中使用 BN 层来解决。

为了解决深层网络中的梯度消失问题，可以人为地让神经网络某些层跳过下一层神经元的连接，隔层相连，弱化每层之间的强联系。ResNet 论文提出了 residual 结构（残差结构）来减轻梯度消失问题，使用 residual 结构的卷积网络，随着网络的不断加深，效果并没有变差，而是变得更好了。ResNet 网络的 residual 模块结构如图 3.9 所示。

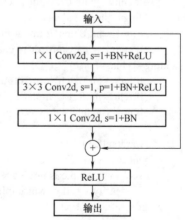

图 3.9　residual 模块结构

注：1×1Conv2d 指一个 1×1 的卷积操作，对输入数据进行通道维度上的变换；s=1 指卷积操作的步幅为 1。

ResNet 根据其网络层数分为了 ResNet−50、ResNet−101、ResNet−152。随着深度增加，因为解决了退化问题，所以性能不断提升。ResNet 网络结构如图 3.10 所示。

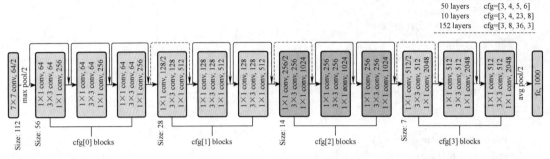

图 3.10　ResNet 网络结构

注：7×7conv 指使用一个 7×7 的卷积核进行卷积操作；64/2 指使用了 64 个滤波器，/2 表示卷积操作的步幅为 2，
　　后同；size：112 指输入图像尺寸为 112×112 像素；cfg［0］blocks 指第一个残差块的配置，索引从 0 开始。

以 ResNet 的 Python 实现代码如下：

```python
import torch.nn as nn
import torch

# Resnet 18/34 使用此残差块
class BasicBlock(nn.Module):   # 卷积 2 层，f(x) 和 x 的维度相等
    # expansion 是 f(x) 相对 x 维度拓展的倍数
    expansion = 1   # 残差映射 f(x) 的维度有没有发生变化，1 表示没有变化，downsample=None
    # in_channel 输入特征矩阵的深度 ( 图像通道数，如输入层有 R、G、B 3 个分量，使得输入特
征矩阵的深度是 3)，out_channel 输出特征矩阵的深度 ( 卷积核个数 )，stride 卷积步长，downsample 是
用来将残差数据和卷积数据的 shape 变得相同，可以直接进行相加操作
    def __init__(self, in_channel, out_channel, stride=1, downsample=None, **kwargs):
        super(BasicBlock, self).__init__()
        self.conv1 = nn.Conv2d(in_channels=in_channel, out_channels=out_channel,kernel_size=3,
stride=stride, padding=1, bias=False)
        self.bn1 = nn.BatchNorm2d(out_channel)   # BN 层在 conv 和 relu 层之间
        self.conv2 = nn.Conv2d(in_channels=out_channel, out_channels=out_channel,kernel_size=3,
stride=1, padding=1, bias=False)
        self.bn2 = nn.BatchNorm2d(out_channel)
        self.relu = nn.ReLU(inplace=True)
        self.downsample = downsample

    def forward(self, x):
        identity = x
        if self.downsample is not None:
            identity = self.downsample(x)
        out = self.conv1(x)
        out = self.bn1(out)
        out = self.relu(out)
        out = self.conv2(out)
        out = self.bn2(out)
        # out=f(x)+x
        out += identity
        out = self.relu(out)
        return out
```

```
# Resnet 50/101/152 使用此残差块
class Bottleneck(nn.Module):   # 卷积 3 层, f(x) 和 x 的维度不等
    """
```

注意: 在提出 ResNet 的原论文中, 在虚线残差结构的主分支上, 第一个 1×1 卷积层步距是 2, 第二个 3×3 卷积层步距是 1。

但在 PyTorch 官方实现过程中第一个 1×1 卷积层步距是 1, 第二个 3×3 卷积层步距是 2。这么做的好处是能够在 top1 上提升约 0.5% 的准确率。

```
    """
    # expansion 是 f(x) 相对 x 维度拓展的倍数
    expansion = 4

    def __init__(self, in_channel, out_channel, stride=1, downsample=None, groups=1, width_per_group=64):
        super(Bottleneck, self).__init__()
        width = int(out_channel * (width_per_group / 64.)) * groups
        # 此处 width=out_channel

        self.conv1 = nn.Conv2d(in_channels=in_channel, out_channels=width,kernel_size=1,
stride=1, bias=False)  # squeeze channels
        self.bn1 = nn.BatchNorm2d(width)
        # -----------------------------------------
        self.conv2 = nn.Conv2d(in_channels=width, out_channels=width, groups=groups,kernel_
size=3, stride=stride, bias=False, padding=1)
        self.bn2 = nn.BatchNorm2d(width)
        # -----------------------------------------
        self.conv3 = nn.Conv2d(in_channels=width, out_channels=out_channel * self.
expansion,kernel_size=1, stride=1, bias=False)  # unsqueeze channels
        self.bn3 = nn.BatchNorm2d(out_channel * self.expansion)
        self.relu = nn.ReLU(inplace=True)
        self.downsample = downsample

    def forward(self, x):
        identity = x
        # downsample 用来将残差数据和卷积数据的 shape 变得相同, 可以直接进行相加操作
        if self.downsample is not None:
            identity = self.downsample(x)
        out = self.conv1(x)
        out = self.bn1(out)
        out = self.relu(out)
        out = self.conv2(out)
        out = self.bn2(out)
        out = self.relu(out)
        out = self.conv3(out)
        out = self.bn3(out)
        # out=f(x)+x
        out += identity
        out = self.relu(out)
        return out
```

```python
class ResNet(nn.Module):

    def __init__(self,
                 block,    # 使用的残差块类型
                 blocks_num,    # 每个卷积层，使用残差块的个数
                 num_classes=1000,    # 训练集标签的分类个数
                 include_top=True,    # 是否在残差结构后接上 pooling、fc、softmax
                 groups=1,
                 width_per_group=64):
        super(ResNet, self).__init__()
        self.include_top = include_top
        self.in_channel = 64    # 第一层卷积输出特征矩阵的深度，也是后面层输入特征矩阵的
深度
        self.groups = groups
        self.width_per_group = width_per_group
        # 输入层有 R、G、B 三个分量，使得输入特征矩阵的深度是 3
        self.conv1 = nn.Conv2d(3, self.in_channel, kernel_size=7, stride=2,padding=3, bias=False)
        self.bn1 = nn.BatchNorm2d(self.in_channel)
        self.relu = nn.ReLU(inplace=True)
        self.maxpool = nn.MaxPool2d(kernel_size=3, stride=2, padding=1)
        # _make_layer（残差块类型，残差块中第一个卷积层的卷积核个数，残差块个数，残差块
中卷积步长）函数：生成多个连续的残差块的残差结构
        self.layer1 = self._make_layer(block, 64, blocks_num[0])
        self.layer2 = self._make_layer(block, 128, blocks_num[1], stride=2)
        self.layer3 = self._make_layer(block, 256, blocks_num[2], stride=2)
        self.layer4 = self._make_layer(block, 512, blocks_num[3], stride=2)
        if self.include_top:    # 默认为 True，接上 pooling、fc、softmax
            self.avgpool = nn.AdaptiveAvgPool2d((1, 1))    # 自适应平均池化下采样，无论输入矩
阵的 shape 为多少，output size 高宽均为 1×1
            # 使矩阵展平为向量，如（W,H,C）→（1,1,W×H×C），深度为 W×H×C
            self.fc = nn.Linear(512 * block.expansion, num_classes)    # 全连接层，512 * block.
expansion 为输入深度，num_classes 为分类类别个数
        for m in self.modules():    # 初始化
            if isinstance(m, nn.Conv2d):
                nn.init.kaiming_normal_(m.weight, mode='fan_out', nonlinearity='relu')
    # _make_layer() 函数：生成多个连续的残差块 ( 残差块类型，残差块中第一个卷积层的卷积核
个数，残差块个数，残差块中卷积步长 )
    def _make_layer(self, block, channel, block_num, stride=1):
        downsample = None
        # 寻找：卷积步长不为 1 或深度扩张有变化，导致 f(x) 与 x 的 shape 不同的残差块，就要
对 x 定义下采样函数，使之 shape 相同
        if stride != 1 or self.in_channel != channel * block.expansion:
            downsample = nn.Sequential(
                nn.Conv2d(self.in_channel, channel * block.expansion, kernel_size=1, stride=stride,
bias=False),
                nn.BatchNorm2d(channel * block.expansion))
        # layers 用于顺序储存各连续残差块
        # 每个残差结构，第一个残差块均为需要对 x 下采样的残差块，后面的残差块不需要对 x
下采样
        layers = []
        # 添加第一个残差块，第一个残差块均为需要对 x 下采样的残差块
        layers.append(block(self.in_channel,
```

```
                                channel,
                                downsample=downsample,
                                stride=stride,
                                groups=self.groups,
                                width_per_group=self.width_per_group))
        self.in_channel = channel * block.expansion
        # 后面的残差块不需要对 x 下采样
        for _ in range(1, block_num):
            layers.append(block(self.in_channel,
                                channel,
                                groups=self.groups,
                                width_per_group=self.width_per_group))
        # 以非关键字参数形式，将 layers 列表传入 Sequential(), 使其中残差块串联为一个残差结构
        return nn.Sequential(*layers)


    def forward(self, x):
        x = self.conv1(x)
        x = self.bn1(x)
        x = self.relu(x)
        x = self.maxpool(x)
        x = self.layer1(x)
        x = self.layer2(x)
        x = self.layer3(x)
        x = self.layer4(x)
        if self.include_top:    # 一般为 True
            x = self.avgpool(x)
            x = torch.flatten(x, 1)
            x = self.fc(x)
        return x


# 至此 resNet 的基本框架就写好了
# 下面定义不同层的 resNet

def resnet50(num_classes=1000, include_top=True):
    # https://download.pytorch.org/models/resnet50-19c8e357.pth
    return ResNet(Bottleneck, [3, 4, 6, 3], num_classes=num_classes, include_top=include_top)

def resnet34(num_classes=1000, include_top=True):
    # https://download.pytorch.org/models/resnet34-333f7ec4.pth
    return ResNet(BasicBlock, [3, 4, 6, 3], num_classes=num_classes, include_top=include_top)

def resnet101(num_classes=1000, include_top=True):
    # https://download.pytorch.org/models/resnet101-5d3b4d8f.pth
    return ResNet(Bottleneck, [3, 4, 23, 3], num_classes=num_classes, include_top=include_top)

def resnext50_32x4d(num_classes=1000, include_top=True):
    # https://download.pytorch.org/models/resnext50_32x4d-7cdf4587.pth
    groups = 32
    width_per_group = 4
    return ResNet(Bottleneck, [3, 4, 6, 3],
                    num_classes=num_classes,
                    include_top=include_top,
```

```
                          groups=groups,
                          width_per_group=width_per_group)

def resnext101_32x8d(num_classes=1000, include_top=True):
    # https://download.pytorch.org/models/resnext101_32x8d-8ba56ff5.pth
    groups = 32
    width_per_group = 8
    return ResNet(Bottleneck, [3, 4, 23, 3],
                          num_classes=num_classes,
                          include_top=include_top,
                          groups=groups,
                          width_per_group=width_per_group)
```

3.2.3 卷积神经网络的训练与测试

卷积神经网络通过训练得到最优模型进行测试，由于深度学习技术基于数据驱动，因此训练卷积神经网络需要大规模的数据集，从数据集中学习模式与分布，在学习规则的引导下优化自身参数，最终获取最优模型进行后续的测试。基本流程如图 3.11 所示。

卷积神经网络的训练过程对于获取最优模型十分重要。卷积神经网络是一种前馈神经网络，它从二维图像中提取拓扑结构，并采用反向传播算法来优化权值参数，从而达到求解网络中未知参数的目的，其训练过程可分为前向传播和反向传播两种。在前向传播过程中，原始输入图像依次与卷积核的权值向量进行卷积运算并与偏移量相加，经过激活函数处理后生成新的特征图。特征图在进入池化层后通过相应的池化操作进行降维处理，并进入下一层卷积进行卷积处理；在多次卷积和池化操作后，网络在全连接层计算基于输入数据的概率分布，得到新的特征映射。该过程中，网络通过损失函数计算输出与实际值的差异，用来指导模型的训练。在反向传播中，模型利用相应的优化算法如梯度下降法对神经网络各层的参数进行逐层更新，通过不断最小化损失函数完成模型的训练工作，其流程图如图 3.12 所示。

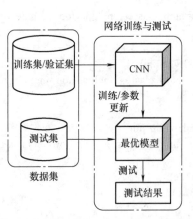

图 3.11　卷积神经网络训练与测试基本流程

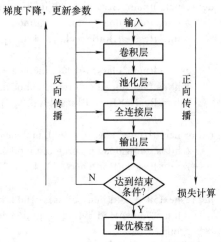

图 3.12　卷积神经网络训练的具体流程

3.3　深度学习图像处理平台搭建

本节具体介绍进行深度学习图像处理的基础平台 Anaconda+PyTorch+PyCharm+OpenCV 的搭建过程。进行深度学习图像处理，需要一系列深度学习搭建框架、Python 语言编译环境、GUI、图像处理库。下面具体介绍深度学习图像处理平台的搭建流程。

1. Anaconda

Anaconda 是可以便捷获取包且对包能够进行管理，同时对环境可以统一管理的发行版本。Anaconda 包含了 conda、Python 在内的超过 180 个科学包及其依赖项。Anaconda 可以直接在官网下载和安装，现在最新的版本是 Anaconda3，下载完就可以看到如图 3.13 所示的软件。

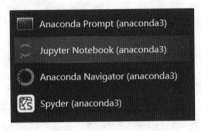

图 3.13　Anaconda3 软件

安装 Anaconda3，打开 Anaconda Prompt（anaconda3），输入：

conda create –n pytorch python=3.10.0

通过该输入进行 PyTorch 框架下的 Python 开发。

2. PyTorch

PyTorch 是一个开源的 Python 机器学习库，其前身是 2002 年诞生于纽约大学的 Torch。它是美国 Facebook 公司使用 Python 语言开发的一个深度学习框架，2017 年 1 月，Facebook 人工智能研究院（FAIR）在 GitHub 上开源了 PyTorch。其特点在于：

（1）简洁　PyTorch 的设计追求最少的封装，尽量避免重复造轮子。简洁的设计带来的另外一个好处就是代码易于理解。PyTorch 的源码只有 TensorFlow 的 1/10 左右，更少的抽象、更直观的设计使得 PyTorch 的源码十分易于阅读。

（2）速度　PyTorch 的灵活性不以牺牲速度为代价，在许多评测中，PyTorch 的速度表现胜过 TensorFlow 和 Keras 等框架。

（3）易用　PyTorch 是所有框架中面向对象设计的最优雅的一个。PyTorch 面向对象的接口设计来源于 Torch，而 Torch 的接口设计以灵活易用而著称，Keras 作者最初就是受 Torch 的启发才开发了 Keras。PyTorch 继承了 Torch 的衣钵，尤其是 API 的设计和模块的接口都与 Torch 高度一致。PyTorch 的设计最符合人们的思维，它让用户尽可能地专注于实现自己的想法，即所思即所得，不需要考虑太多关于框架本身的束缚。

用 conda 创建环境来安装不同版本的 PyTorch，每次都安装删除会很麻烦，可以通过使用 conda 指令来为不同的版本创建单独的环境。进入 cmd 后输入指令：

conda create –n pytorch python=3.9.6

安装过程会出现 y/n 提示，输入 y 即可。安装的速度与网速有关，如若期间有未安装成功的部分再重新输入语句继续安装即可。

下载不同版本的 PyTorch 可在官网（https://pytorch.org/）的 Get Started 界面选择合适的版本，官网会给出相应的语句，如 PyTorch1.5.1 版本如图 3.14 所示。

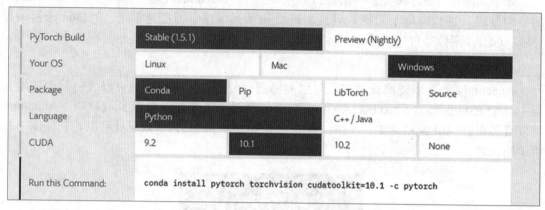

图 3.14　官网 PyTorch1.5.1 版本

注意：CUDA 版本的选择针对支持 CUDA 独显的计算机，可以通过这个网站来判断你的计算机显卡是否支持。如果不支持或者无显卡，则选择 None。同时注意：有显卡也要检查自己显卡驱动能够匹配的 CUDA 版本，如果显卡驱动太旧，建议使用 Nvidia Experience 或手动下载进行更新。

3. PyCharm

PyCharm 是一种 Python 集成开发环境（Integrated Development Environment，IDE），带有一整套可以帮助用户在使用 Python 语言开发时提高其效率的工具，比如调试、语法高亮、项目管理、代码跳转、智能提示、自动完成、单元测试、版本控制。

PyCharm 可直接在官网（https://www.jetbrains.com/pycharm/）安装，主要是把 PyTorch 安装包用于新建工程。PyCharm 安装完成后可见图 3.15 所示界面。

4. OpenCV

OpenCV（Open Source Computer Vision Library）是一个基于开源发行的跨平台计算机视觉库，它实现了图像处理和计算机视觉方面的很多通用算法，已成为计算机视觉领域最有力的研究工具。在深度学习图像处理框架中 OpenCV 是最为常用的图像处理库。

图 3.15　PyCharm 界面

安装 OpenCV 使用 pip 命令在 Anaconda 环境中进行安装，过程如下：

```
# 使用国内镜像进行安装
pip install opencv-python -i https://pypi.tuna.tsinghua.edu.cn/simple
# 原始安装命令
pip install opencv-python
# 用 conda 命令无法安装；尝试过 conda install opencv-python，无法安装
```

下面对 OpenCV 安装是否成功进行验证。

（1）显示版本号

step 1：打开终端。

step 2：输入 python，进入 Python 编译环境。

step 3：输入以下代码，用来查看当前 Python 环境中 OpenCV 的版本号。

import cv2 as cv

print(cv.__version__)

显示出如图 3.16 所示的 OpenCV 版本号。

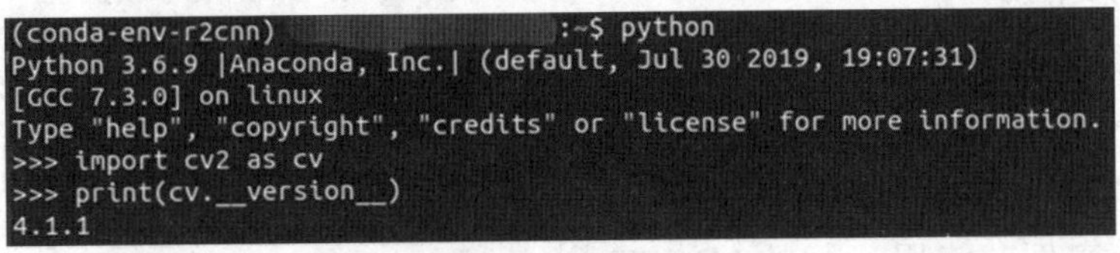

```
(conda-env-r2cnn)                   :~$ python
Python 3.6.9 |Anaconda, Inc.| (default, Jul 30 2019, 19:07:31)
[GCC 7.3.0] on linux
Type "help", "copyright", "credits" or "license" for more information.
>>> import cv2 as cv
>>> print(cv.__version__)
4.1.1
```

图 3.16　OpenCV 版本号

（2）使用 OpenCV 打开并显示图片

step 5：打开 PyCharm。

step 6：输入以下代码。

```
import cv2 as cv
img = cv.imread("2.jpg")
cv.imshow("2", img)
cv.waitKey(0)
cv.destroyAllWindows()
```

如果 OpenCV 安装成功，将看到如图 3.17 所示的显示图片。

图 3.17　OpenCV 显示图片

3.4　实例：基于深度学习的手写数字识别

手写数字识别是卷积神经网络应用于逻辑回归多分类问题的一个典型案例，基于深度学习的手写数字识别目的在于采用深度学习中的卷积神经网络来训练手写数字识别模型。使用卷积神经网络建立合理的模型结构，利用卷积层中设定一定数目的卷积核，通过训练数据使模型学习到能够反映出 10 个不同手写数字特征的卷积核权值，最后通过全连接层使用 softmax 函数给出预测数字图对应每种数字可能性的概率，以完成手写体数字的正确分类与识别。

手写数字识别使用 PyTorch 深度学习开发平台，基本流程如下：

1）准备数据，需要准备 PyTorch 框架下的数据集加载模块 DataLoader。

2）构建模型，这里可以使用 Torch 构造一个深层的神经网络。

3）模型的训练。

4）模型的评估，使用验证集或测试集。

5）保存模型，后续持续使用。

对于这个实例，使用流行的 MNIST 数据集。它是一个由 70000 个手写数字组成的集合，分成训练集和测试集，分别有 60000 和 10000 个 图 像。MNIST 数 据 集 图 例 如图 3.18 所示。

图 3.18　MNIST 数据集图例

在进行数据导入之前需要先导入一些之后需要用的包，Python 代码如下：

```
import numpy as np
import torch
import torchvision
import matplotlib.pyplot as plt
from time import time
from torchvision import datasets, transforms
from torch import nn, optim
```

在下载数据之前，先定义要对数据执行哪些转换，然后将数据输入。换句话说，可以把它看作是对图像进行某种自定义编辑，以使所有图像具有相同的尺寸和属性。使用 PyTorch 框架下的数据增强模块 torchvision.transforms 进行数据预处理。

```
transform = transforms.Compose([transforms.ToTensor(),
                                transforms.Normalize((0.5,), (0.5,)),
                                ])
```

其中，transforms.ToTensor() 把图像转换成数字，它把图像分成 3 个颜色通道（单独的图像）：红、绿、蓝，然后将每张图像的像素值转换为 0 ~ 255 之间的颜色亮度，将这些值缩小到 0 ~ 1 之间的范围。图片现在是一个张量数据，而 transforms.Normalize() 用一个平均值和一个标准差分别作为参数使张量正规化。

下载数据集，对它们进行随机化处理和转换。下载数据集并将它们加载到 DataLoader 中，DataLoader 将数据集和采样器结合在一起，并在数据集上提供单个或多个进程迭代器。其中，batch_size 是希望一次读取的图像数量。Python 代码如下：

```
trainset = datasets.MNIST('PATH_TO_STORE_TRAINSET', download=True, train=True, transform=transform)
valset = datasets.MNIST('PATH_TO_STORE_TESTSET', download=True, train=False, transform=transform)
trainloader = torch.utils.data.DataLoader(trainset, batch_size=64, shuffle=True)
valloader = torch.utils.data.DataLoader(valset, batch_size=64, shuffle=True)
```

图像的形状是 torch.Size（[64，1，28，28]），这意味着每个批处理中有 64 张图像，每张图像的尺寸为 28 × 28 像素。同样，标签有一个形状作为 torch.Size（[64]），即 64

张图片应该有 64 个标签。

接下来构建一个用于手写字识别的简单卷积神经网络，它包含 1 个输入层（第一层）、1 个由 10 个神经元组成的输出层和 2 个隐藏层。PyTorch 的 torch.nn 模块允许非常简单地构建上述网络，它也非常容易理解。Python 代码如下：

```
input_size = 784
hidden_sizes = [128, 64]
output_size = 10

model = nn.Sequential(nn.Linear(input_size, hidden_sizes[0]),
                      nn.ReLU(),
                      nn.Linear(hidden_sizes[0], hidden_sizes[1]),
                      nn.ReLU(),
                      nn.Linear(hidden_sizes[1], output_size),
                      nn.LogSoftmax(dim=1))
print(model)
```

nn.Sequential 是网络中的一层，包括 3 个线性层与 ReLU 激活。输出层是一个线性层与 LogSoftmax 激活，因为这是一个分类问题。接下来，定义 negative log-likelihood loss。用 C 类训练一个分类问题是有用的。LogSoftmax() 和 NLLLoss() 一起充当交叉熵损失。Python 代码如下：

```
criterion = nn.NLLLoss()
images, labels = next(iter(trainloader))
images = images.view(images.shape[0], -1)
logps = model(images) #log probabilities
loss = criterion(logps, labels) #calculate the NLL loss
```

神经网络通过对可用数据进行多次迭代学习。"学习"是指通过调整网络的权重使损失最小化。在反向传播之前，模型权重被设置为默认的 none 值。调用 backward() 函数来更新权重。Python 代码与输出如下：

```
print('Before backward pass: \n', model[0].weight.grad)
loss.backward()
print('After backward pass: \n', model[0].weight.grad)
输出：
Before backward pass:
 None
After backward pass:
 tensor([[-0.0003, -0.0003, -0.0003,   ..., -0.0003, -0.0003, -0.0003],
         [ 0.0008,  0.0008,  0.0008,   ...,  0.0008,  0.0008,  0.0008],
         [-0.0037, -0.0037, -0.0037,   ..., -0.0037, -0.0037, -0.0037],
         ...,
         [-0.0005, -0.0005, -0.0005,   ..., -0.0005, -0.0005, -0.0005],
         [ 0.0043,  0.0043,  0.0043,   ...,  0.0043,  0.0043,  0.0043],
         [-0.0006, -0.0006, -0.0006,   ..., -0.0006, -0.0006, -0.0006]])
```

接下来进行所构建的卷积神经网络的训练过程，神经网络遍历训练集并更新权重。使用 PyTorch 提供的模块 torch.optim 对模型进行优化，执行梯度下降法分析，并通过反向传播更新权值。因此，在每个 epoch（遍历训练集的次数）中，将看到训练损失的逐渐减少。Python 代码如下：

```
optimizer = optim.SGD(model.parameters(), lr=0.003, momentum=0.9)
time0 = time()
epochs = 15
for e in range(epochs):
    running_loss = 0
    for images, labels in trainloader:
        # Flatten MNIST images into a 784 long vector
        images = images.view(images.shape[0], -1)
        # Training pass
        optimizer.zero_grad()
        output = model(images)
        loss = criterion(output, labels)
        #This is where the model learns by backpropagating
        loss.backward()
        #And optimizes its weights here
        optimizer.step()
        running_loss += loss.item()
    else:
        print("Epoch {} - Training loss: {}".format(e, running_loss/len(trainloader)))
print("\nTraining Time (in minutes) =",(time()-time0)/60)
```

训练收敛后获得最优识别模型，最后一步对获取的最优模型进行评估。在此可以创建一个效用函数 view_classify () 来显示图像和预测的类概率。从前面创建的验证集中将一个图像传递给训练好的模型（手写数字 3），以查看模型是如何工作的。Python 代码如下：

```
images, labels = next(iter(valloader))
img = images[0].view(1, 784)
with torch.no_grad():
    logps = model(img)
ps = torch.exp(logps)
probab = list(ps.numpy()[0])
print("Predicted Digit =", probab.index(max(probab)))
view_classify(img.view(1, 28, 28), ps)
```

预测效果示例如图 3.19 所示。

最后，使用 for 循环迭代验证集，并计算正确预测的总数。以客观统计计算预测分类的准确率。Python 代码与输出如下：

```
correct_count, all_count = 0, 0
for images,labels in valloader:
  for i in range(len(labels)):
    img = images[i].view(1, 784)
    with torch.no_grad():
        logps = model(img)
    ps = torch.exp(logps)
    probab = list(ps.numpy()[0])
    pred_label = probab.index(max(probab))
    true_label = labels.numpy()[i]
    if(true_label == pred_label):
      correct_count += 1
```

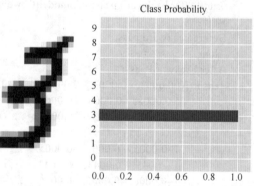

图 3.19　预测效果示例

```
        all_count += 1
print("Number Of Images Tested =", all_count)
print("\nModel Accuracy =", (correct_count/all_count))
```
输出：
```
Number Of Images Tested = 10000
Model Accuracy = 0.9751
```

由测试统计结果可见，在验证集上得到了超过 97.5% 的准确率。之所以能得到如此高的准确率，是因为数据集中的训练集数据分布理想，存在各种混乱的图像和大量的图像，这使得识别分类模型具有很好鲁棒性，能够很好地识别大量不清晰的手写数字。

最终将训练获取并经过测试的最优模型进行保存，以便每次使用它的时候无须再进行训练，可以直接加载并使用。模型保存的 Python 代码如下：

torch.save（model，'./my_mnist_model.pt'）

其中，第一个参数是模型对象，第二个参数是保存路径。PyTorch 模型通常使用 .pt 或 .pth 作为模型后缀。

本 章 总 结

本章通过介绍深度学习技术的基础概念，为后期使用深度学习进行图像处理奠定了基础。通过介绍卷积神经网络的基本组成，为后期卷积神经的设计做了准备。通过展示几种典型的卷积神经网络构架及实现代码，为后期深度学习图像处理框架的实现建立了基本思路。通过深度学习平台搭建的流程介绍，为深度学习图像处理框架的实现建立了实验平台基础。通过展示一个手写字识别的深度学习图像处理基础案例，介绍了深度学习框架处理图像的基本流程与步骤。通过本章的学习，可以初步了解与掌握深度学习图像处理的基础知识与基于 Python 语言的卷积神经网络设计基础。

习　　题

1. 简要列举深度学习技术的应用领域。
2. 简要说明传统浅层学习与深度学习的差别。
3. 简述用于图像分类的卷积神经网络的基本构成。
4. 简要说明图像分类的卷积神经网络中每个模块发挥的作用。
5. 简要说明典型卷积神经网络 ResNet-50 的构成。
6. 根据 3.3 节内容搭建深度学习图像处理基础平台。
7. 根据 3.4 节内容搭建一个应用于手写数字识别的卷积神经网络，并进行训练与测试。
8. 使用 VGG-16 作为手写数字识别网络的主干特征提取网络，并进行训练与测试。

第 4 章

基于深度学习的图像去噪

4.1 图像去噪概述

图像去噪（Image Denoising）是图像处理中的专业术语，是指减少数字图像中噪声的过程，有时候又称为图像降噪。图像的噪声来源相对复杂，清楚图像噪声的成因对进行图像去噪工作有帮助。因为对于满足某些数学统计规律的噪声，清楚其成因则逆向去除会变得容易。另外，深度学习技术很多也用在图像去噪领域，深度学习依赖数据，明白噪声的分布特点有利于制作数据集。图像去噪示意图如图 4.1 所示。

噪声图像   图像去噪算法   去噪图像

图 4.1　图像去噪示意图

对于图像噪声而言，本质并非是空域的，也就是说并不是该点相对于周边点显得突兀，就说该点是噪点，而是该点相对于连续时间内同一位置产生的不同点而言误差较大，才能称之为噪点，即噪声本质是时域的。那么，在计算图像某块区域的时候，有时候会用这块区域的平坦图像计算该区域的信噪比，其实也是用了一个潜在的假设：该平坦区域的各个点可以看作是中心点的连续时间内的集合。

噪声是图像干扰的重要原因。一幅图像在实际应用中可能存在各种各样的噪声，这些噪声可能在传输中产生，也可能在量化等处理中产生。根据噪声和信号的关系可将其分为 3 种形式。设 $f(x, y)$ 表示给定原始图像，$g(x, y)$ 表示图像信号，$n(x, y)$ 表示噪声。

1）加性噪声。此类噪声与输入图像信号无关，含噪图像可表示为 $f(x, y) = g(x, y) + n(x, y)$，信道噪声及光导摄像管的摄像机扫描图像时产生的噪声就属于这类噪声。

2）乘性噪声。此类噪声与图像信号有关，含噪图像可表示为 $f(x, y) = g(x, y) + n(x, y) g(x, y)$，飞点扫描器扫描图像时的噪声、电视图像中的相干噪声、胶片中的颗粒噪声就属于此类噪声。

3）量化噪声。此类噪声与输入图像信号无关，是量化过程存在量化误差，再反映到接收端而产生的。

　　目前来说图像去噪的方法有 3 种：基于滤波器的方法（Filtering-Based Methods）、基于模型的方法（Model-Based Methods）和基于学习的方法（Learning-Based Methods）。接下来介绍这 3 种去噪方法的优缺点：

　　（1）基于滤波器的方法　经典的基于滤波的方法如中值滤波和维纳滤波等，利用某些人工设计的低通滤波器来去除图像噪声。

　　中值滤波器：它是一种常用的非线性平滑滤波器，其基本原理是把数字图像或数字序列中一点的值用该点的一个领域中各点值的中值代换，其主要功能是让周围像素灰度值的差比较大的像素改取与周围像素灰度值接近的值，从而可以消除孤立的噪声点，所以中值滤波对于滤除图像的椒盐噪声非常有效。

　　自适应维纳滤波器：它能根据图像的局部方差来调整滤波器的输出，局部方差越大，滤波器的平滑作用越强。

　　同一个图像中具有很多相似的图像块，可以通过非局部相似块堆叠的方式去除噪声，如经典的非局部均值算法、基于块匹配的 3D 滤波算法等。缺点是块操作会导致模糊输出，需要手动设置超参数。

　　（2）基于模型的方法　基于模型的方法试图对自然图像或噪声的分布进行建模。然后，它们使用模型分布作为先验，试图获得清晰的图像与优化算法。基于模型的方法通常将去噪任务定义为基于最大后验（Maximum a Posteriori，MAP）的优化问题，其性能主要依赖于图像的先验。

　　在过去的几十年中，各种基于模型的方法已经被用于图像先验建模，包括非局部自相似（NSS）模型、稀疏模型、梯度模型和马尔可夫随机场模型。尽管它们具有高的去噪质量，但是大多数基于图像的先验方法通常存在以下缺点：这些方法在测试阶段通常涉及复杂的优化问题，使去噪过程非常耗时。因此，大多数基于先验图像先验方法在不牺牲计算效率的情况下很难获得高性能。模型通常是非凸的并且涉及几个手动选择的参数，提供一些余量以提高去噪性能。

　　（3）基于学习的方法　基于学习的方法侧重于学习有噪声图像到干净图像的潜在映射，可以分为传统的基于学习的方法和基于深度网络的学习方法。近年来，由于基于深度网络的方法比基于滤波、基于模型和传统的基于学习的方法获得了更有前景的去噪结果，它已成为主流方法。

4.2　基于深度学习的图像去噪网络的发展

　　近年来，随着深度学习图像处理技术的发展，诞生了大量基于深度学习的图像去噪网络。其中，较为早期的 DnCNN、FFDNet、CBDNet 这 3 个网络是联系十分紧密的一个系列，是逐步泛化、逐步考虑增加噪声复杂的一个过程。DnCNN 主要针对高斯噪声进行去噪，强调残差学习和 BN 的作用；FFDNet 考虑将高斯噪声泛化为更加复杂的真实噪声，将噪声水平图作为网络输入的一部分；CBDNet 主要针对 FFDNet 的噪声水平图部分入手，通过 5 层全卷积网络（Fully Convolutional Network，FCN）来自适应得到噪声水平图，实现一定程度上的盲去噪。DnCNN 使用 BN 和残差学习加速训练过程和提升去噪性能；FFDNet 侧重于去除更加复杂的高斯噪声，主要是不同的噪声水平。之前基于卷积神经网络的去噪算法，大多数是针对某一种特定噪声的，为了解决不同噪声水平的问题，FFDNet 利用噪声级图（Noise Level Map）作为输入，使得网络可以适用于不同噪声水平的图片。CBDNet 由噪声估计子网络和去噪子网络两部分组成，同时进行端到端（End to End）的训练，并采用基于信号独立的噪声以及相机内部处理的噪声合成的图片和真实的噪声图片联合训练，提高去噪网络的泛化能力，同时增强去噪的效果。

随后出现的 SRMD 网络不同于前 3 个网络，主要是从双立方插值（Bicubic）入手，考虑模糊核和噪声水平的影响，将低分辨率（Low Resolution，LR）图像、模糊核、噪声水平统一地输入网络中，来实现对不同退化模型的复原。可以将退化图和 LR 图像合并在一起作为 CNN 的输入。为了证明此策略的有效性，选取了快速有效的高效亚像素卷积神经网络（Efficient Sub-Pixel Convolutional Neural Network，ESPCN）超分辨网络结构框架。值得注意的是为了加速训练过程的收敛速度，同时考虑到 LR 图像中包含高斯噪声，网络中加入了 BN 层。

基于深度网络的方法具有很大的发展潜力，但是它主要依靠于经验设计，没有充分考虑到传统的方法，在一定程度上缺乏可解释性。所以 CVPR2021 论文 *Adaptive Consistency Prior based Deep Network for Image Denoising* 就是通过可解释性来设计网络的，它首先在传统一致性先验中引入非线性滤波算子、可靠性矩阵和高维特征变换函数，提出一种新的自适应一致性先验（Adaptive Consistency Prior，ACP）。其次，将 ACP 项引入最大后验框架，提出了一种基于模型的去噪方法。该方法进一步用于网络设计，形成了一种新颖的端到端可训练和可解释的深度去噪网络，称为 DeamNet。

深度学习图像去噪离不开大规模去噪数据集的支撑。近年来，去噪问题的研究焦点已经从加性高斯白噪声（Additive White Gaussian Noise，AWGN）如 BSD68、Set12 等转向了更真实的噪声。最近的一些研究工作在真实噪声图像方面取得了进展，通过捕获真实的噪声场景，建立真实的噪声数据集如 DnD、RNI15、SIDD 等，促进了对真实图像去噪的研究。

由基于深度学习的图像去噪网络的发展路线可见，深度学习的图像去噪网络的发展遵循考虑不同噪声类型与复杂度，不断优化网络结构，融合传统方法与深度学习方法的路线。

4.3 实例：基于深度学习的图像去噪网络 FFDNet

4.3.1 FFDNet 简介

FFDNet 是由张凯在 2018 年提出的一种代表性的基于深度学习的图像去噪网络。FFDNet 是一种快速灵活的去噪卷积神经网络，其通过获取可调噪声级图像作为输入可以处理不同层次和空间上的噪声变体。

多数基于深度学习的图像去噪网络处理对象从均匀的高斯噪声变成更加复杂的真实噪声，且对一定噪声水平范围的噪声都有抑制作用。然而真实的噪声并不是均匀的高斯噪声，而是信号依赖、各颜色通道相关，而且是不均匀的，可能随空间位置变化。在这种情况下，FFDNet 使用噪声估计图作为输入，权衡对均布噪声的抑制和细节的保持，从而应对更加复杂的真实场景，从而使得整个网络可以实现盲去噪。该网络的特点在于：

1）将噪声水平估计作为网络的输入，可以应对更加复杂的噪声，如不同噪声水平噪声和空间变化噪声，而且噪声水平估计可以作为权重权衡对噪声的抑制和细节的保持。

2）将输入图像下采样为多张子图像作为网络输入，输出的子图像再通过上采样得到最终的输出。该操作在保持结果精度的条件下，有效地减少了网络参数，增加感受野，使得网络更有效率。

3）使用正交矩阵初始化网络参数，使得网络训练更有效率。

4.3.2　FFDNet 的结构与工作原理

FFDNet 结构如图 4.2 所示。

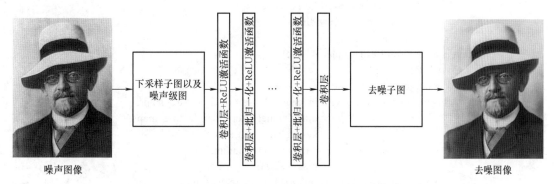

图 4.2　FFDNet 结构

如图 4.2 所示，FFDNet 第一层是一个可逆的下采样算子来重塑一个噪声图像分成 4 个下采样子图像，进一步连接一个可调的噪声级图 M 与下采样子图像共同形成 N 维张量输入到卷积神经网络。对于加性高斯白噪声的空间不变第 i 级，M 是第 i 级噪声所有元素的均匀映射。

FFDNet 中的卷积神经网络每一层是由 3 种类型的运算组成：卷积（Conv）、激活函数（ReLU）和批归一化（BN）。具体来说，"Conv+ReLU"为第一个卷积层，中间为"Conv+BN+ReLU"层，"Conv"为最后一个卷积层。补零是用来保证每次卷积后特征图的大小不变。在最后一个卷积层之后采用上采样运算估计去噪图像，形成去噪子图，并最终获得去噪图像。

FFDNet 构架的 Python 实现关键代码如下：

```python
import torch
import torch.nn as nn
import torch.nn.functional as F
import torch.optim as optim
from torch.autograd import Variable
import utils
class FFDNet(nn.Module):
    def __init__(self, is_gray):
        super(FFDNet, self).__init__()
        if is_gray:
            self.num_conv_layers = 15 # all layers number
            self.downsampled_channels = 5 # Conv_Relu in
            self.num_feature_maps = 64 # Conv_Bn_Relu in
            self.output_features = 4 # Conv out
        else:
            self.num_conv_layers = 12
            self.downsampled_channels = 15
            self.num_feature_maps = 96
            self.output_features = 12
```

```python
        self.kernel_size = 3
        self.padding = 1
        layers = []
        # Conv + ReLU
        layers.append(nn.Conv2d(in_channels=self.downsampled_channels,\
                        out_channels=self.num_feature_maps,\
                        kernel_size=self.kernel_size,\
                        padding=self.padding,\
                        bias=False))
        layers.append(nn.ReLU(inplace=True))
        # Conv + BN + ReLU
        for _ in range(self.num_conv_layers – 2):
            layers.append(nn.Conv2d(in_channels=self.num_feature_maps,\
                            out_channels=self.num_feature_maps,\
                            kernel_size=self.kernel_size,\
                            padding=self.padding, \
                            bias=False))
            layers.append(nn.BatchNorm2d(self.num_feature_maps))
            layers.append(nn.ReLU(inplace=True))
        # Conv
        layers.append(nn.Conv2d(in_channels=self.num_feature_maps, \
                            out_channels=self.output_features,\
                            kernel_size=self.kernel_size,\
                            padding=self.padding,\
                            bias=False))
        self.intermediate_dncnn = nn.Sequential(*layers)
    def forward(self, x, noise_sigma):
        noise_map = noise_sigma.view(x.shape[0], 1, 1, 1).repeat(1, x.shape[1], x.shape[2] // 2,
x.shape[3] // 2)
        x_up = utils.downsample(x.data) # 4 × C × H/2 × W/2
        x_cat = torch.cat((noise_map.data, x_up), 1) # 4 × (C + 1) × H/2 × W/2
        x_cat = Variable(x_cat)
        h_dncnn = self.intermediate_dncnn(x_cat)
        y_pred = utils.upsample(h_dncnn)
        return y_pred
```

4.3.3　FFDNet 的训练与测试

　　FFDNet 遵循端到端的训练与测试方式，即通过加载数据集在损失函数的指导下对网络进行训练，收敛后获得最优模型，最后进行测试。训练与测试流程如图 4.3 所示。

　　用于训练与测试 FFDNet 的数据集包括训练集与测试集。其中训练集包括：①灰度噪声图像数据集，采用 BSD400 dataset 和 Waterloo Exploration Database，BSD400 由

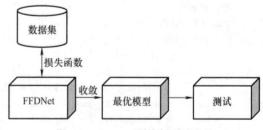

图 4.3　FFDNet 训练与测试流程

400 张 PNG 格式的图片组成，训练时裁剪成 180 × 180 像素的尺寸，Waterloo Exploration 由 4744 张 PNG 格式的自然场景图片组成；②彩色噪声图像数据集，采用 BSD432、Waterloo Exploration Database 和 polyU–Real–World–Noisy–Images datasets。polyU–

Real-World-Noisy-Images datasets 由尺寸为 2784×1856 像素的真实噪声图像组成（它们由 Nikon D800、Canon 5D Mark II、Sony A7 II、Canon 80D 和 Canon 600D 获得）。测试集包括：①灰度噪声图像数据集，采用 Set12 和 BSD68，Set12 包含 12 个场景，BSD68 包含68 张自然图像；②彩色噪声图像数据集，采用 CBSD68、Kodak24、McMaster、CC、DND、NC12、SIDD 和 Nam。Kodak24 和 McMaster 分别包含 24 张和 18 张彩色噪声图像。CC 包含 15 张不同感光度（International Standards Organization，ISO）（1600、3200 和 6400）的真实噪声图像。DND 包含 50 张真实噪声图像，清晰图像由低 ISO 捕获。NC12 包含 12 张噪声图像，没有清晰的真实标签（Ground truth）。SIDD 包含来自智能手机的真实噪声图像，有 320 对噪声以及清晰的 Ground truth 图像。Nam 包含 11 个场景，以 JPEG 格式储存。

　　加载训练集后，训练 FFDNet 采用自适应矩估计（Adaptive Moment Estimation，ADAM）优化器，在损失函数的指导下训练该网络，采用的损失函数为

$$L = \frac{1}{2N}\sum_{i=1}^{N} \| F(y_i, M_i, \theta) - x_i \|^2 \tag{4.1}$$

式中，L 为损失函数；N 为图像像素总数；F 为网络处理；y_i 为网络输出像素；M_i 为噪声级；θ 为与图像相关的先验正则化项；x_i 为清晰图像参考像素。训练批次大小设置为 128，在前 5 个 epoch（迭代批次）中，初始学习率从 10^{-3} 开始逐渐递减为 10^{-4}。然后，采用较小的学习率（10^{-6}）进行额外的 50 个 epoch 来微调 FFDNet 模型。至于 ADAM 的其他超参数，使用它们的默认设置。同时采用了基于旋转和翻转的数据增强以提升模型鲁棒性。在经过 55 个 epoch 之后获得最优模型，在测试集上进行图像去噪测试。

　　FFDNet 训练与测试的关键 Python 代码如下：

1）导入所需要的库和模块，以及从自定义模块中导入 FFDNet 模型。

```
import argparse
import numpy as np
import cv2
import os
import time
import torch
import torch.nn as nn
import torch.nn.functional as F
import torch.optim as optim
from torch.autograd import Variable
from torch.utils.data import DataLoader
from model import FFDNet
import utils
```

2）定义 read_image 的函数，用于读取图像并进行预处理，其中输入参数包括 image_path（图像文件的路径）和 is_gray（是否将图像转换为灰度图像），函数的输出是经过预处理后的归一化图像（尺寸为 $C \times W \times H$），此函数通过 is_gray 是 True 还是 False 来获得灰度图像或彩色图像，但最后都会调用 utils.normalize（image）对图像进行归一化处理。此函数主要完成了图像读取、颜色空间转换和归一化等预处理步骤，方便后续的图像处理和分析任务。

```
def read_image(image_path, is_gray):
    """
    :return: Normalized Image (C * W * H)
```

```
    """
    if is_gray:
        image = cv2.imread(image_path, cv2.IMREAD_GRAYSCALE)
        image = np.expand_dims(image.T, 0) # 1 × W × H
    else:
        image = cv2.imread(image_path)
        image = (cv2.cvtColor(image, cv2.COLOR_BGR2RGB)).transpose(2, 1, 0) # 3 × W × H
    return utils.normalize(image)
```

3）下面是一个名为 load_images 的函数，用于加载图像并返回一个图像列表。函数的输入参数包括 is_train（指示是否加载训练数据）、is_gray（指示是否加载灰度图像）和 base_path（基础路径）。根据 is_gray 的值来确定要加载的图像目录。对于灰度图像，将训练数据的目录设为 gray/train/，验证数据的目录设为 gray/val/。对于彩色图像，将训练数据的目录设为 rgb/train/，验证数据的目录设为 rgb/val/。并根据 is_train 的值选择训练数据目录或验证数据目录。对于每个文件，调用 read_image() 函数读取图像，并将结果添加到图像列表中，images.append（image）函数根据输入参数中的基础路径和训练 / 验证指示符，加载相应目录下的图像，并将它们转换为对应的灰度或彩色图像。然后，返回一个包含所有图像的列表，供进一步处理和分析使用。

```
def load_images(is_train, is_gray, base_path):
    """
    :param base_path: ./train_data/
    :return: List[Patches] (C * W * H)
    """
    if is_gray:
        train_dir = 'gray/train/'
        val_dir = 'gray/val/'
    else:
        train_dir = 'rgb/train/'
        val_dir = 'rgb/val/'
    image_dir = base_path.replace('\', ' ').replace('', ' ') + (train_dir if is_train else val_dir)
    print('> Loading images in ' + image_dir)
    images = []
    for fn in next(os.walk(image_dir))[2]:
        image = read_image(image_dir + fn, is_gray)
        images.append(image)
    return images
```

4）下面是 images_to_patches 的函数，用于将图像切割成补丁（patches）。函数的输入参数包括 images（图像列表）和 patch_size（补丁尺寸）。函数的输出是一个包含所有补丁的数组，其形状为（$n \times C \times W \times H$）。首先创建一个空列表 patches_list，用于存储所有补丁。对于输入的每个图像：调用 utils 模块中的函数，将图像切割成指定尺寸的补丁并返回值存储在变量 patches 中。如果补丁列表 patches 不为空，说明成功将图像切割成了补丁，将补丁列表添加到 patches_list 中。最后使用 np.vstack() 函数将所有补丁列表连接起来，并返回结果。该函数遍历输入的图像列表，并对每个图像进行切割操作，将其分割成指定尺寸的补丁。然后，将所有补丁整合成一个数组，并返回该数组。

```
def images_to_patches(images, patch_size):
    """
    :param images: List[Image (C * W * H)]
```

```
:param patch_size: int
:return: (n * C * W * H)
"""
patches_list = []
for image in images:
    patches = utils.image_to_patches(image, patch_size=patch_size)
    if len(patches) != 0:
        patches_list.append(patches)
del images
return np.vstack(patches_list)
```

5）配置完参数后，首先通过主函数，用于训练和测试图像去噪模型。通过导入 argparse 模块来解析命令行参数。接下来定义了一系列训练的相关参数，并使用 add_argument 方法添加到参数解析器中。参数指定了训练数据集的路径，表示是否使用灰度图像进行训练，参数指定了训练图像补丁的统一大小、验证数据集的噪声标准差范围、训练数据集的噪声标准差范围、批量大小、总的训练和验证周期数、ADAM 优化器的初始学习率、保存模型检查点的间隔周期。然后，解析命令行参数并将其赋值给 args 变量。

```
def main():
    parser = argparse.ArgumentParser()
    # Train
    parser.add_argument("--train_path", type=str, default='./train_data/',help='Train dataset dir.')
    parser.add_argument("--is_gray", action='store_true',help='Train gray/rgb model.')
    parser.add_argument("--patch_size", type=int, default=32,help='Uniform size of training images patches.')
    parser.add_argument("--train_noise_interval", nargs=3, type=int, default=[0, 75, 15], help='Train dataset noise sigma set interval.')
    parser.add_argument("--val_noise_interval", nargs=3, type=int, default=[0, 60, 30], help='Validation dataset noise sigma set interval.')
    parser.add_argument("--batch_size", type=int, default=256,help='Batch size for training.')
    parser.add_argument("--epochs", type=int, default=80,help='Total number of training epoches.')
    parser.add_argument("--val_epoch", type=int, default=5,help='Total number of validation epoches.')
    parser.add_argument("--learning_rate", type=float, default=1e-3,help='The initial learning rate for Adam.')
    parser.add_argument("--save_checkpoints", type=int, default=5,help='Save checkpoint every epoch.')
```

6）设置一系列测试的相关参数，并用于打印参数信息。相关参数指定了测试图像的路径、输入图像的噪声标准差、是否向输入图像添加噪声、训练模型的加载和保存路径、是否使用 GPU 进行训练和测试、是否进行训练参数表示、是否进行测试。通过循环遍历 args 对象的属性和值，打印出所有参数的名称和取值，用于展示参数信息。

```
    # Test
    parser.add_argument("--test_path",type=str,\
                        default='./test_data/color.png', help='Test image path.')
    parser.add_argument("--noise_sigma",type=float,\
                        default=25,help='Input uniform noise sigma for test.')
    parser.add_argument('--add_noise',action='store_true',\
                        help='Add noise_sigma to input or not.')
    # Global
    parser.add_argument("--model_path",type=str,\
```

```
                                default='./models/',help='Model loading and saving path.')
        parser.add_argument("--use_gpu",action='store_true',\
                                help='Train and test using GPU.')
        parser.add_argument("--is_train",action='store_true', help='Do train.')
        parser.add_argument("--is_test",action='store_true', help='Do test.')
        args = parser.parse_args()
        assert (args.is_train or args.is_test), 括号中的 is_train 和 is_test 选择其一，代表当前为训练或测试
        args.cuda = args.use_gpu and torch.cuda.is_available()
        print("> Parameters: ")
        for k, v in zip(args.__dict__.keys(), args.__dict__.values()):
            print(f'\t{k}: {v}')
        print('\n')
```

7）最后的代码中，对噪声水平进行了归一化处理。args.noise_sigma 是表示噪声标准差的参数，将其除以 255 进行归一化。args.train_noise_interval 和 args.val_noise_interval 分别表示训练集和验证集中噪声水平的范围。这里对范围的上限进行了加 1 的操作，使得范围覆盖到原始范围外的一个额外值。通过 args.is_train 和 args.is_test 至少有一个为 True 来确保进行训练或测试。接着根据 args.is_train 和 args.is_test 的值来执行相应的训练或测试函数。最后，在主程序中调用 main() 函数来执行以上逻辑。

```
        # Normalize noise level
        args.noise_sigma /= 255
        args.train_noise_interval[1] += 1
        args.val_noise_interval[1] += 1
        if args.is_train:
            train(args)
        if args.is_test:
            test(args)


    if __name__ == "__main__":
        main()
```

配置完相关参数后就可以对模型进行训练，详细代码可参考 https://github.com/Aoi-hosizora/FFDNet_pytorch，图 4.4 所示为 FFDNet 训练代码流程图。首先导入一系列所需库和模块，例如 argparse 命令行参数库、numpy 进行数值计算的库、DataLoader 数据加载器、FFDNet 模型、utils 自定义的工具模块等，还导入了其他辅助函数和工具库。导入所需库和模块之后，定义了 read_image()、load_images()、images_to_patches() 函数，分别用于读取图像并进行预处理、加载图像并返回一个图像列表、将图像切割成补丁。然后定义 train() 函数，用于设置训练器的各项参数和属性，调用函数完成数据集的加载、图像到补丁的转换、数据加载器的创建以及噪声列表的生成，为图像去噪模型的训练做准备。过后开始进入一个训练和评估的循环，用于训练 FFDNet 的模型，最后将训练好的模型保存下来。

FFDNet 的测试 Python 代码可参考 https://github.com/Aoi-hosizora/FFDNet_pytorch，图 4.5 所示为 FFDNet 测试代码流程图。首先导入一系列所需库和模块，然后定义 test() 函数，通过调用函数 cv2.imread 完成了读取测试图像，并根据路径是否正确判断图像是否成功加载，调用 utils.is_image_gray() 函数判断图像是否为灰度图像，以决定后续图像处理和模型输入的通道数，然后对图像进行形状扩展。判断图像的宽度和高度是否为奇数，如果是，则分别在相应维度上进行扩展。通过 np.concatenate() 函数将图像最后一列

或最后一个通道复制并与原图像连接起来。接着添加噪声后进行测试并计算 PSNR（峰值信噪比），然后对图像进行形状还原，最后保存图像。

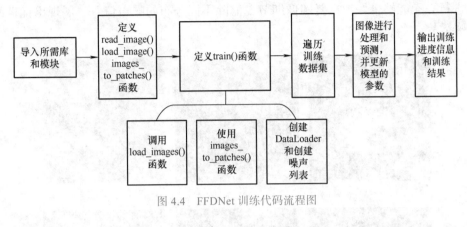

图 4.4　FFDNet 训练代码流程图

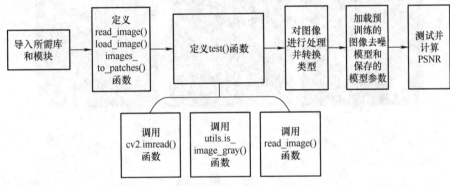

图 4.5　FFDNet 测试代码流程图

4.3.4　FFDNet 图像去噪测试结果分析

FFDNet 图像去噪测试在测试集上进行，分为定量测试与定性测试。定量测试通过对测试集所有图像进行去噪，依据图像去噪评估指标的统计值进行测试与客观分析；定性测试选取一定数量图像作为测试样本，从主观视觉角度观察去噪细节。

定量测试中，图像去噪所使用的统计评估指标为 PSNR。

PSNR 为计算所得的 FFDNet 去噪图像与清晰图像的峰值信噪比，PSNR 值越大，代表去噪图像失真越少，去噪效果越优良。

FFDNet 图像去噪定量测试结果见表 4.1。去噪定量测试中，取不同的噪声级数进行测试，如 15 ～ 75 代表噪声能量的增加。由图像去噪定量测试结果可见，在低噪声能量情况下（噪声级数为 15）FFDNet 图像去噪在测试集上达到 PSNR 为 32.75dB，而在最高噪声能量情况下（噪声级数为 75）FFDNet 图像去噪在测试集上也可达到 PSNR 为 25.49dB，说明了 FFDNet 图像去噪在不同噪声能量分布下均可达到良好的去噪效果。

表 4.1　FFDNet 图像去噪定量测试结果

噪声级数	15	25	35	50	75
PSNR/dB	32.75	30.43	28.92	27.32	25.49

　　FFDNet 图像去噪定性测试结果如图 4.6 所示。在定性测试环节，从测试集中选取了 3 个测试样本进行图像去噪效果展示。由这 3 个测试样本的测试结果可见，使用 FFDNet 对图像进行去噪能够良好地恢复图像细节，滤除不同分布的噪声信息，展现出优良的主观视觉去噪效果。

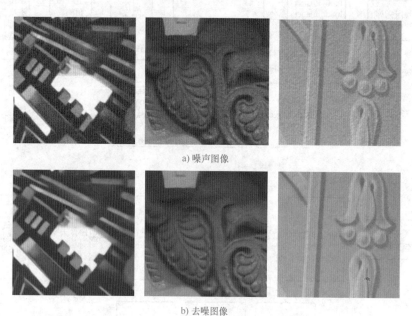

a) 噪声图像

b) 去噪图像

图 4.6　FFDNet 图像去噪定性测试结果

本　章　总　结

　　本章通过介绍图像去噪的基本任务背景，为深度学习图像去噪奠定了理论基础。通过介绍目前深度学习图像去噪网络与数据集的发展，展示了使用深度学习技术构架图像去噪网络的趋势。通过一个深度学习图像去噪网络 FFDNet 的实例展示，由其基本应用背景、网络设计构架与工作原理、训练细节与测试结果几方面入手，深入阐述了深度学习图像去噪网络的设计与构建，同时给出了具体的 Python 实现关键代码，可辅助进行设计与实现。通过本章的学习，可以初步了解与掌握深度学习图像去噪网络的原理与应用。

习　　　题

1. 简要说明图像去噪的基本原理与噪声类型。
2. 简要列举图像去噪的基本方法分类。
3. 简要阐述深度学习图像去噪网络与数据集的发展。
4. 根据文献网址 https://arxiv.org/pdf/1710.04026.pdf 下载文献 *FFDNet：Toward a Fast and Flexible Solution for CNN based Image Denoising*，并参考该文献简述 FFDNet 构架与基本工作原理。
5. 从开源代码网址 https://github.com/Aoi-hosizora/FFDNet_pytorch 下载 FFDNet 与相关数据集进行训练与测试。
6. 参考 FFDNet 构架提出改进方案，并进行设计、训练与测试。

第5章

基于深度学习的图像去模糊

5.1 图像去模糊概述

图像去模糊（Image Deblurring）是计算机底层视觉中的一个经典问题，它的目标是将输入的模糊图像恢复成清晰的图像。造成图像模糊的原因有很多，包括光学因素、大气因素、人工因素、技术因素等，日常生产生活中对图像进行去模糊操作有其重要意义。不同原因导致模糊效果不同，要取得比较好的处理效果，通常需要不同的处理方法。图像去模糊示意图如图 5.1 所示。

模糊图像   去模糊图像

图 5.1 图像去模糊示意图

根据模糊图像的不同，一般将模糊图像分为运动模糊、离焦模糊、高斯模糊以及混合模糊。

1）运动模糊。在光照充足的条件下，当曝光时间足够短时，相机可以捕捉到清晰的图像。但是，当曝光时间相对于物体或者相机运动过长时，图像会产生模糊，该模糊图像一般被称为运动模糊。

2）离焦模糊。除了运动模糊之外，图像清晰度还受到目标位置及相机焦距的影响。在相机的成像区域中，不同目标的景深是不同的，当相机的对焦系统无法对焦到某些目标时，相机就会拍摄到离焦模糊的图像。

3）高斯模糊。高斯模糊是通过高斯卷积得到的一种模糊图像。

4）混合模糊。当一个图像同时被多种因素影响时，造成的模糊就是混合模糊，比如相机拍摄离焦状态下的高速运动物体时，得到的模糊就是一种混合模糊。

目前图像去模糊分为三大类：图像增强、图像复原和图像超分辨率重建（Super-Resolution Image Reconstruction）。

1. 图像增强

图像增强是一种通过改善图像的视觉效果来凸显图像中有用信息的过程。它可以是一个失真的过程，其目的是提高图像的质量和信息量，加强图像的可读性和识别效果，以满足特定应用的需求。通过增强图像的整体或局部特性，可以使原本模糊的图像变得清晰，强调感兴趣的特征，扩大图像中不同物体特征之间的差别，并抑制不感兴趣的特征。

　　根据图像增强过程所在的空间不同，图像增强技术可分为基于空域的算法和基于频域的算法两大类。基于空域的算法又可分为点运算算法和邻域去噪算法。点运算算法包括灰度级校正、灰度变换和直方图修正等，目的是使图像成像均匀，或扩大图像动态范围以及对比度。邻域去噪算法分为图像平滑和锐化两种。平滑一般用于消除图像噪声，但是也容易引起边缘的模糊，常用算法有均值滤波、中值滤波。锐化的目的在于突出物体的边缘轮廓，便于目标识别，常用算法有梯度法、算子、高通滤波、掩模匹配法、统计差值法等。而基于频域的算法则是在图像的某种变换域内对图像的变换系数进行修正，如采用低通滤波法，可去掉图中的噪声；采用高通滤波法，则可增强边缘等高频信号，使模糊的图片变得清晰。总之，图像增强方法的选择要根据具体情况和需求，采取不同的算法和技术来达到最佳效果。

2. 图像复原

　　在图像的获取、传输及保存过程中，由于各种因素如大气的湍流效应、摄像设备中光学系统的衍射、传感器特性的非线性、光学系统的像差、成像设备与物体之间的相对运动、感光胶卷的非线性及胶片颗粒噪声以及电视摄像扫描的非线性等所引起的几何失真，都难免会造成图像的畸变和失真。由于这些因素引起的图像质量下降通常称为图像退化。

　　图像退化的典型表现是图像出现模糊、失真、附加噪声等。由于图像的退化，在图像接收端显示的图像已不再是传输的原始图像，图像效果明显变差。为此，必须对退化的图像进行处理，才能恢复真实的原始图像，这一过程称为图像复原。

　　图像复原技术是图像处理领域中一类非常重要的处理技术，与图像增强等其他基本图像处理技术类似，也是以获取图像视觉质量改善为目的，所不同的是图像复原过程实际上是一个估计过程，需要根据某些特定的图像退化模型，对退化图像进行复原。简言之，图像复原的处理过程就是对退化图像品质进行提升，通过图像品质的提升达到图像在视觉上的改善。

　　由于引起图像退化的因素众多，且性质各不相同，没有统一的复原方法，众多研究人员根据不同的应用物理环境采用了不同的退化模型、处理技巧和估计准则，得到了不同的复原方法。

　　图像复原算法是整个技术的核心部分。国内在这方面的研究才刚刚起步，而国外已经取得了较好的成果。早期的图像复原是利用光学的方法对失真的观测图像进行校正，而数字图像复原技术最早是从对天文观测图像的后期处理中逐步发展起来的。其中一个成功例子是美国航空航天局（NASA）的喷气推进实验室在 1964 年用计算机处理有关月球的照片。照片是在空间飞行器上用电视摄像机拍摄的，图像的复原包括消除干扰和噪声、校正几何失真和对比度损失以及反卷积。另一个典型的例子是对肯尼迪遇刺事件现场照片的处理。由于事发突然，照片是在相机移动过程中拍摄的，图像复原的主要目的就是消除移动造成的失真。

　　早期的复原方法有非邻域滤波法、邻域滤波法以及效果较好的维纳滤波和最小二乘滤波等。随着数字信号处理和图像处理的发展，新的复原算法不断出现，在应用中可以根据具体情况加以选择。

　　国内外图像复原技术的研究和应用主要集中于如空间探索、天文观测、物质研究、遥感遥测、军事科学、生物科学、医学影像、交通监控、刑事侦查等领域。生物方面，主要是用于生物活体细胞内部组织的三维再现和重构，通过复原荧光显微镜所采集的细胞内部逐层切片图，来重现细胞内部构成；医学方面，如对肿瘤周围组织进行显微观察，以获取肿瘤安全切缘与癌肿原发部位之间关系的定量数据；天文方面，如采用迭代盲反卷积进行气动光学效应图像复原研究等。

3. 图像超分辨率重建

现有的监控系统主要目标为宏观场景的监视，一个摄像机覆盖一个很大的范围，导致画面中目标太小，人眼很难直接辨认。这类由于欠采样导致的图像模糊占很大比例，对于由欠采样导致的图像模糊需要使用超分辨率重建的方法。

超分辨率复原是通过信号处理的方法，在提高图像分辨率的同时改善采集图像质量。其核心思想是通过对成像系统截止频率之外的信号高频成分估计来提高图像的分辨率。超分辨率复原技术最初只对单幅图像进行处理，这种方法由于可利用的信息只有单幅图像，图像复原效果有着固有的局限。序列图像的超分辨率复原技术旨在采用信号处理方法通过对序列低分辨率退化图像的处理来获得一幅或者多幅高分辨率复原图像。由于序列图像复原可利用帧间的额外信息，比单幅复原效果更好，是当前的研究热点。

序列图像的超分辨率复原主要分为频域法和空域法两大类，频域法的优点是理论简单、运算复杂度低，缺点是只局限于全局平移运动和线性空间不变降质模型，包含空域先验知识的能力有限。空域法所采用的观测模型涉及全局和局部运动、空间可变模糊点扩散函数、非理想亚采样等，而且具有很强的包含空域先验约束的能力。常用的空域法有非均匀插值法、迭代反投影（IBP）方法、凸集投影（POCS）法、最大后验（MAP）估计法、最大似然（ML）估计法、滤波器法等，其中 MAP 和 POCS 法研究较多，发展空间很大。

5.2　基于深度学习的图像去模糊的发展

基于学习的方法侧重于学习由模糊图像到清晰图像的潜在映射，可以分为传统图像去模糊的方法和基于深度学习去模糊图像的方法。传统去模糊的方法主要有逆滤波方法、维纳滤波方法和 RL（Richardson-Lucy）方法等。这些方法主要针对图像模糊模型，利用已知模糊核进行反卷积逆运算，从而获得清晰图像，但由于大多数情况下模糊核都是未知的，所以这些方法并不适用于真实图像。随着计算机硬件技术的发展，大数据、机器学习及深度学习等技术相继兴起，机器学习方法通过神经网络从大量训练样本中学习统计规律，从而实现对未知事件的预测。近年来，由于基于深度学习的方法比传统的基于学习的方法获得了更有前景的去模糊结果，它已成为主流方法。

2014 年 Goodfellow 等人提出了在计算机视觉中具有强大能力的生成对抗网络（Generative Adversarial Network，GAN），该网络在输出与目标之间建立范数约束。与传统的深度学习网络模型相比，GAN 是一种全新的无监督式的网络架构。GAN 包含有两个模型，一个是生成模型（Generative Model），一个是判别模型（Discriminative Model）。生成模型的任务是生成看起来自然真实的、和原始数据相似的实例。判别模型的任务是判断给定的实例看起来是自然真实还是人为伪造的（真实实例来源于数据集，伪造实例来源于生成模型）。GAN 有两个网络，G（Generator）和 D（Discriminator）。Generator 是一个生成图片的网络，它接收一个随机的噪声 z，通过这个噪声生成图片，记作 $G(z)$。Discriminator 是一个判别网络，判别一张图片是不是"真实的"。它的输入是 x，x 代表一张图片，输出 $D(x)$ 代表 x 为真实图片的概率，如果输出为 1，代表 100% 是真实的图片，如果输出为 0，代表不可能是真实的图片。

Orest Kupyn 等人提出了 DeblurGAN 模型，DeblurGAN 模型（具有不同的骨干网）显示具有高质量、高效率的特点，DeblurGAN 主要解决了端到端的图像去模糊问题，DeblurGAN 模型通过使用"先下采样，后上采样"的卷积处理方式，第一步通过 1 层卷积核为 7×7、步长为 1 的卷积变换，保持输入数据的尺寸不变。第二步将第一步的结果进行两次卷积核为 3×3、步长为 2 的卷积操作，实现两次下采样效果。第三步经过 5 层残差块，其中残差块是中间带有 Dropout 层的两次卷积操作。第四步仿照第一步和第二步的逆操作，进行两次上采样，再进行一次卷积操作。第五步将第一步的输入与第四步的输出相加，完成一次残差操作。

2017 年，Nah 使用多尺度卷积神经网络对模糊图像进行端到端的训练，避免了直接估算模糊核，利用多尺度卷积神经网络对图像进行盲去模糊，得到了不错的效果。卷积神经网络主要包括输入层、卷积层、池化层、全连接层和输出层，卷积是一种有效提取图像特征的方法，每个卷积层有多个卷积核，卷积核中的参数都是采用梯度下降法最小化损失函数逐层优化得到的，一般采用一个正方形卷积核，遍历图片上的每个像素点。池化层的最主要作用是降维，常用的方式有最大池化和平均池化，最大池化可以提取图片纹理，平均池化可以保留背景特征。池化通过某一位置相邻区域的总体统计特征来替代网络在该位置的输出。卷积层提取特征并输出特征图（Feature Map），池化层对特征图进行特征选择，删除冗余特征并重构新的特征图，全连接层根据得到的特征进行分类。

2018 年 Kupyn 提出基于 GAN 的图像去模糊方法，首先，该模型引入多尺度递归网络作为生成对抗网络的生成器，该生成器包含 3 层网络，在每层网络中叠加多层残差块，对模糊图像进行由粗到精的处理，并经由判别器进行判别。其次，为了提升算法的运行速度，进一步提出一种基于八度卷积的去除图像运动模糊模型。该模型将 GAN 与八度卷积残差块相结合，将八度卷积残差块用于构建一个多尺度递归网络，作为生成对抗网络的生成器，对模糊图像进行由粗到精的处理，生成器采用多尺度编码解码结构，提高了模型的效率，并在编码的最后一层引入了上下文模块；生成器不同尺度网络编码器、解码器之间引入时间卷积网络（Temporal Convolutional Network，TCN）跨层传递信息，最后经过判别器进行判别处理。使用八度卷积残差块大大减少了模型的参数量，加速了网络对图像的处理；上下文模块采用多层空洞卷积极大程度地增加了感受野并能更好地捕获多尺度上下文信息。该模型取得了一定的去模糊效果，同时也为深度学习图像去模糊方法开辟了新的思路。

Xin Tao 等人提出尺度循环网络（Scale Recurrent Network，SRN），它将输入图像按不同尺度下采样的一组模糊图像作为输入，生成一组对应的清晰图像。全分辨率下的尖角是最终输出。首先，通过引入剩余学习块改进编码器 / 解码器模块。选择使用 ResBlocks 代替 ResNet 中的原始 ResBlocks（没有批量归一化）。其次，尺度循环结构要求网络内部有循环模块。最后，使用卷积层大小为 5×5 的大型卷积核。

Orest Kupyn 等人提出了 DeblurGAN-v2 网络，它在 DeblurGAN 成功的基础上，构建了一个新的条件 GAN 框架用于去模糊，分别由生成器、鉴别器组成。对于生成器，首次将最初用于物体检测的特征金字塔网络（Feature Pyramid Network，FPN）引入到图像恢复任务中。对于鉴别器，采用了一个包含最小二乘损失的相对论鉴别器，并且有两个列分别评估全局（图像）和局部（补丁）尺度，插入了一个复杂的 Inception-ResNet-v2 骨干，采用了 MobileNet 提高效率，并进一步创建了具有深度可分离卷积的变体（MobileNet-DSC）。

由基于深度学习的图像去模糊网络的发展路线可见，深度学习的图像去模糊网络的发展遵循考虑不同类型模糊与复杂度，不断优化网络结构，融合传统方法与深度学习方法的路线。

5.3　实例：基于深度学习的图像去模糊网络 DeblurGAN–v2

5.3.1　DeblurGAN–v2 简介

DeblurGAN-v2 是乌克兰天主教大学 Orest Kupyn 等人提出的一种基于 GAN 方法进行盲运动模糊移除的方法。它在第 1 版 DeblurGAN 基础上进行改进而来，通过引入 FPN 与轻量型 backbone 等网络使得模糊网络 DeblurGAN-v2 具有更快、更优的性能。

将 FPN 引入到生成器去模糊的核心模块。FPN 可以与大量的 backbone 协作，轻松地在性能与效率方面取得均衡。FPN-Inception-ResNet-v2 集成取得了 SOTA 性能，而 FPN-MobileNet 系列取得 10 ～ 100 倍的速度提升，同时具有媲美 SOTA 性能的优点，可以达到实时性需求。除了具有去模糊性能，DeblurGAN-v2 取得了 SOTA 性能，还具有其他图像复原任务。该网络的特点在于：

1）大大提高了去模糊效率、质量和灵活性。DeblurGAN-v2 基于具有双尺度鉴别器的相对论条件 GAN，首次将特征金字塔网络引入去模糊，作为 DeblurGAN-v2 生成器的核心构建块。

2）可以灵活地与各种主干一起工作，在性能和效率之间取得平衡。复杂主干的插件（如 Inception-ResNet-v2）可以实现最先进的去模糊。同时，借助轻量级骨干网（如 MobileNet 及其变体），DeblurGAN-v2 比竞争对手快 10 ～ 100 倍，同时其计算结果具有高保真性，这意味着可以选择实时视频去模糊。

3）在去模糊质量（客观和主观）以及效率方面，DeblurGAN-v2 在几个流行的基准测试中获得了非常有竞争力的性能，且该架构对于一般图像恢复任务也很有效。

5.3.2　DeblurGAN–v2 的结构与工作原理

DeblurGAN-v2 是一种将特征金字塔网络引入到模糊去噪中的网络，其网络结构图如图 5.2 所示。

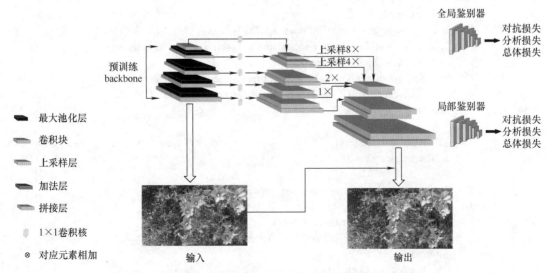

图 5.2　DeblurGAN–v2 网络结构图

DeblurGAN-v2 的体系结构由前所述，在网络的末端增加了两个上采样层和卷积层，以恢复原始图像的大小并减少伪影。引入了从输入到输出的直接跳过连接，使学习集中在残差上。将输入图像归一化为［-11］。使用 tanh 激活层来保持输出在相同的范围内，选择 imagenet 预训练的主干来传达更多与语义相关的特性。

DeblurGAN-v2 网络构架的 Python 实现关键代码如下：

```python
import os
from functools import partial
import cv2
import torch
import torch.optim as optim
import tqdm
import yaml
from joblib import cpu_count
from torch.utils.data import DataLoader
from adversarial_trainer import GANFactory
from dataset import PairedDataset
from metric_counter import MetricCounter
from models.losses import get_loss
from models.models import get_model
from models.networks import get_nets
from schedulers import LinearDecay, WarmRestart
from fire import Fire
cv2.setNumThreads(0)
class Trainer:
    def __init__(self, config, train: DataLoader, val: DataLoader):
        self.config = config
        self.train_dataset = train
        self.val_dataset = val
        self.adv_lambda = config['model']['adv_lambda']
        self.metric_counter = MetricCounter(config['experiment_desc'])
        self.warmup_epochs = config['warmup_num']

    def train(self):
        self._init_params()
        for epoch in range(0, self.config['num_epochs']):
            if (epoch == self.warmup_epochs) and not (self.warmup_epochs == 0):
                self.netG.module.unfreeze()
                self.optimizer_G = self._get_optim(self.netG.parameters())
                self.scheduler_G = self._get_scheduler(self.optimizer_G)
            self._run_epoch(epoch)
            self._validate(epoch)
            self.scheduler_G.step()
            self.scheduler_D.step()

            if self.metric_counter.update_best_model():
                torch.save({
                    'model': self.netG.state_dict()
                }, 'best_{}.h5'.format(self.config['experiment_desc']))
            torch.save({
                'model': self.netG.state_dict()
```

```
}, 'last_{}.h5'.format(self.config['experiment_desc']))
print(self.metric_counter.loss_message())
logging.debug("Experiment Name: %s, Epoch: %d, Loss: %s" % (
    self.config['experiment_desc'],epoch, self.metric_counter.loss_message()))
```

5.3.3　DeblurGAN-v2 的训练与测试

DeblurGAN-v2 为一个典型的基于深度学习的图像去模糊网络，遵循自上到下的训练与测试方式，即通过加载数据集在损失函数的指导下对网络进行训练，收敛后获得最优模型，最后进行测试。训练与测试流程如图 5.3 所示。

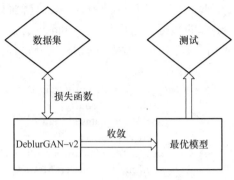

图 5.3　DeblurGAN-v2 网络训练与测试流程

用于训练与测试 DeblurGAN-v2 的数据集包括训练集与测试集。其中训练集包括：① GoPro 数据集，采用 GoPro Hero 4 相机捕捉 240 帧 / 秒（fps）的视频序列，并通过平均连续短曝光帧生成模糊图像，它是图像运动模糊的通用基准，包含 3214 个模糊 / 清晰图像对，遵循相同的拆分，使用 2103 对进行训练，剩余 1111 对进行评估；② DVD 数据，采用 71 个真实世界的视频，这些视频是由 iPhone13、GoPro Hero 4 和 Nexus 5x 等各种设备以 240 帧 / 秒的速度拍摄的，然后通过平均连续的短曝光帧，生成 6708 对合成模糊和清晰的帧以近似较长曝光，该数据集最初用于视频去模糊，但后来也用于图像去模糊领域；③ NFS 数据集，由 iPhone13 和 iPad Pro 上的高帧率摄像头拍摄的 75 个视频组成。测试集将其中 1200 张用于测试。所有模型都在 Tesla-P100 GPU 上训练，使用 ADAM 优化器，学习率为 10^{-4}，持续 150 个 epoch，再进行 150 个 epoch，线性衰减到 10^{-7}。将预先训练的骨干权重冻结 3 个 epoch，然后解冻所有权重并继续训练。未预训练的部分用随机高斯函数初始化。该模型是完全卷积的，因此可以应用于任意大小的图像。

对于基于 GAN 的去模糊网络，联合训练生成器网络 G 和鉴别器网络 D，使 G 生成的样本可以欺骗 D。该过程可以建模为一个具有值函数 $V(G,D)$ 的最小 – 最大优化问题：

$$\min_G \max_D V(G,D) = E_{I:\text{ptrin}(I)}[\log(D(I))] + E_{I_b:G(I_b)}\{\log[1-D(G(I_b))]\} \tag{5.1}$$

式中，I 和 I_b 分别为清晰的图像和模糊的图像。为了引导 G 生成逼真的尖锐图像，使用对抗损失函数。

$$\Gamma_{\text{adversarial}} = \log[1-D(G(I_b))] \tag{5.2}$$

式中，$D(G(I_b))$ 为去模糊图像的真实概率。

近年来，越来越多的基于 GAN 的深度去模糊方法已应用于单幅图像和视频去模糊。与传统的像素和感知损失函数相比，对抗性损失函数更加直接地预测去模糊图像是否与真实图像相似，并导致更加逼真的清晰图像。在经过 5 个 epoch 之后获得最优模型，在测试集上进行图像去模糊测试。

DeblurGAN-v2 训练与测试的关键 Python 代码如下：

1. 定义训练器类 Trainer

1）构造函数 __init__ 接受配置信息（config）。

2）用于训练和验证的数据加载器（train 和 val）。

这个类包含了训练 GAN 模型的方法和相关属性。在构造函数中，将配置信息、训练集、验证集等分配给相应的属性，还设置了一些其他的属性。

train 方法是训练模型的主要函数。它先调用 _init_params() 函数对参数进行初始化，然后通过一个循环来迭代训练多个 epoch。在每个 epoch 中，如果达到了预定的 warmup_epochs，即达到预热的 epoch 数，就执行一些解冻操作，然后使用 _run_epoch 方法训练一个 epoch 的数据，之后调用 _validate 方法验证模型，并根据需要更新优化器和调度器的状态。最后，根据训练过程中的指标更新最佳模型的状态，并保存当前模型和最佳模型的权重。

```python
class Trainer:
    def __init__(self,config,train:DataLoader,val:DataLoader):
        self.config=config
        self.train_dataset=train
        self.val_dataset=val
        self.adv_lambda=config['model']['adv_lambda']
        self.metric_counter=MetricCounter(config['experiment_desc'])
        self.warmup_epochs=config['warmup_num']

    def train(self):
        self._init_params()
        for epoch in range(0,self.config['num_epochs']):
            if (epoch == self.warmup_epochs) and not (self.warmup_epochs == 0):
                self.netG.module.unfreeze()
                self.optimizer_G=self._get_optim(self.netG.parameters())
                self.scheduler_G=self._get_scheduler(self.optimizer_G)
            self._run_epoch(epoch)
            self._validate(epoch)
            self.scheduler_G.step()
            self.scheduler_D.step()

            if self.metric_counter.update_best_model():
                torch.save({
                    'model':self.netG.state_dict()
                },'best_{}.h5'.format(self.config['experiment_desc']))
            torch.save({
                'model':self.netG.state_dict()
            },'last_{}.h5'.format(self.config['experiment_desc']))
            print(self.metric_counter.loss_message())
            logging.debug("Experiment Name:%s,Epoch:%d,Loss:%s" % (
                self.config['experiment_desc'],epoch,self.metric_counter.loss_message()))
```

2. _run_epoch() 函数表示模型的一个训练周期

在每个 epoch 开始时，首先清空度量计数器，然后遍历训练数据集，对于每个数据样本，首先通过 self.model.get_input（data）获取输入和目标数据，然后将输入数据输入到生成网络 self.netG 中得到输出。接着计算判别损失 loss_D 并进行更新 update_d，然后根据生成网络的输出计算内容损失 loss_content，以及对抗训练的生成器损失 loss_adv。将两者加权求和作为生成器总体损失 loss_G，并进行反向传播和优化器更新。接下来，根据当前的输入、输出和目标数据计算评估指标（如 PSNR 和 SSIM），并将其添加到度量计数器中。此外，还将每个 epoch 的第一张图像以 "train" 的 tag 添加到度量计数器中，以便可视化，再将度量结果写入 TensorBoard 记录。

```
def _run_epoch(self,epoch):
    self.metric_counter.clear()
    for param_group in self.optimizer_G.param_groups:
        lr=param_group['lr']

    epoch_size=self.config.get('train_batches_per_epoch') or len(self.train_dataset)
    tq=tqdm.tqdm(self.train_dataset,total=epoch_size)
    tq.set_description('Epoch {},lr {}'.format(epoch,lr))
    i=0
    for data in tq:
        inputs,targets=self.model.get_input(data)
        outputs=self.netG(inputs)
        loss_D=self._update_d(outputs,targets)
        self.optimizer_G.zero_grad()
        loss_content=self.criterionG(outputs,targets)
        loss_adv=self.adv_trainer.loss_g(outputs,targets)
        loss_G=loss_content+self.adv_lambda * loss_adv
        loss_G.backward()
        self.optimizer_G.step()
        self.metric_counter.add_losses(loss_G.item(),loss_content.item(),loss_D)
        curr_psnr,curr_ssim,img_for_vis=self.model.get_images_and_metrics(inputs,outputs,targets)
        self.metric_counter.add_metrics(curr_psnr,curr_ssim)
        tq.set_postfix(loss=self.metric_counter.loss_message())
        if not i:
            self.metric_counter.add_image(img_for_vis,tag='train')
        i += 1
        if i > epoch_size:
            break
    tq.close()
    self.metric_counter.write_to_tensorboard(epoch)
```

3. validate() 函数用于在训练过程中进行验证

与训练过程类似，首先清空度量计数器，然后遍历验证数据集。对于每个数据样本，获取输入和目标数据后，通过生成网络输出生成的图像（outputs）。使用无梯度计算函数 torch.no_grad() 计算内容损失（loss_content）和对抗训练的生成器损失（loss_adv），并将两者加权求和得到生成器总体损失（loss_G）。然后，根据当前的输入、输出和目标数据计算评估指标，并将其添加到度量计数器中。与训练过程类似，将每个 epoch 的第一张图像以 val 的 tag 添加到度量计数器中。最后，将度量结果写入 TensorBoard 记录。

```
def _validate(self,epoch):
    self.metric_counter.clear()
    epoch_size=self.config.get('val_batches_per_epoch') or len(self.val_dataset)
    tq=tqdm.tqdm(self.val_dataset,total=epoch_size)
    tq.set_description('Validation')
    i=0
    for data in tq:
        inputs,targets=self.model.get_input(data)
        with torch.no_grad():
```

```
            outputs=self.netG(inputs)
            loss_content=self.criterionG(outputs,targets)
            loss_adv=self.adv_trainer.loss_g(outputs,targets)
        loss_G=loss_content+self.adv_lambda * loss_adv
        self.metric_counter.add_losses(loss_G.item(),loss_content.item())
        curr_psnr,curr_ssim,img_for_vis=self.model.get_images_and_metrics(inputs,outputs,targets)
        self.metric_counter.add_metrics(curr_psnr,curr_ssim)
        if not i:
            self.metric_counter.add_image(img_for_vis,tag='val')
        i += 1
        if i > epoch_size:
            break
    tq.close()
    self.metric_counter.write_to_tensorboard(epoch,validation=True)
```

4. update_d() 函数用于更新判别器（鉴别器）的参数

判别器的更新依赖于生成器的输出（outputs）和目标数据（targets）。根据配置文件中的模型选择，计算并返回判别器的损失（loss_D），同时进行反向传播和优化器更新。

```
    def _update_d(self,outputs,targets):
        if self.config['model']['d_name'] == 'no_gan':
            return 0
        self.optimizer_D.zero_grad()
        loss_D=self.adv_lambda * self.adv_trainer.loss_d(outputs,targets)
        loss_D.backward(retain_graph=True)
        self.optimizer_D.step()
        return loss_D.item()
```

5. get_optim() 函数用于初始化并返回一个优化器对象

根据配置文件中的优化器名称和学习率来选择合适的优化器类型（adam、sgd 或 adadelta）。

```
    def _get_optim(self,params):
        if self.config['optimizer']['name'] == 'adam':
            optimizer=optim.Adam(params,lr=self.config['optimizer']['lr'])
        elif self.config['optimizer']['name'] == 'sgd':
            optimizer=optim.SGD(params,lr=self.config['optimizer']['lr'])
        elif self.config['optimizer']['name'] == 'adadelta':
            optimizer=optim.Adadelta(params,lr=self.config['optimizer']['lr'])
        else:
            raise ValueError("Optimizer [%s] not recognized." % self.config['optimizer']['name'])
        return optimizer
```

6. get_scheduler() 函数用于初始化并返回一个学习率

```
    def _get_scheduler(self,optimizer):
        if self.config['scheduler']['name'] == 'plateau':
            scheduler=optim.lr_scheduler.ReduceLROnPlateau(optimizer,
                                                            mode='min',
                                    patience=self.config['scheduler']['patience'],
```

```
factor=self.config['scheduler']['factor'],

min_lr=self.config['scheduler']['min_lr'])
                elif self.config['optimizer']['name'] == 'sgdr':
                    scheduler=WarmRestart(optimizer)
                elif self.config['scheduler']['name'] == 'linear':
                    scheduler=LinearDecay(optimizer,
                                             min_lr=self.config['scheduler']['min_lr'],
                                             num_epochs=self.config['num_epochs'],
start_epoch=self.config['scheduler']['start_epoch'])
                else:
                    raise ValueError("Scheduler [%s] not recognized." % self.config['scheduler']['name'])
                return scheduler
```

7. 判别

根据给定的判别器网络名称（d_name）、判别器网络（net_d）和损失函数（criterion_d），返回对抗训练器模型。

```
@staticmethod
def _get_adversarial_trainer(d_name,net_d,criterion_d):
    if d_name == 'no_gan':
        return GANFactory.create_model('NoGAN')
    elif d_name == 'patch_gan' or d_name == 'multi_scale':
        return GANFactory.create_model('SingleGAN',net_d,criterion_d)
    elif d_name == 'double_gan':
        return GANFactory.create_model('DoubleGAN',net_d,criterion_d)
    else:
        raise ValueError("Discriminator Network [%s] not recognized." % d_name)
```

8. 参数初始化

初始化一些参数，包括生成器损失函数、生成器网络、对抗训练器、模型、生成器优化器、判别器优化器、生成器学习率调度器和判别器学习率调度器。

```
def _init_params(self):
    self.criterionG,criterionD=get_loss(self.config['model'])
    self.netG,netD=get_nets(self.config['model'])
    self.netG.cuda()
    self.adv_trainer=self._get_adversarial_trainer(self.config['model']['d_name'],netD,criterionD)
    self.model=get_model(self.config['model'])
    self.optimizer_G=self._get_optim(filter(lambda p:p.requires_grad,self.netG.parameters()))
    self.optimizer_D=self._get_optim(self.adv_trainer.get_params())
    self.scheduler_G=self._get_scheduler(self.optimizer_G)
    self.scheduler_D=self._get_scheduler(self.optimizer_D)
```

9. 主函数入口，读取配置文件并进行模型训练

它首先加载配置文件，然后获取数据集加载器（train 和 val），实例化训练器对象（Trainer），最后通过调用 trainer.train() 的方法开始训练过程。

```
def main(config_path='config/config.yaml'):
    with open(config_path,'r',encoding='utf-8') as f:
        config=yaml.load(f,Loader=yaml.SafeLoader)
```

```
            batch_size=config.pop('batch_size')
            # get_dataloader=partial(DataLoader,
            # batch_size=batch_size,
            # num_workers=0 if os.environ.get('DEBUG') else cpu_count(),
            # shuffle=True,drop_last=True)
            get_dataloader=partial(DataLoader,
                                    batch_size=batch_size,
                                    shuffle=True,drop_last=True)

            datasets=map(config.pop,('train','val'))
            datasets=map(PairedDataset.from_config,datasets)
            train,val=map(get_dataloader,datasets)
            trainer=Trainer(config,train=train,val=val)
            trainer.train()
    if __name__ == '__main__':
            Fire(main)
```

5.3.4　DeblurGAN-v2 图像去模糊测试结果分析

DeblurGAN-v2 网络图像去模糊测试在测试集上进行，分为定量测试与定性测试。定量测试对测试集所有图像进行去模糊，根据图像去模糊评估指标的统计值进行测试与客观分析，定性测试选取一定数量图像作为测试样本，从主观视觉角度观察去模糊细节。定量测试中，图像去模糊所使用的统计评估指标为峰值信噪比（PSNR）和结构相似性（SSIM）。

PSNR 一般是用于最大值信号和背景噪声之间的一个比较参数。通常在经过影像压缩之后，输出的影像都会在某种程度与原始影像不同。为了衡量经过处理后的影像品质，通常会参考 PSNR 值来衡量某个处理程序能否令人满意。它是原图像与被处理图像之间的均方误差相对于（2^n-1）^{2} 的对数值（信号最大值的平方，n 是每个采样值的比特数），它的单位是 dB。PSNR 的计算如式（5.3）所示。

$$ \mathrm{PSNR} = 10\log_{10}\left[\frac{(2^n-1)^2}{\mathrm{MSE}}\right] \tag{5.3} $$

式中，PSNR 为计算所得的 DeblurGAN-v2 网络去模糊图像与清晰图像的峰值信噪比，PSNR 值越大代表去模糊图像失真越少，去模糊效果越优良；MSE 为清晰图像与DeblurGAN-v2 网络去模糊图像之间均方误差。

SSIM 从图像组成的角度将结构信息定义为独立于亮度、对比度的，反映场景中物体结构的属性，并将失真建模为亮度、对比度和结构 3 个不同因素的组合。用均值作为亮度的估计，标准差作为对比度的估计，协方差作为结构相似程度的度量。

给定两个图像 x 和 y，两张图像的结构相似性可按照式（5.4）求出。

$$ \mathrm{SSIM}(x,y) = \frac{(2\mu_x\mu_y+c_1)(2\gamma_{xy}+c_2)}{(\mu_x^2+\mu_y^2+c_1)(\gamma_x^2+\gamma_y^2+c_2)} \tag{5.4} $$

式中，μ_x 为 x 的平均值；μ_y 为 y 的平均值；γ_x^2 为 x 的方差；γ_y^2 为 y 的方差；γ_{xy} 为 x 和 y 的协方差；$c_1=(k_1L)^2$ 和 $c_2=(k_2L)^2$ 为用来维持稳定的常数，L 是像素值的动态范围，$k_1=0.01$，$k_2=0.03$。

DeblurGAN-v2 网络图像去模糊定量测试结果见表 5.1。

表 5.1　在 GoPro 测试数据集上进行性能和效率比较

	PSNR/dB	SSIM	Time/s
DeepDeblur	29.23	0.916	4.33
SRN	30.10	0.932	1.60
DeblurGAN–v2	28.70	0.927	0.85
Inception–ResNet–v2	29.55	0.934	0.35
MobileNet	28.17	0.925	0.06
MobileNet–DSC	28.03	0.922	0.04

　　DeblurGAN-v2 网络图像去模糊定性测试结果如图 5.4 所示。在定性测试环节，从测试集中选取了 3 个测试样本进行图像去模糊效果展示。由对这 3 个测试样本的测试结果可见，使用 DeblurGAN-v2 网络对图像进行去模糊能够良好地恢复图像细节，滤除不同分布的模糊信息，展现出优良的主观视觉去模糊效果。

a) 模糊图像

b) 去模糊图像

图 5.4　DeblurGAN-v2 网络图像去模糊定性测试结果

本 章 总 结

　　本章介绍了 DeblurGAN-v2，一个强大而高效的图像去模糊框架，具有良好的定量和定性结果。DeblurGAN-v2 支持在不同的主干之间切换，以实现性能和效率之间的灵活权衡。通过本章的学习，可以初步了解与掌握深度学习图像去模糊网络的原理与应用。

习　　　题

1. 简要说明图像去模糊的基本原理与噪声类型。

2. 简要列举图像去模糊的基本方法分类。

3. 简要阐述深度学习图像去模糊网络的发展。

4. 根据文献网址 https://arxiv.org/pdf/1908.03826.pdf 下载文献 *DeblurGAN-v2：Deblurring（Orders-of-Magnitude）Faster and Better*。并参考该文献简述 DeblurGAN-v2 网络构架与基本工作原理。

5. 从开源代码网址 https://github.com/VITA-Group/DeblurGANv2 下载 DeblurGAN-v2 网络与相关数据集进行训练与测试。

6. 参考 DeblurGAN-v2 网络构架提出改进方案，并进行设计、训练与测试。

第 6 章

基于深度学习的图像增强

6.1 图像增强概述

图像增强（Image Enhancement）是图像处理中的重要组成部分。图像增强是有目的地强调图像的整体特征或局部特性，例如改善图像的颜色、亮度和对比度等，将原来不清晰的图像变得清晰或强调某些感兴趣的特征，扩大图像中不同物体特征之间的差别，抑制不感兴趣的特征，提高图像的视觉效果。根据不同的场景要求，可以采取不同的图像增强方法。传统的图像增强方法已经被研究了很长时间，当下，随着深度学习技术在图像处理领域的发展，基于深度学习的图像增强方法也应运而生。图像增强可以在多领域上进行，比如图像对比度增强，其示意图如图 6.1 所示，图 6.1a 是原图，图 6.1b 是增加了对比度的图像，可以看出亮暗差距增大，对比度增强，视觉效果增强。

a) 原图　　　　　　　　　　　　　　　　b) 对比度增强图像

图 6.1　图像对比度增强

图像是人类传递信息的主要媒介之一。据统计，在人类接受的各种信息中视觉信息占 80%，所以图像信息是十分重要的信息传递媒体和方式。在实际应用中某些环节可能导致图像品质变差，致使图像传递的信息无法被正常读取和识别，例如在采集图像过程中，由于光照环境或物体表面反光等原因造成图像整体光照不均，或图像显示设备的局限性造成图像显示层次感降低或颜色减少等。这些问题轻者导致图像细节信息减弱，重者图像模糊不清，连大概物体面貌轮廓都难以看清。所以对图像进行分析处理之前，必须对图像进行改善，即图像增强。因此，研究图像增强算法成为推动图像分析和图像理解领域发展的关键内容之一。

图像增强方法可大致分为三类：频率域法、空间域法和基于深度学习的图像增强法。接下来对这几种方法分别进行介绍。

6.1.1　频率域法

频率域法是把图像看成一种二维信号，对其经离散傅里叶变换（DFT）后的频谱成分进行处理，然后经逆离散傅里叶变换（IDFT）获得所需的图像，其流程图如图 6.2 所示。

原图像为 $f(x, y)$，经离散傅里叶变换为 $F(u, v)$，频率域增强就是选择合适的滤波器 $H(u, v)$ 对 $F(u, v)$ 的频谱成分进行处理，然后经逆离散傅里叶变换得到增强的图像 $g(x, y)$。常用的滤波器有低通滤波器和高通滤波器，通过低通滤波法去掉图中的噪声；通过高通滤波法增强边缘等高频信号，使模糊的图片变得清晰。

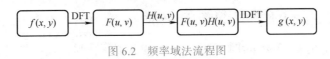

图 6.2　频率域法流程图

6.1.2　空间域法

空间域法是对图像中的像素点进行操作，可表示为 $g(x, y) = f(x, y) h(x, y)$，其中 $f(x, y)$ 为原图像，$h(x, y)$ 为空间转换函数，$g(x, y)$ 为进行处理后的图像。该方法可分为点运算算法和邻域去噪算法。这两种算法在 5.1 节已有详细说明。

6.1.3　基于深度学习的图像增强法

频率域法和空间域法均为传统方法，一般比较简单且速度比较快，但是没有考虑到图像中的上下文信息等，所以取得效果不是很好。近年来，卷积神经网络在很多低层次的计算机视觉任务中取得了巨大突破，包括图像超分辨、去模糊、去雾、去噪、图像增强等，对于一张原始图像和一张目标图像，学习它们之间的映射关系，来得到增强后的图像。对比传统方法，基于深度学习的方法极大地改善了图像增强的质量，更有发展前景，因此该方法已经成为图像增强的主流方法。

图像增强技术已逐步涉及人类生活和社会生产的各个方面，其应用实例如下：

（1）生物医学领域　图像增强技术在生物医学方面的应用有两类，其中一类是对生物医学的显微光学图像进行处理和分析，比如对红细胞、白细胞、细菌、虫卵的分类计数以及染色体的分析；另一类应用是对 X 射线图像的处理，其中最为成功的是计算机断层成像。由于人体的某些组织如心脏、乳腺等软组织对 X 射线的衰减变化不大，导致图像灵敏度不强，因此图像增强技术在生物医学图像中得到广泛的应用，脑部 CT 图经过图像增强算法后细节更加清晰，对医生的诊治也有很大的辅助作用。

（2）航空航天领域　伴随着计算机技术的发展以及快速傅里叶变换的提出，图像增强技术逐渐可以应用在计算机上，这使得该技术迅速在高科技领域得以发展，航空航天便是其中之一。最早将图像增强技术应用在航空航天领域的是美国的科学家，20 世纪 60 年代他们使用计算机以及其他设备，通过灰度变换、去噪、傅里叶变换等方法对"徘徊者 7 号"采集到的月球照片进行增强处理。至此，图像增强技术进入了航空航天领域的研究与应用。

另外，图像增强技术运用到卫星中，使得卫星的分辨率从 20 世纪 80 年代的 30m，发展到现在的 3 ～ 5m，使得卫星采集的图像质量和数据的准确性得到极大提高。

（3）工业生产领域　图像增强在工业生产的自动化设计和产品质量检验中得到广泛应用，如机械零部件的检查和识别、印制电路板的检查、食品包装出厂前的质量检查、工件尺寸测量、集成芯片内部电路的检测等。另外，部署有图像增强技术的机器人在工业生产中也发挥很大作用，将摄像机拍摄图片经过增强处理、数据编码、压缩送入机器人中，通过一系列的控制和转换可以确定目标的位置、方向、属性以及运动状态等，最终实现机器人按照人的意志完成指定的任务，很大程度上降低了工业生产的成本，同时提高了生产效率。

（4）公共安全领域　在社会安全管理方面，图像增强技术的应用也十分广泛，如无损安全检查、指纹、虹膜、掌纹、人脸等生物特征的增强处理等。图像增强处理也应用到交通监控中，通过电视跟踪技术锁定目标位置，比如对有雾图像、夜视红外图像、交通事故的分析等。

6.2　基于深度学习的图像增强的发展

数字图像处理在 40 多年的时间里，迅速发展成一门独立的有强大生命力的学科，图像增强技术已逐步涉及人类生活和社会生产的各个方面。

传统图像增强方法包括基于直方图均衡化的方法和基于 Retinex 模型的方法，后者的延伸研究较多。Retinex 模型的方法有一些局限性，首先，严格意义上光照贴图不能算作增强结果，且一张图像上有各种光照特性（即照度分布不均匀），可能导致增强结果具有不真实性，如细节信息不准确和色彩分布不镶嵌的问题。然后，通过插值法采样的方式不利于去噪，甚至导致噪声放大。最后，模型优化过程复杂，运行时间相对较长。直方图均衡化（Histogram Equalization，HE）的方法主要是将待增强图像的灰度图从灰度值较为集中的若干灰度区间，变为在待处理图像全区域的均匀分布，该方法对待处理图像进行非线性延伸，重新布局像素值，将一定阈值范围的像素数量集中，并在各范围内数量大致相同，于是就出现了把待处理图像的直方图分布改变成各部分大致相同的均匀分布的直方图分布。单尺度 Retinex（Single-Scale Retinex，SSR）的增强过程较符合人类的视觉感知过程，该方法的过程便是构建高斯函数，用于对待处理图像颜色通道（R、G 和 B）进行滤波处理，照度分量就是图像经过高斯滤波后得到的，然后在对数值域中对待处理图像和照度分量进行代数减法，得到反射分量作为输出结果特征图像。该算法可以对图像的动态范围进行一定程度的压缩，并且可以有限地保持图像的色彩和图像纹理细节的增强，但是缺点是出现严重的多噪点问题。多尺度 Retinex（Multi-Scale Retinex，MSR）的方法从原理上来说就是做了若干次的 SSR，利用高斯环绕函数对单幅图像进行滤波，将该函数的滤波结果平均加权，获得增强处理后的结果图像，受限于结果产生方式，增强结果会出现纹理细节丢失，像素集中区域不明显突出等问题。Guo 等人提出了从初始照明图估计结构化照明图（LIME），该方法假设不受到物体内在属性的限制，而且没有考虑图片的失真问题，该方法增强后的图像照度提升有限，视觉上并不理想，但该方法可以压缩解的空间，减小计算量。伽马函数（Gamma Function）的使用同样为图像增强领域做出贡献，众多传统方法和深度学习的方法通过搭配使用伽马函数，可以在一定程度上提升图像增强的有效性。伽马校正（Gamma Correction，GC）的方法就是使用伽马函数以非线性的方式对图像的像素点进行逐个处理，伽马矫正可以有限地促进图像增强，但是对于像素间适应与过度问题没有考虑周全，照度偏低的区域容易丢失边缘细节。基于传统方法的图像增强模型大多简单，处理速度较快，但由于技术的局限性，使照度分布不均匀与信息复杂的图像如极低照度图像和多区域的图像处理较为困难。

基于深度学习（DL）的图像增强方法，将训练好的模型进行图像增强，不再依靠人为经验获取。近年来，众多科研工作者相继提出了各种基于深度学习的方法，用于处理各种图像增强的问题。例如基于 Retinex 思想的深度学习的方法 Retinex-Net，该法是将图像特征图像分解成两个子分量：照度分量和反射分量。将二者分别进行增强后，将得到的两个结果分量进行代数相乘达到重建的效果。该法色彩信息保留较好，细节信息保留较完整，但是在去噪方面仍有不足。全局照明感知和细节增强网络（GLADNet）是通过输入的低照度图片和预测的光照图进入三层网络中进行增强重建，该方法照度增强效果较好，但在色彩保真与结构相似性的处理上仍有不足。"点燃黑暗（Kin D）"的方法同样是将图像进行解耦成为两个子空间，从而对其进行增强重建，但是特征信息损失较多，导致增强效果不稳定，图像局部信息丢失较多。零参考深度曲线估计（Zero-DCE）的方法是将光增强表述为利用深度网络进行特定的图像估计的任务。该法的原理是设计一组无监督损失函数实现其增强算法。这些函数有利于推动网络往积极的方向进行训练。该方法不需要任何的参考数据（配对或者未配对的数据），但是它在去噪方面存在缺陷，时常导致图片的颜色信息丢失。Zhu 等人设计了一个三分支的 CNN 结构——RRDNet，用于低光的图像增强。RRDNet 的方法是，通过最小化迭代其特别设计的损失函数来实现，该方法将噪声特征图提取出来，将输入图像分解为光照分量、反射分量和噪声分量。为驱动零次学习，其提出了 Retinex 重建损失、纹理增强损失和照度引导的噪声估算损失的损失函数组合。零次学习的方法 RRDNet 和最新方法 Kin D++ 进行对比，前者方法在运行中与模型优化上较有优势。零次学习识别依赖于所学习到的类的标记训练集所存在以及关于每个未曾学习过的类如何在语义上与所学习到的类错在某些相关性的知识。后者是 Kin D 同作者的加强版，其模型较 Kin D 修改的更为简单，但是性能更加完善，是目前最先进的方法之一。

6.3　实例：基于深度学习的图像增强网络 RetinexNet

6.3.1　RetinexNet 简介

在图像捕捉中，光照不足会显著降低图像的可见性。细节的丢失和低对比度不仅会造成不愉快的主观感受，而且会损害许多针对正常光线图像设计的计算机视觉系统的性能。造成图像光照不足的原因有很多，比如光照环境限制、摄影设备性能有限、设备配置不当。为了使隐藏的细节可见，提高当前计算机视觉系统的主观体验和可用性，需要对弱光图像进行增强。

在过去的几十年里，许多研究者致力于解决微光图像增强的问题。许多技术已经发展起来，以提高低光图像的主观和客观质量。随着深度神经网络的快速发展，CNN 已广泛应用于低层次图像处理。有一类弱光增强的方法是建立在 Retinex 理论上的，该理论假设观测到的彩色图像可以分解为反射率和照度。

虽然上述方法在某些情况下可能会产生较好的结果，但它们仍然受到反射和照明分解模型容量的限制。设计出能够应用于各种场景的图像分解约束是一件困难的事情。

为了克服这些困难，介绍一种数据驱动的 Retinex 分解方法——RetinexNet 视网膜网络，集成了图像分解和后续增强操作。该网络特点如下：

1）使用在真实场景中捕获的配对低 / 正常光图像构建大规模数据集，在当时这是微光增强领域的首次尝试。

2）这是基于 Retinex 模型构建深度学习图像分解，复合网络与连续弱光增强网络进行端到端训练，因此框架具有良好的光条件调节能力。

3）提出了一种结构感知的图像深度分解全变分约束。通过在梯度较强的地方减轻总变化的影响，约束成功地平滑了照明图并保留了主要结构。

6.3.2 RetinexNet 的结构与工作原理

经典的 Retinex 理论模拟了人类的颜色感知。假设观测图像可以分解为反射率和照度两个分量。如公式（6.1）所示，设 S 代表原图像，R 代表反射率，I 代表照度即物体上的各种亮度。

$$S = RI \tag{6.1}$$

RetinexNet 结构如图 6.3 所示。

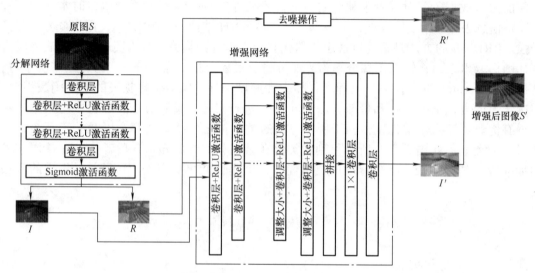

图 6.3　RetinexNet 结构

利用一个子网络 Decom-Net 将观测图像分割为与照明无关的反射率和结构敏感的光滑照明。而学习 Decom-Net 有两个约束条件。首先，低 / 正常光照图像具有相同的反射率。其次，通过结构感知的总变差损失获得的光照图应光滑但保留主要结构。然后，另一个增强网络调整照明地图，以保持大区域的一致性，同时通过多尺度拼接裁剪局部分布。由于黑暗区域的噪声较大，甚至在增强过程中被放大，因此引入了对反射率的去噪。为了训练这样的网络，可以从真实的摄影和 RAW 数据集中的合成图像中构建了一个低 / 正常光照图像对的数据集。大量的实验证明，此方法不仅在弱光增强中获得了令人满意的视觉质量，而且提供了一个很好的图像分解方法。

如图 6.3 所示，RetinexNet 增强过程分为分解、调整和重构 3 个步骤。在分解步骤中，子网分解网络 Decom-Net 将输入图像分解为反射率 R 和照度 I。在接下来的调整步骤中，基于增强网络 Enhance-Net 的编码器 – 解码器使照明变亮。同时引入多尺度拼接，从多尺度角度调节照明，反射系数上的噪声也在这一步被去除。最后，对调整后的照度 I' 和反射率 R' 进行重构，得到增强后的图像 S'。

分解网络 Decom-Net 是一个 5 层卷积神经网络，代码中是利用 ReLU() 函数进行激活，其结构如图 6.4 所示。

可以看到将图像对中的低光照图像和正常光照图像作为输入数据送入卷积神经网络进行分解，最后得到照度图像和反射率图像，根据 Retinex 理论反射图像基本接近，但是两者照度图像相差很大，这样把每一张训练图像进行分解，再送入后面的增强网络进行训练。

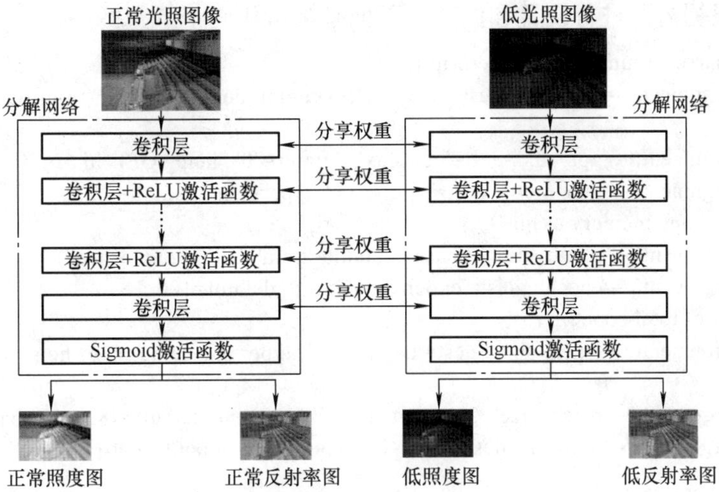

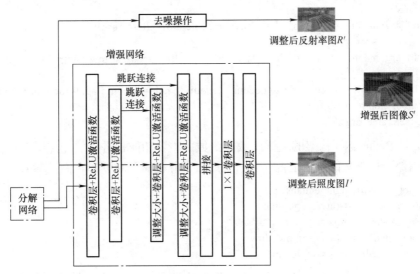

图 6.4　分解网络 Decom-Net 结构图

增强网络 Enhance-Net 是一个 9 层卷积神经网络，利用 ReLU() 进行激活，中间还进行最邻近差值的 resize 操作，具体如图 6.5 所示。

图 6.5　增强网络 Enhance-Net 结构图

RetinexNet 构架的 Python 实现关键代码如下：

1）导入 RetinexNet 构架中所需的相关库以及模块。

```
import os
import argparse
from glob import glob
from PIL import Image
import tensorflow as tf
from model import lowlight_enhance
from utils import *
```

2）使用 parser 将输入数据转换成更易于处理的结构化形式的程序组件。具体方法为：先创建解析器对象，紧接着添加新的命令行参数，然后解析命令行参数，通过解析命令行参数可以根据需要进行设置和调整。下面是参考代码：

```
parser = argparse.ArgumentParser(description='')
parser.add_argument('--use_gpu', dest='use_gpu', type=int, default=1, help='gpu flag, 1 for GPU and 0
for CPU')
parser.add_argument('--gpu_idx', dest='gpu_idx', default="0", help='GPU idx')
parser.add_argument('--gpu_mem', dest='gpu_mem', type=float, default=0.5, \
help="0 to 1,   gpu memory usage")
parser.add_argument('--phase', dest='phase', default='train', help='train or test')
parser.add_argument('--epoch' , dest='epoch' , type=int , default=100 ,\
help='number of total epoches')
parser.add_argument('--batch_size', dest='batch_size', type=int, default=16, help='number of samples
in one batch')
parser.add_argument('--patch_size', dest='patch_size', type=int, default=48, help='patch size')
parser.add_argument('--start_lr', dest='start_lr', type=float, default=0.001, help='initial learning rate
for adam')
parser.add_argument('--eval_every_epoch', dest='eval_every_epoch', default=20, help='evaluating and
saving checkpoints every #   epoch')
parser.add_argument('--checkpoint_dir', dest='ckpt_dir', default='./checkpoint', help='directory for
checkpoints')
parser.add_argument('--sample_dir', dest='sample_dir', default='./sample', help='directory for
evaluating outputs')
parser.add_argument('--save_dir', dest='save_dir', default='./test_results', help='directory for testing
outputs')
parser.add_argument('--test_dir', dest='test_dir', default='./data/test/low', help='directory for testing
inputs')
parser.add_argument('--decom', dest='decom', default=0, help='decom flag, 0 for enhanced results only
and 1 for decomposition results')
args = parser.parse_args()
```

3）下面是 RetinexNet 构架的关键函数，函数的主要功能是进行低光照图像增强的训练。首先在函数内部，检查文件系统是否存在指定的目录并在需要时创建它们。参考代码如下：

```
def lowlight_train(lowlight_enhance):
    if not os.path.exists(args.ckpt_dir):
        os.makedirs(args.ckpt_dir)
    if not os.path.exists(args.sample_dir):
        os.makedirs(args.sample_dir)
```

4）实现一个学习率衰减的策略，将在训练过程中的一定时间点后，学习率降低为初始学习率的 1/10，以提高模型在训练后期的收敛性和稳定性。这些策略可以帮助模型更好地适应训练数据并在测试数据上获得较好的性能。参考代码如下：

```
lr = args.start_lr * np.ones([args.epoch])
lr[20:] = lr[0] / 10.0
```

5）创建空的 train_low_data 和 train_high_data 列表。这些列表将用于存储训练数据。使用 glob() 函数来获取指定路径下的 PNG 文件，并将它们添加到 train_low_data_names 列表中。通过使用通配符 *.png，匹配路径中以 .png 为扩展名的所有文件。接下来，train_low_data_names 列表被排序。sort() 方法用于按字母顺序对列表进行排序，以确保文件名按照特定顺序排列。使用 assert 语句来判断训练低分辨率数据文件的数量与训练高分辨率数据文件的数量是否相等。参考代码如下：

```
train_low_data = []
train_high_data = []
train_low_data_names = glob('./data/our485/low/*.png') + glob('./data/syn/low/*.png')
train_low_data_names.sort()
train_high_data_names = glob('./data/our485/high/*.png') + glob('./data/syn/high/*.png')
train_high_data_names.sort()
assert len(train_low_data_names) == len(train_high_data_names)
print('[*] Number of training data: %d' % len(train_low_data_names))
```

6）通过调用 load_images() 函数加载低分辨率图像，并将其添加到 train_low_data 列表中。同样，高分辨率图像也被加载并添加到 train_high_data 列表中。创建空的 eval_low_data 和 eval_high_data 列表，使用 glob() 函数获取指定路径下所有文件的文件名，这些文件被用作评估集的低分辨率图像。然后通过调用 load_images() 函数加载评估集的低分辨率图像，并将其添加到 eval_low_data 列表中。参考代码如下：

```
for idx in range(len(train_low_data_names)):
    low_im = load_images(train_low_data_names[idx])
    train_low_data.append(low_im)
    high_im = load_images(train_high_data_names[idx])
    train_high_data.append(high_im)
eval_low_data = []
eval_high_data = []
eval_low_data_name = glob('./data/eval/low/*.*')
for idx in range(len(eval_low_data_name)):
    eval_low_im = load_images(eval_low_data_name[idx])
    eval_low_data.append(eval_low_im)
```

7）两次调用 lowlight_enhance.train() 函数来训练模型。第一次是使用低光照图像和相应的高光照图像进行训练，并在训练阶段设置为"Decom"。第二次是使用低光照图像和相应的高光照图像进行训练，并在训练阶段设置为"Relight"。参考代码如下：

```
lowlight_enhance.train(train_low_data, train_high_data, eval_low_data, batch_size=args.batch_size, patch_size=args.patch_size, epoch=args.epoch, lr=lr, sample_dir=args.sample_dir, ckpt_dir=os.path.join(args.ckpt_dir, 'Decom'), eval_every_epoch=args.eval_every_epoch, train_phase="Decom")
lowlight_enhance.train(train_low_data, train_high_data, eval_low_data, batch_size=args.batch_size, patch_size=args.patch_size, epoch=args.epoch, lr=lr, sample_dir=args.sample_dir, ckpt_dir=os.path.join(args.ckpt_dir, 'Relight'), eval_every_epoch=args.eval_every_epoch, train_phase="Relight")
```

8）完成低光照图像增强的训练后，进行低光照图像的测试。首先检查命令行参数 test_dir 是否为空，如果为空则打印提示信息并退出程序。然后检查保存结果的目录是否存在，如果不存在则创建该目录。接着通过指定目录获取测试数据的文件名，并将其加载到 test_low_data 列表中。最后调用 lowlight_enhance.test 方法进行测试，传入测试数据、保存目录和分解标志等参数。参考代码如下：

```
def lowlight_test(lowlight_enhance):
    if args.test_dir == None:
        print("[!] please provide --test_dir")
        exit(0)
    if not os.path.exists(args.save_dir):
        os.makedirs(args.save_dir)
    test_low_data_name = glob(os.path.join(args.test_dir) + '/*.*')
    test_low_data = []
```

```
        test_high_data = []
        for idx in range(len(test_low_data_name)):
            test_low_im = load_images(test_low_data_name[idx])
            test_low_data.append(test_low_im)
        lowlight_enhance.test(test_low_data, test_high_data, test_low_data_name, save_dir= args.save_
dir,decom_flag=args.decom)
```

9）最后是 main() 函数，main() 函数是程序的入口函数。根据命令行参数的设置，选择使用 GPU 还是 CPU，并创建对应的会话。如果 args.phase 的值为 train，则调用 lowlight_train() 函数进行训练；如果 args.phase 的值为 test，则调用 lowlight_test() 函数进行测试；如果 args.phase 的值不是 train 和 test，则打印出未知阶段的提示信息。参考代码如下：

```
def main(_):
    if args.use_gpu:
        print("[*] GPU\n")
        os.environ["CUDA_VISIBLE_DEVICES"] = args.gpu_idx
        gpu_options = tf.GPUOptions(per_process_gpu_memory_fraction=args.gpu_mem)
        with tf.Session(config=tf.ConfigProto(gpu_options=gpu_options)) as sess:
            model = lowlight_enhance(sess)
            if args.phase == 'train':
                lowlight_train(model)
            elif args.phase == 'test':
                lowlight_test(model)
            else:
                print('[!] Unknown phase')
                exit(0)
    else:
        print("[*] CPU\n")
        with tf.Session() as sess:
            model = lowlight_enhance(sess)
            if args.phase == 'train':
                lowlight_train(model)
            elif args.phase == 'test':
                lowlight_test(model)
            else:
                print('[!] Unknown phase')
                exit(0)
if __name__ == '__main__':
    tf.app.run()
```

6.3.3 FFDNet 的训练与测试

在训练阶段，Decom-Net 每次都采用成对的低 / 正常光照图像，在低光照图像和正常光照图像具有相同反射率的指导下，学习对低光照图像和对应的正常光照图像的分解。注意，尽管分解是用配对数据训练的，但它可以在测试阶段单独分解低光照输入。在训练时，不需要提供反射率和照度的 ground truth。因此，网络的分解是自动从配对的低 / 正常光照图像中学习的，并且本质上适合描绘不同光照条件下图像之间的光变化。训练与测试流程如图 6.6 所示。

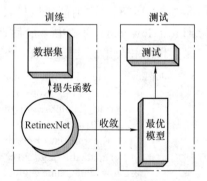

图 6.6　RetinexNet 训练与测试流程

损失函数 L 由重建损失 L_{recon}、不变反射率损失 L_{ir} 以及照明平滑度损失 L_{is} 构成，即

$$L = L_{recon} + \lambda_{ir} L_{ir} + \lambda_{is} + L_{is} \qquad (6.2)$$

式中，λ_{ir} 和 λ_{is} 分别为平衡反射一致性和光照平滑度的系数。

用于训练与测试 Retinex 的数据集包括训练集与测试集。使用的数据集称为低光（Low Light，LOL）配对数据集，包含 500 个低 / 正常光照图像对。低光配对数据集是第一个包含来自真实场景的图像对的数据集，用于弱光增强。大多数低光图像是通过改变曝光时间和 ISO 来收集的，而相机的其他配置是固定的，其中包含从各种场景中如房屋、校园、俱乐部、街道捕捉图像。

将上述 500 对图像的低光配对数据集分成 485 对用于训练，另外 15 对用于评估。因此，该网络在 485 个真实情况图像对和 1000 个合成图像对上进行训练。整个网络是轻量的，因为它已经足够满足要求。Decom-Net 需要 5 个卷积层，在 2 个没有 ReLU 的卷积层之间激活一个 ReLU。增强网络由 3 个下采样块和 3 个上采样块组成。首先训练 Decom-Net 和 Enhance-Net，然后使用随机梯度下降对网络进行端到端微调。

RetinexNet 训练与测试的关键 Python 代码如下：

1）导入一些必要的库和模块。

```
import os
import time
import random
from PIL import Image
import tensorflow as tf
import numpy as np
from utils import *
```

2）定义一个 concat() 函数，用于将多个张量（layers）按照给定的轴（axis）进行拼接。

```
def concat(layers):
    return tf.concat(layers, axis=3)
```

3）定义一个名为 DecomNet() 的函数，用于实现一个分解网络（DecomNet）模型。它接受输入图像 input_im 以及一些网络的超参数，如 layer_num（层数）、channel（通道数）、kernel_size（卷积核大小）。通过对输入图像 input_im 沿着通道维度求取最大值，从而得到一个 input_max 张量。然后将 input_max 与 input_im 进行拼接。在 DecomNet 的变量作用域内，首先使用一个 conv2d 层进行浅层特征提取，接下来通过使用 conv2d 层多次堆叠的方式，构建 layer_num 个激活层，并使用 ReLU 激活函数，然后使用一个 conv2d 层输出 4 个通道的结果，最后通过 sigmoid() 函数将输出划分为两部分，R 代表反射图像，L 代表照明图像，并将它们返回。

```
def DecomNet(input_im, layer_num, channel=64, kernel_size=3):
    input_max = tf.reduce_max(input_im, axis=3, keepdims=True)
    input_im = concat([input_max, input_im])
    with tf.variable_scope('DecomNet', reuse=tf.AUTO_REUSE):
        conv = tf.layers.conv2d(input_im, channel, kernel_size * 3, padding='same', activation=None, name="shallow_feature_extraction")
        for idx in range(layer_num):
            conv = tf.layers.conv2d(conv, channel, kernel_size, padding='same', activation=tf.nn.relu, name='activated_layer_%d' % idx)
        conv = tf.layers.conv2d(conv, 4, kernel_size, padding='same', activation=None, name='recon_layer')
```

```
R = tf.sigmoid(conv[:,:,:,0:3])
L = tf.sigmoid(conv[:,:,:,3:4])
return R, L
```

4）定义一个名为 RelightNet() 的函数，用于执行图像光照增强操作。首先将输入的照明图像 input_L 和反射图像 input_R 进行拼接，使用一个 conv2d 层进行卷积操作，卷积核大小为 kernel_size，输出通道数为 channel，使用 None 激活函数。然后，通过使用带有步幅的 conv2d 层构建多个卷积层和上采样层。其中，conv0、conv1、conv2 和 conv3 是多个卷积层，都采用相同的卷积核大小和步幅，并使用 ReLU 激活函数。up1、up2 和 up3 是多个上采样层，使用最近邻插值上采样方法。接下来，将经过上采样的张量 deconv1 和 deconv2 进行最近邻插值上采样，使其形状与 deconv3 相同。然后通过调用 concat 函数将这 3 个张量进行拼接，并使用一个 conv2d 层进行特征融合。最后，再经过一个 conv2d 层输出最终的重照明结果。

```
def RelightNet(input_L, input_R, channel=64, kernel_size=3):
    input_im = concat([input_R, input_L])
    with tf.variable_scope('RelightNet'):
        conv0 = tf.layers.conv2d(input_im, channel, kernel_size, padding='same', activation=None)
        conv1 = tf.layers.conv2d(conv0, channel, kernel_size, strides=2, padding='same', activation=tf.nn.relu)
        conv2 = tf.layers.conv2d(conv1, channel, kernel_size, strides=2, padding='same', activation=tf.nn.relu)
        conv3 = tf.layers.conv2d(conv2, channel, kernel_size, strides=2, padding='same', activation=tf.nn.relu)
        up1 = tf.image.resize_nearest_neighbor(conv3, (tf.shape(conv2)[1], tf.shape(conv2)[2]))
        deconv1 = tf.layers.conv2d(up1, channel, kernel_size, padding='same', activation=tf.nn.relu) + conv2
        up2 = tf.image.resize_nearest_neighbor(deconv1, (tf.shape(conv1)[1], tf.shape(conv1)[2]))
        deconv2= tf.layers.conv2d(up2, channel, kernel_size, padding='same', activation=tf.nn.relu) + conv1
        up3 = tf.image.resize_nearest_neighbor(deconv2, (tf.shape(conv0)[1], tf.shape(conv0)[2]))
        deconv3 = tf.layers.conv2d(up3, channel, kernel_size, padding='same', activation=tf.nn.relu) + conv0
        deconv1_resize = tf.image.resize_nearest_neighbor(deconv1, (tf.shape(deconv3)[1], tf.shape(deconv3)[2]))
        deconv2_resize = tf.image.resize_nearest_neighbor(deconv2, (tf.shape(deconv3)[1], tf.shape(deconv3)[2]))
        feature_gather = concat([deconv1_resize, deconv2_resize, deconv3])
        feature_fusion = tf.layers.conv2d(feature_gather, channel, 1, padding='same', activation=None)
        output = tf.layers.conv2d(feature_fusion, 1, 3, padding='same', activation=None)
    return output
```

5）定义一个名为 lowlight_enhance 的类，它具有许多属性和方法用于图像增强。

首先在初始化方法 __init__ 中接收一个 sess 参数。然后定义一个名为 DecomNet_layer_num 的属性，并将其值设置为 5。接下来创建两个占位符，input_low 和 input_high，用于存储低光照图像和对应的高光照图像。调用 DecomNet() 函数，传入 self.input_low 和 self.input_high，并将返回的结果分别赋值给 R_low、I_low、R_high 和 I_high。然后调用 RelightNet() 函数，传入 I_low 和 R_low，并将返回的结果赋值给 I_delta。使用 concat() 函数将 I_low、I_high 和 I_delta 分别重复 3 次，并分别赋值给 I_low_3、I_high_3 和 I_delta_3。它将 R_low、I_low_3、I_delta_3 和 R_low * I_delta_3 分别赋值给 output_R_low、output_I_low、output_I_delta 和 output_S。这些属性用于获取模型的输出。

```
class lowlight_enhance(object):
    def __init__(self, sess):
        self.sess = sess
        self.DecomNet_layer_num = 5
        # build the model
```

```
self.input_low = tf.placeholder(tf.float32,[None,None,None,3],name='input_low')
self.input_high=tf.placeholder(tf.float32,[None,None,None,3],name='input_high')
[R_low, I_low] = DecomNet(self.input_low, layer_num=self.DecomNet_layer_num)
[R_high, I_high] = DecomNet(self.input_high, layer_num=self.DecomNet_layer_num)
I_delta = RelightNet(I_low, R_low)
I_low_3 = tf.concat([I_low, I_low, I_low], axis=3)
I_high_3 = tf.concat([I_high, I_high, I_high], axis=3)
I_delta_3 = tf.concat([I_delta, I_delta, I_delta], axis=3)
self.output_R_low = R_low
self.output_I_low = I_low_3
self.output_I_delta = I_delta_3
self.output_S = R_low * I_delta_3
```

6）计算 RetinexNet 训练与测试中的损失，分别计算重构损失、相等的 R 损失、增强损失、平滑损失、DecomNet 的总体损失以及 RelightNet 的损失。其中，重构损失用于测量重构图像和输入图像的差异；相等的 R 损失用于测量不同输入的 R 图像之间的差异；增强损失用于测量增强图像和高光照图像之间的差异；平滑损失用于测量低频分量和细节分量的平滑程度。

```
# loss
self.recon_loss_low=tf.reduce_mean(tf.abs(R_low * I_low_3 – self.input_low))
self.recon_loss_high=tf.reduce_mean(tf.abs(R_high*I_high_3 – self.input_high))
self.recon_loss_mutal_low = tf.reduce_mean(tf.abs(R_high *I_low_3 – self.input_low))
self.recon_loss_mutal_high = tf.reduce_mean(tf.abs(R_low * I_high_3 – self.input_high))
self.equal_R_loss = tf.reduce_mean(tf.abs(R_low – R_high))
self.relight_loss = tf.reduce_mean(tf.abs(R_low * I_delta_3 – self.input_high))
self.Ismooth_loss_low = self.smooth(I_low, R_low)
self.Ismooth_loss_high = self.smooth(I_high, R_high)
self.Ismooth_loss_delta = self.smooth(I_delta, R_low)
self.loss_Decom = self.recon_loss_low + self.recon_loss_high + 0.001 * self.recon_loss_mutal_low + 0.001 * self.recon_loss_mutal_high + 0.1 * self.Ismooth_loss_low + 0.1 * self.Ismooth_loss_high + 0.01 * self.equal_R_loss
self.loss_Relight = self.relight_loss + 3 * self.Ismooth_loss_delta
```

7）设置学习率占位符 self.lr，使用 ADAM 优化器来最小化总体损失函数和增强损失函数，并指定对应的可训练变量。最后在会话中初始化全局变量，并创建 Saver 对象以保存可训练变量。初始化成功后，输出初始化成功的消息。

```
self.lr = tf.placeholder(tf.float32, name='learning_rate')
optimizer = tf.train.AdamOptimizer(self.lr, name='AdamOptimizer')
self.var_Decom = [var for var in tf.trainable_variables() if \ 'DecomNet' in var.name]
self.var_Relight = [var for var in tf.trainable_variables() if \'RelightNet' in var.name]
self.train_op_Decom = optimizer.minimize(self.loss_Decom, \var_list = self.var_Decom)
self.train_op_Relight = optimizer.minimize(self.loss_Relight, \var_list = self.var_Relight)
self.sess.run(tf.global_variables_initializer())
self.saver_Decom = tf.train.Saver(var_list = self.var_Decom)
self.saver_Relight = tf.train.Saver(var_list = self.var_Relight)
print("[*] Initialize model successfully...")
```

8）定义一个名为 gradient 的方法，用于计算输入张量在 x 或 y 方向的梯度。它有两个参数 input_tensor 和 direction，分别表示输入张量和梯度的方向。在方法中定义两个平滑核 self.smooth_kernel_x 和 self.smooth_kernel_y，根据 direction 选择相应的核。最后使用 tf.nn.conv2d() 函数计算输入张量在选定方向上的梯度，并返回其绝对值。

```
def gradient(self, input_tensor, direction):
    self.smooth_kernel_x=tf.reshape(tf.constant([[0,0],[-1,1]],tf.float32), [2, 2, 1, 1])
    self.smooth_kernel_y = tf.transpose(self.smooth_kernel_x, [1, 0, 2, 3])
    if direction == "x":
        kernel = self.smooth_kernel_x
    elif direction == "y":
        kernel = self.smooth_kernel_y
    return tf.abs(tf.nn.conv2d(input_tensor,kernel,strides=[1,1,1,1],padding='SAME'))
```

9）定义一个名为 ave_gradient 的方法，用于计算输入张量在 x 或 y 方向的平均梯度。在方法中使用之前定义的 gradient 方法来计算输入张量在选定方向上的梯度。然后使用 tf.layers.average_pooling2d() 函数对梯度进行平均池化，使用 3×3 的池化窗口大小，步长为 1，并进行 SAME 类型的填充。

```
def ave_gradient(self,input_tensor,direction):
    return tf.layers.average_pooling2d(self.gradient(input_tensor,direction),pool_size=3,strides=1,
padding='SAME')
```

10）定义一个名为 smooth 的方法，用于计算输入图像的平滑效果。它有两个参数 input_I 和 input_R，分别表示输入图像和对应的图像 R 通道。在方法中，首先使用 tf.image.rgb_to_grayscale() 函数将输入图像的 R 通道转换为灰度图像。然后计算输入图像在 x 方向和 y 方向上的梯度，并分别与对应方向上的 R 通道梯度的指数函数进行乘法运算。最后将两个乘积相加，并对结果取平均值作为平滑结果。

```
def smooth(self,input_I,input_R):
    input_R=tf.image.rgb_to_grayscale(input_R)
    return tf.reduce_mean(self.gradient(input_I,"x") * tf.exp(-10 * self.ave_gradient(input_
R,"x"))+self.gradient(input_I,"y") * tf.exp(-10 * self.ave_gradient(input_R,"y")))
```

11）定义一个名为 evaluate 的方法，用于评估模型在给定数据上的性能。它有 4 个参数 epoch_num、eval_low_data、sample_dir 和 train_phase，分别表示当前的训练轮数、评估数据、样本输出目录和训练阶段（Decom 或 Relight）。在方法中，首先打印评估的阶段和轮数信息。然后通过一个循环遍历评估低光照数据的每个样本。对于每个样本，将其扩展为 4 维数组，并根据训练阶段的不同，使用 self.sess.run 方法运行模型的不同输出节点。最后调用 save_images() 函数将模型输出的结果保存为图片。

```
def evaluate(self,epoch_num,eval_low_data,sample_dir,train_phase):
    print("[*] Evaluating for phase %s / epoch %d..." % (train_phase,\
epoch_num))
    for idx in range(len(eval_low_data)):
        input_low_eval=np.expand_dims(eval_low_data[idx],axis=0)
        if train_phase == "Decom":
            result_1,result_2=self.sess.run([self.output_R_low,self.output_I_low],feed_
dict={self.input_low:input_low_eval})
        if train_phase == "Relight":
            result_1,result_2=self.sess.run([self.output_S,self.output_I_delta],feed_dict={self.
input_low:input_low_eval})
        save_images(os.path.join(sample_dir,'eval_%s_%d_%d.png' % (train_phase,idx+1,epoch_
num)),result_1,result_2)
```

12）定义一个名为 train 的方法，用于训练模型。它有 11 个参数，包括训练和评估数据，批量大小、补丁大小、训练轮数、学习率、样本输出目录、检查点目录、每轮评估频率和训练阶段（Decom 或 Relight）等。在方法中，首先使用断言来确保训练数据和高光照数据的长度相等，然后计算每个轮次的批量数。

```
def train(self,train_low_data,train_high_data,eval_low_data,batch_size,patch_size,epoch,lr,sample_
dir,ckpt_dir,eval_every_epoch,train_phase):
        assert len(train_low_data) == len(train_high_data)
        numBatch=len(train_low_data) // int(batch_size)
```

13）根据训练阶段的不同，选择相应的训练操作、损失函数和保存对象。通过调用 self.load 方法加载预训练的模型，返回加载状态和全局步数。如果成功加载了模型，则更新相关变量。否则，将这些变量初始化为初始值。然后打印训练阶段、起始轮次和迭代次数的信息。接着，代码进入一个嵌套循环结构，外层循环是模型迭代每个时代（epoch），内层循环是在每个时代中迭代每个批次（batch），这样的结构有助于确保模型对整个训练数据集进行多次迭代，从而提高模型的性能和泛化能力。

```
        # load pretrained model
        if train_phase == "Decom":
            train_op=self.train_op_Decom
            train_loss=self.loss_Decom
            saver=self.saver_Decom
        elif train_phase == "Relight":
            train_op=self.train_op_Relight
            train_loss=self.loss_Relight
            saver=self.saver_Relight
        load_model_status,global_step=self.load(saver,ckpt_dir)
        if load_model_status:
            iter_num=global_step
            start_epoch=global_step // numBatch
            start_step=global_step % numBatch
            print("[*] Model restore success!")
        else:
            iter_num=0
            start_epoch=0
            start_step=0
            print("[*] Not find pretrained model!")
        print("[*] Start training for phase %s,with start epoch %d start iter %d :" % (train_phase,start_
epoch,iter_num))
        start_time=time.time()
        image_id=0
        for epoch in range(start_epoch,epoch):
            for batch_id in range(start_step,numBatch):
```

14）创建两个用于存储输入数据的数组 batch_input_low 和 batch_input_high，使用循环遍历每个样本的索引 patch_id，获取当前 train_low_data 图像的高度 h、宽度 w 和通道数 _。在图像中随机选择一个起始点 (x, y)，范围是（0, 0）到（h-patch_size, w-patch_size）。随机选择一个数据增强模式 rand_mode，范围是 0 ～ 7。对 train_low_data 中一个图像的 (x, y) 到（x+patch_size, y+patch_size）区域进行数据增强，并将结果保存在 batch_input_low 的对应位置。对 train_high_data 中一个图像的 (x, y) 到（x+patch_ size，y+patch_size）区域进行数据增强，并将结果保存在 batch_input_high 的对应位置。更新 image_id 的值，将其设置为下一个图像的索引。如果 image_id 达到了 train_low_data 的长度，将其重置为 0。如果 image_id 为 0，表示已经遍历完一轮所有图像，此时需要对 train_low_data 和 train_high_data 进行随机排序。首先将 train_low_data 和 train_high_data 组合成元组列表，然后随机打乱列表中的元素顺序，最后将其解压成新的 train_low_data 和 train_high_data。

```
# generate data for a batch
batch_input_low=np.zeros((batch_size,patch_size,patch_size,3) ,\ dtype="float32")
batch_input_high=np.zeros((batch_size,patch_size,patch_size,3) ,\ dtype="float32")
for patch_id in range(batch_size):
    h,w,_=train_low_data[image_id].shape
    x=random.randint(0,h – patch_size)
    y=random.randint(0,w – patch_size)

    rand_mode=random.randint(0,7)
    batch_input_low[patch_id,:,:,:]=data_augmentation(train_low_data[image_id][x :x+patch_size,y :y+patch_size,:],rand_mode)
    batch_input_high[patch_id,:,:,:]=data_augmentation(train_high_data[image_id][x :x+patch_size,y :y+patch_size,:],rand_mode)
    image_id=(image_id+1) % len(train_low_data)
    if image_id == 0:
        tmp=list(zip(train_low_data,train_high_data))
        random.shuffle(list(tmp))
        train_low_data,train_high_data= zip(*tmp)
```

15）调用 sess.run 方法来运行训练操作 train_op 和损失函数 train_loss。通过传入 feed_dict 参数，将 batch_input_low 赋值给模型的 input_low 输入，将 batch_input_high 赋值给模型的 input_high 输入，将 lr［epoch］赋值给模型的 lr 输入。使用 print 函数打印训练状态，包括当前的训练阶段名称 train_phase，当前训练的轮数 epoch+1，当前处理的批次数 batch_id+1，总的批次数 numBatch，训练所花费的时间 time.time() – start_time，以及当前的损失值 loss。iter_num 变量用于记录迭代次数，并在每次迭代后自增 1。

```
# train
_.loss=self.sess.run([train_op,train_loss],feed_dict={self.input_low:batch_input_low,\
    self.input_high:batch_input_high,\
        self.lr:lr[epoch]})

print("%s Epoch:[%2d] [%4d/%4d] time:%4.4f,loss:%.6f" \
    % (train_phase,epoch+1,batch_id+1,numBatch,time.time() – start_time,loss))
iter_num += 1
```

16）如果当前轮数 epoch+1 是 eval_every_epoch 的倍数，进入条件语句块。在条件块中，首先调用 self.evaluate 方法对模型进行评估。这个方法用于在一定的轮数上评估模型的性能，并在 sample_dir 路径下保存一些样本。接着调用 self.save 方法保存模型的检查点文件。这个方法会将模型的参数保存到文件中，以便在需要时恢复模型。最后，打印训练阶段完成的消息。

```
# evalutate the model and save a checkpoint file for it
if (epoch+1) % eval_every_epoch == 0:
```

```
self.evaluate(epoch+1,eval_low_data,sample_dir=sample_dir,\ train_phase=train_phase)
self.save(saver,iter_num,ckpt_dir,"RetinexNet-%s" % train_phase)

print("[*] Finish training for phase %s." % train_phase)
```

17）定义一个名为 save 的方法。该方法接收 self、saver、iter_num、ckpt_dir 和 model_name 作为参数。在方法内部，首先判断指定的 ckpt_dir 是否存在，如果不存在则创建目录。然后使用 saver.save() 方法保存模型。保存的路径是 ckpt_dir 与 model_name 的组合，同时保存的文件名中包含 iter_num 来表示迭代次数。最后打印保存模型的信息。

```
def save(self,saver,iter_num,ckpt_dir,model_name):
    if not os.path.exists(ckpt_dir):
        os.makedirs(ckpt_dir)
    print("[*] Saving model %s" % model_name)
    saver.save(self.sess,\
            os.path.join(ckpt_dir,model_name),\
            global_step=iter_num)
```

18）定义一个名为 load 的方法。该方法接收 self、saver 和 ckpt_dir 作为参数。在方法内部，首先使用 tf.train.get_checkpoint_state 方法获取指定目录下的最新检查点文件信息。然后判断检查点是否存在以及是否有模型检查点路径。如果存在，则获取最新的检查点文件路径，并尝试从路径中解析出全局步数（global_step）。接下来使用 saver.restore() 方法加载模型。加载的路径是最新的检查点文件路径。最后，如果成功加载模型，则返回 True 和全局步数；如果加载失败，则打印错误信息并返回 False 和全局步数为 0。

```
def load(self,saver,ckpt_dir):
    ckpt=tf.train.get_checkpoint_state(ckpt_dir)
    if ckpt and ckpt.model_checkpoint_path:
        full_path=tf.train.latest_checkpoint(ckpt_dir)
        try:
            global_step=int(full_path.split('/')[-1].split('-')[-1])
        except ValueError:
            global_step=None
        saver.restore(self.sess,full_path)
        return True,global_step
    else:
        print("[*] Failed to load model from %s" % ckpt_dir)
        return False,0
```

19）定义一个名为 test 的方法，它接收 self、test_low_data、test_high_data、test_low_data_names、save_dir 和 decom_flag 作为参数。首先，使用 tf.global_variables_initializer().run() 方法对全局变量进行初始化。然后，打印读取检查点文件的信息，并调用 self.load() 方法分别加载模型的权重。如果成功加载了模型的权重，则打印成功加载权重的信息。接下来，打印开始测试的信息。使用 range（len（test_low_data））来遍历测试低分辨率数据的列表。在每次循环中，打印当前正在测试的低分辨率数据的名称。然后对名称进行处理，获取文件后缀和去除后缀的文件名。接着，通过 np.expand_dims() 方法将当前的低分辨率数据添加一个维度，以满足模型的输入要求。然后，使用 self.sess.run() 方法运行模型的输出节点，传入输入低分辨率数据。根据参数 decom_flag 的值，如果为 1，将分解的结果进行保存。最后，将合成的结果保存在指定的路径下。

```
def test(self,test_low_data,test_high_data,test_low_data_names,save_dir,decom_flag):
        tf.global_variables_initializer().run()
        print("[*] Reading checkpoint...")
        load_model_status_Decom,_=self.load(self.saver_Decom,'./model/Decom')
        load_model_status_Relight,_=self.load(self.saver_Relight,'./model/Relight')
        if load_model_status_Decom and load_model_status_Relight:
            print("[*] Load weights successfully...")
        print("[*] Testing...")
        for idx in range(len(test_low_data)):
            print(test_low_data_names[idx])
            [_,name]=os.path.split(test_low_data_names[idx])
            suffix=name[name.find('.')+1:]
            name=name[:name.find('.')]
            input_low_test=np.expand_dims(test_low_data[idx],axis=0)
            [R_low,I_low,I_delta,S]=self.sess.run([self.output_R_low,self.output_I_low,self.output_
I_delta,self.output_S],feed_dict={self.input_low:input_low_test})
            if decom_flag == 1:
                save_images(os.path.join(save_dir,name+"_R_low."+suffix),R_low)
                save_images(os.path.join(save_dir,name+"_I_low."+suffix),I_low)
                save_images(os.path.join(save_dir,name+"_I_delta."+suffix),I_delta)
            save_images(os.path.join(save_dir,name+"_S."   +suffix),S)
```

6.3.4　RetinexNet 图像增强测试结果分析

　　为了全面评价 RetinexNet 的增强效果，可以通过定量测试和定性测试来进行结果评估。定性测试可以通过举例说明，采用 LOL 数据集的评估集中的低 / 正常光照图像对，以及由 decomm-net 和 LIME 分解的反射率和照明图来进行对比。结果表明，decomm-net 可以在文本和平滑区域中从一对光线条件完全不同的图像中提取基本一致的反射率。低光照图像的反射率与正常光照图像的反射率相似，只是在真实场景中出现了放大的黑暗区域噪声。另一方面，照明图描绘了图像上的明度和阴影。通过主观视觉效果来进行定性测试，测试结果如图 6.7 所示。

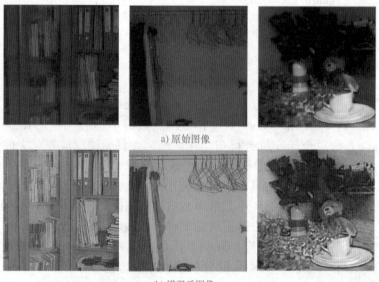

a) 原始图像

b) 增强后图像

图 6.7　RetinexNet 图像增强测试结果

为了更加客观地评价本网络的增强效果,还需从全参考和无参考图像质量评价指标两个方面对实验结果进行分析。其中,全参考图像质量评价指标选择了 PSNR 和 SSIM,无参考图像质量评价指标则选择 NIQE。表 6.1 显示了结果图像的 PSNR 值和 SSIM 值。其中,PSNR 值越高,表示图像质量越好。SSIM 值越接近 1,表示图像质量越好。

表 6.1 不同方法的全参考图像质量评价结果

方法	PSNR/dB	SSIM
RetinexNet	21.7912	0.7594

在来自公共数据集 LIME、MEF 和 DICM 的实景图像上评估此方法。LIME 包含 10 个测试图像,MEF 包含 17 个具有多个曝光级别的图像序列,DICM 用商用数字照相机收集了 69 幅图像。得到的测试结果见表 6.2。NIQE 数值越小,表示图像质量越好。

表 6.2 4 组测试集中 NIQE 结果

方法	DICM	MEF/(lp/mm)	LIME	LOL/(lp/mm)
RetinexNet	4.8547	3.6236	4.9865	11.0426

从实验分析结果可以看出,本章所提方法在低光照图像增强方面具有出色表现。从主观定量评价方面,该方法能有效提高图像的亮度和对比度,能保证图像整体特征信息之间的延续性,增强后的图像亮度、颜色和边缘信息得到了很好的平衡,既保留了丰富的图像信息,也保证了图像良好的视觉感官。从客观定量评价方面,无论从全参考评价角度的 PSNR 和 SSIM 方法,还是从无参考评价角度的 NIQE 方法,实验数据都表明该方法增强后的图像具有更好的质量,在细节和边缘特征保持方面也有较好的实验结果。

本 章 总 结

本章介绍了图像增强的相关背景任务以及研究进展,为后续的深度学习图像增强奠定了理论基础。通过介绍图像增强的概念、方法以及发展,展示了基于深度学习的图像增强网络的发展趋势。通过一个深度学习图像增强网络 RetinexNet 的实例,基于该网络的应用场景、基本原理、网络构架与结果分析,阐述了深度学习图像增强网络的设计与构建,同时提供了具体的 Python 代码,可辅助进行设计与实现。通过本章的学习,可以初步了解与掌握深度学习图像增强网络的原理与应用。

习 题

1. 图像增强的目的是什么?
2. 传统图像增强法有哪些?它们各自的特点是什么?
3. 简要阐述深度学习图像增强网络的发展。
4. 根据文献网址 https://arxiv.org/pdf/1808.04560.pdf 下载文献 *Deep Retinex Decomposition for Low-Light Enhancement*,并参考该文献简述 RetinexNet 构架与基本工作原理。
5. 从开源代码网址 https://github.com/weichen582/RetinexNet 下载 RetinexNet 与相关数据集,进行训练与测试。
6. 参考 RetinexNet 构架提出改进方案,并进行设计、训练与测试。

第7章

基于深度学习的图像超分辨率重建

7.1 图像超分辨率重建概述

图像的超分辨率重建指的是将给定的低分辨率图像通过特定的算法恢复成相应的高分辨率图像。具体来说，图像超分辨率重建技术指的是利用数字图像处理、计算机视觉等领域的相关知识，借由特定的算法和处理流程，从给定的低分辨率图像中重建出高分辨率图像的过程。其旨在克服或补偿由于图像采集系统或采集环境本身的限制，导致的成像图像模糊、质量低下、感兴趣区域不显著等问题。图像超分辨率重建示意图如图7.1所示。

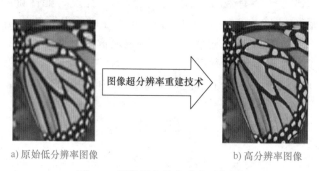

a) 原始低分辨率图像   图像超分辨率重建技术   b) 高分辨率图像

图 7.1　图像超分辨率重建示意图

1955年，Toraldo di Francia 在光学成像领域首次明确定义了超分辨率这一概念，主要是指利用光学相关的知识，恢复出衍射极限以外的数据信息的过程。1964年左右，Harris 和 Goodman 则首次提出了图像超分辨率这一概念，主要是指利用外推频谱的方法合成出细节信息更丰富的单帧图像的过程。1984年，在前人的基础上，Tsai 和 Huang 等首次提出使用多帧低分辨率图像重建出高分辨率图像的方法后，超分辨率重建技术开始受到了学术界和工业界广泛的关注和研究。图像超分辨率重建技术在多个领域都有着广泛的应用范围和研究意义，主要包括：

（1）图像压缩领域　在视频会议等实时性要求较高的场合，可以在传输前预先对图片进行压缩，等待传输完毕，再由接收端解码后通过超分辨率重建技术复原出原始图像序列，极大减少存储所需的空间及传输所需的带宽。

（2）医学成像领域　对医学图像进行超分辨率重建，可以在不增加高分辨率成像技术成本的基础上，降低对成像环境的要求，通过复原出的清晰医学影像，实现对病变细胞的精准探测，有助于医生对患者病情做出更好的诊断。

（3）遥感成像领域　高分辨率遥感卫星的研制具有耗时长、价格高、流程复杂等特点，由此研究者将图像超分辨率重建技术引入了该领域，试图解决高分辨率的遥感成像难以获取这一挑战，使得能够在不改变探测系统本身的前提下提高观测图像的分辨率。

（4）公共安防领域 公共场合的监控设备采集到的视频往往受到天气、距离等因素的影响，存在图像模糊、分辨率低等问题。通过对采集到的视频进行超分辨率重建，可以为办案人员恢复车牌号码、清晰人脸等重要信息，为案件侦破提供必要线索。

（5）视频感知领域 图像超分辨率重建技术可以起到增强视频画质、改善视频质量、提升用户视觉体验的作用。

目前来说超分辨率重建方法分为三类：基于插值的方法、基于退化模型的方法和基于学习的方法（即深度学习方法）。

（1）基于插值的超分辨率重建 基于插值的方法将图像上每个像素都看作图像平面上的一个点，那么对超分辨率图像的估计可以看作是利用已知的像素信息为平面上未知的像素信息进行拟合的过程，这通常由一个预定义的变换函数或者插值核来完成。基于插值的方法计算简单、易于理解，但是存在着一些明显的缺陷。首先，它假设像素灰度值的变化是一个连续、平滑的过程，但实际上这种假设并不完全成立。其次，在重建过程中仅根据一个事先定义的转换函数来计算超分辨率图像，不考虑图像的降质退化模型，通常会导致复原的图像出现模糊、锯齿等现象。常见的基于插值的方法包括最近邻插值法、双线性插值法和双立方插值法等。

（2）基于退化模型的超分辨率重建 此类方法从图像的降质退化模型出发，假定高分辨率图像是经过了适当的运动变换、模糊及噪声才得到低分辨率图像。这种方法通过提取低分辨率图像中的关键信息，并结合对未知的超分辨率图像的先验知识来约束超分辨率图像的生成。常见的方法包括迭代反投影法、凸集投影法和最大后验概率法等。

（3）基于学习的超分辨率重建 基于学习的方法则是利用大量的训练数据，从中学习低分辨率图像和高分辨率图像之间某种对应关系，然后根据学习到的映射关系来预测低分辨率图像所对应的高分辨率图像，从而实现图像的超分辨率重建过程。常见的基于学习的方法包括流形学习、稀疏编码方法。

7.2 基于深度学习的图像超分辨率重建网络的发展

机器学习是人工智能的一个重要分支，而深度学习则是机器学习中最主要的一个算法，其旨在通过多层非线性变换，提取数据的高层抽象特征，学习数据潜在的分布规律，从而获取对新数据做出合理的判断或者预测的能力。随着人工智能和计算机硬件的不断发展，Hinton 等人在 2006 年提出了深度学习这一概念，其旨在利用多层非线性变换提取数据的高层抽象特征。凭借着强大的拟合能力，深度学习开始在各个领域崭露头角，特别是在图像与视觉领域，卷积神经网络大放异彩，这也使得越来越多的研究者开始尝试将深度学习引入超分辨率重建领域。

Dong 等人首次将深度学习应用到图像超分辨率重建领域，他们使用一个 3 层的卷积神经网络学习低分辨率图像与高分辨率图像之间映射关系，自此在超分辨率重建领域掀起了深度学习的浪潮，设计的网络模型为基于超分辨率的卷积神经网络（Super-Resolution Convolutional Neural Network，SRCNN）。SRCNN 采用插值的方法先将低分辨率图像进行放大，再通过模型进行复原。Shi 等人则认为这种预先采用近邻插值的方法本身已经影响了性能，如果从源头出发，应该从样本中去学习如何进行放大，基于这个原理提出了 ESPCN（Real-Time Single Image and Video Super-Resolution Using an Efficient Sub-Pixel

Convolutional Neural Network）算法。该算法在将低分辨率图像送入神经网络之前，无须对给定的低分辨率图像进行一个上采样过程，而是引入一个亚像素卷积层（Sub-pixel Convolution Layer），来间接实现图像的放大过程。这种做法极大降低了 SRCNN 的计算量，提高了重建效率。

Kim 等提出了一种递归循环卷积网络（Deeply-Recursive Convolutional Network，DRCN），该网络采用递归循环和跳跃连接，相比于 SRCNN，图像质量得到进一步提升。Lai 等提出 Fast and Accurate Image Super-Resolution with Deep Laplacian Pyamid Network（LapSRN），该网络减轻了图像的伪影问题并降低了计算复杂度。基于深度学习的方法显著提高了重建图像的视觉效果和性能指标，但是对图像的细节和纹理方面效果不佳。近年来，生成对抗网络（GAN）因为能够通过判别器，学习比基于像素差异更有意义的损失函数，所以被广泛应用于超分辨率重建算法中。Christian Ledig 等人从照片感知角度出发，通过对抗网络进行超分辨率重建，认为大部分深度学习超分辨率算法采用的 MSE 损失函数会导致重建的图像过于平滑，缺乏感官上的照片真实感。改用 GAN 来进行重建，并且定义了新的感知目标函数，算法被命名为 SRGAN，由一个生成器和一个判别器组成。生成器负责合成高分辨率图像，判别器用于判断给定的图像是来自生成器还是真实样本。通过一个博弈的对抗过程，使得生成器能够将给定的低分辨率图像重建为高分辨率图像。胡诗语等提出了基于密集连接和激励模块的图像 SR 网络，局部特征和整体特征在密集连接和激励监督后输出至重建网络，进一步提高了生成图像的视觉质量。Wang 等提出超分辨率生成对抗网络（Super-Resolution Generative Adversarial Network，SRGAN）的增强版本，称为增强型超分辨率生成对抗网络（Enhanced Super-Resolution Generative Adversarial Network，ESRGAN），使重构图像具有更好的纹理信息和更清晰的视觉效果。Hu 等针对超分辨率重建任务的实时性，提出了实时超分辨率生成对抗网络（RTSRGAN），可以实时进行图像超分辨率重建。Dou 等使用基于 SRGAN 的三维卷积层代替二维卷积层，用注意机制处理来自三维卷积层的多重特征，并通过改进生成器损失函数来提高模型的输出，能够高效地进行超分辨率重建任务。Zhang 等提出了一种基于残差密集网络（Residual Dense Network，RDN）的方法，该方法融合了多个残差密集块，能够有效地提取特征信息。Shao 等提出了一种基于跨层注意转移机制的多尺度生成对抗网络模型，该模型利用跨层注意力转移模块，使高层语义特征图指导低层语义特征图的填充，保证了修复的视觉和语义一致性。李云红等提出基于深度超分辨率生成对抗网络（Deep Super-Resolution Generative Adversarial Network，DSRGAN）的图像修复与重建方法，加深了 DenseNet 的网络层数，消除了轮廓模糊和纹理不清晰的现象。彭晏飞等提出一种融合注意力的生成对抗网络单图像超分辨率重建算法，构造了注意力卷积神经网络残差块，增加了图像高频信息。陈子涵等提出一种基于自注意力深度网络的图像超分辨率重建算法，该算法在深度网络的映射过程中引入多个自注意力来强化局部区域和其他位置的依赖关系，使得重建细节更加合理。查体博等在 SRGAN 的基础上，使用残差套残差密集块提高了网络提取特征的能力，保留了图像高频细节的同时避免了伪影的出现。

深度学习在图像超分辨率重建领域已经展现出巨大的潜力，极大地推动了该领域的蓬勃发展。但距离重建出既保留原始图像各种细节信息，又符合人的主观评价的高分辨率图像这一目标，深度学习的图像超分辨率重建技术仍有很长的一段路要走。主要存在以下几个问题：

1）深度学习的固有性约束。深度学习存在着需要海量训练数据、高计算性能的处理器以及过深的网络容易导致过拟合等问题。

2）类似传统的基于人工智能的学习方法，深度学习预先假定测试样本与训练样本来自同一分布，但现实中二者的分布不一定相同，甚至可能没有相交的部分。

3）尽管当前基于深度学习的重建技术使得重建图像在主观评价指标上取得了优异的成绩，但重建后的图像通常过于平滑，丢失了高频细节信息。

因此进一步研究基于深度学习的图像超分辨率技术仍有较大的现实意义和发展空间。

7.3　实例：基于深度学习的图像超分辨率重建网络 ESRGAN

7.3.1　ESRGAN 简介

ESRGAN 是由王鑫涛等人在 2018 年提出的一种具有代表性的基于深度学习的图像超分辨率重建网络。SRGAN 是能够在单幅图像超分辨率期间生成真实感纹理的一项重要工作。ESRGAN 在 SRGAN 的基础上，进一步改进了网络结构、对抗损失和感知损失 3 个部分，增强了超分辨率处理的图像质量。

传统提升超分辨率（Super Resolution，SR）的方法是使用峰值信噪比（PSNR），即最小化生成图片与 GT 之间的 MSE loss，但是这种优化策略倾向于输出平滑的结果，而没有足够多的具体细节。ESRGAN 在 SRGAN 的基础上进行改进，提升了图片超分辨率的精度，从 3 个方面提升修改模型：

1）通过引入密集残差模块（RDDB）来提升模型的结构，使之具有更大的容量和更易于训练。去除了批归一化（BN）层，使用了残差缩放（Residual Scaling）和更小的初始化来促进训练一个非常深的网络。

2）辨别器使用相对平均 GAN（Relative Average GAN，RaGAN），即判断"是否一个图像相比于另一个更真实"而不是"是否一个图像是真或假"。这个改进有助于生成器恢复更真实的纹理细节。

3）感知损失部分，使用激活函数之前的 VGG 特征，而不是 SRGAN 激活之后的特征，调整后的感知损失提供了清晰的边缘和更具有视觉体验的结果。

7.3.2　ESRGAN 的结构与工作原理

ESRGAN 为一种基于深度学习的由生成对抗网络构成的图像超分辨率重建网络，其基本构架如图 7.2 所示。

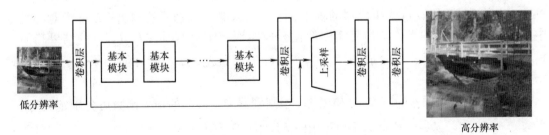

图 7.2　ESRGAN 基本构架

注：基本模块用于提取和处理特征。

ESRGAN 以 SRGAN 为基础，在其生成网络的结构上进行两点改进：删除生成网络中的所有 BN 层；用提出的多级残差密集模块（RRDB）替换 SRGAN 模型中的残差模块（Residual Block，RB）。其中，在面向不同的提高 PSNR 的任务如提高图像超分辨率和去除图像模糊中，去除 BN 层已被证明能够提高模型的性能。RRDB 将多级残差和密集连接相结合，相比于传统 SRGAN 中的残差连接模块，该结构具有更深的层次和更加复杂的结构，同时提升了特征表达能力，能够有效提高模型的性能。此外，为防止训练的不稳定，在残差加入主路径之前，将残差部分提取的特征乘以小于 1 的正常数 β，完成残差部分缩放。图 7.3a 展示了 SRGAN 中所采用的 RB，图 7.3b 展示了 ESRGAN 中采用的 RRDB，图 7.3c 为 RRDB 中密集模块（DB）的具体结构。

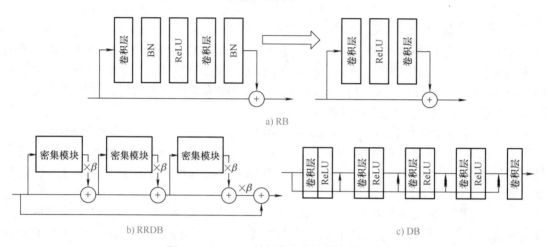

图 7.3　ESRGAN 特征提取模块结构改进图

ESRGAN 使用了基于 RaGAN 的判别器（相对论判别器），与传统 GAN 中判别器估计输入数据是真实的概率不同，相对论判别器试图预测真实数据图像比生成数据更加真实且自然的概率。同时，RaGAN 的生成器在训练过程中结合了生成数据和真实数据的梯度，而传统 GAN 的生成器在训练过程中仅使用了生成数据的梯度。相对论判别器的数学表达形式为

$$D_{\mathrm{Ra}}[y,G(x)] = \sigma\{C(y) - E\{C[G(x)]\}\} \to 1 \tag{7.1}$$

$$D_{\mathrm{Ra}}[G(x),y] = \sigma\{C[G(x)] - E[C(y)]\} \to 0 \tag{7.2}$$

式中，D_{Ra} 为相对平均判别网络；x 为生成器输入数据；y 为训练集真实数据；σ 为 Sigmoid 激活函数；G () 为生成器的输出；C () 为未激活判别器的输出；E () 为对小批量中所有数据取均值的操作。当真实图像比合成图像真实自然时，$D_{\mathrm{Ra}}(y,x)$ 的结果趋向于 1，如式（7.1）所示；若合成图像比真实图像的质量差，$D_{\mathrm{Ra}}(x,y)$ 的结果接近 0，如式（7.2）所示。

根据相对论判别器的原理，ESRGAN 中判别器和生成器的损失函数可分别定义为

$$L_{\mathrm{D}} = -E\{\lg D_{\mathrm{Ra}}[y,G(x)]\} - E\{\lg\{1 - D_{\mathrm{Ra}}[G(x),y]\}\} \tag{7.3}$$

$$L_{\mathrm{G}} = -E\{\lg\{1 - D_{\mathrm{Ra}}[y,G(x)]\}\} - E\{\lg\{D_{\mathrm{Ra}}[G(x),y]\}\} \tag{7.4}$$

1）定义一个名为 ResidualDenseBlock 的类，表示残差密集模块。构造函数 __init__()，其中的参数 nf 表示输入通道数，gc 表示每个子层的输出通道数，res_scale 表示残差比例。

在前向传播方法 forward 中，通过多个卷积层和激活函数构建了一个残差密集模块。整个残差密集模块的作用是通过利用不同深度层次的特征信息来增强图像的表达能力，并通过残差连接保留输入特征。主要代码如下：

```python
class ResidualDenseBlock(nn.Module):
    def __init__(self, nf, gc=32, res_scale=0.2):
        super(ResidualDenseBlock, self).__init__()
        self.layer1 = nn.Sequential(nn.Conv2d(nf + 0 * gc, gc, 3, padding=1, bias=True), nn.LeakyReLU())
        self.layer2 = nn.Sequential(nn.Conv2d(nf + 1 * gc, gc, 3, padding=1, bias=True), nn.LeakyReLU())
        self.layer3 = nn.Sequential(nn.Conv2d(nf + 2 * gc, gc, 3, padding=1, bias=True), nn.LeakyReLU())
        self.layer4 = nn.Sequential(nn.Conv2d(nf + 3 * gc, gc, 3, padding=1, bias=True), nn.LeakyReLU())
        self.layer5 = nn.Sequential(nn.Conv2d(nf + 4 * gc, nf, 3, padding=1, bias=True), nn.LeakyReLU())
        self.res_scale = res_scale

    def forward(self, x):
        layer1 = self.layer1(x)
        layer2 = self.layer2(torch.cat((x, layer1), 1))
        layer3 = self.layer3(torch.cat((x, layer1, layer2), 1))
        layer4 = self.layer4(torch.cat((x, layer1, layer2, layer3), 1))
        layer5 = self.layer5(torch.cat((x, layer1, layer2, layer3, layer4), 1))
        return layer5.mul(self.res_scale) + x
```

2）定义一个名为 ResidualInResidualDenseBlock 的类，表示残差内残余密集模块。在前向传播方法 forward 中，通过 3 个嵌套的 ResidualDenseBlock 组成一个残差内残余密集模块。整个残差内残余密集模块的作用是进一步增强图像的表达能力和非线性建模能力，同时通过多次残差连接保留更多的输入信息。主要代码如下：

```python
class ResidualInResidualDenseBlock(nn.Module):
    def __init__(self, nf, gc=32, res_scale=0.2):
        super(ResidualInResidualDenseBlock, self).__init__()
        self.layer1 = ResidualDenseBlock(nf, gc)
        self.layer2 = ResidualDenseBlock(nf, gc)
        self.layer3 = ResidualDenseBlock(nf, gc)
        self.res_scale = res_scale
    def forward(self, x):
        out = self.layer1(x)
        out = self.layer2(out)
        out = self.layer3(out)
        return out.mul(self.res_scale) + x
```

3）定义上采样块，在函数内部通过循环迭代创建了一系列上采样层，并将它们组合成一个 Sequential 容器。该上采样块的作用是将输入特征图的尺寸放大，通过逐像素重排和非线性激活操作来增加图像的空间维度。主要代码如下：

```python
def upsample_block(nf, scale_factor=2):
    block = []
    for _ in range(scale_factor//2):
```

```
block += [nn.Conv2d(nf, nf * (2 ** 2), 1),nn.PixelShuffle(2),nn.ReLU()]
    return nn.Sequential(*block)
```

4）构建 ESRGAN 的神经网络模型，用于超分辨率图像重建。在初始化过程中，定义了一系列层用于构建 ESRGAN 模型。在前向传播方法 forward 中，按照 ESRGAN 的结构依次执行以上定义的层，并返回重建的图像。ESRGAN 模型通过残差内残余密集模块和上采样操作实现高质量的超分辨率图像重建。主要代码如下：

```
from model.block import *
class ESRGAN(nn.Module):
    def __init__(self, in_channels, out_channels, nf=64, \gc=32, scale_factor=4, n_basic_block=23):
        super(ESRGAN, self).__init__()
        self.conv1 = nn.Sequential(nn.ReflectionPad2d(1), nn.Conv2d(in_channels, nf, 3), nn.ReLU())
        basic_block_layer = []
        for _ in range(n_basic_block):
            basic_block_layer += [ResidualInResidualDenseBlock(nf, gc)]
        self.basic_block = nn.Sequential(*basic_block_layer)
        self.conv2=nn.Sequential(nn.ReflectionPad2d(1), nn.Conv2d(nf, nf, 3), nn.ReLU())
        self.upsample = upsample_block(nf, scale_factor=scale_factor)
        self.conv3=nn.Sequential(nn.ReflectionPad2d(1), nn.Conv2d(nf, nf, 3), nn.ReLU())
        self.conv4 = nn.Sequential(nn.ReflectionPad2d(1), nn.Conv2d(nf, out_channels, 3), nn.ReLU())
    def forward(self, x):
        x1 = self.conv1(x)
        x = self.basic_block(x1)
        x = self.conv2(x)
        x = self.upsample(x + x1)
        x = self.conv3(x)
        x = self.conv4(x)
        return x
```

7.3.3 ESRGAN 的训练与测试

ESRGAN 的训练与测试的流程如图 7.4 所示。

训练过程分为两个阶段。首先，以生成器输出图像与超分辨率图像的 L1 距离为损失函数，训练一个面向峰值信噪比（PSNR）的模型。初始学习率设置为 2×10^{-4}，并且每进行 10^5 次迭代，学习率衰减为原来的 0.5。然后，使用训练好的面向 PSNR 的模型初始化生成器。生成器和判别器初始学习率设置为 1×10^{-4}，并且每进行 10^5 次迭代，学习率衰减为原来的 0.5。带有

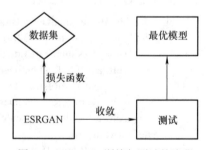

图 7.4 ESRGAN 训练与测试的流程

逐像素损失的预训练能够提高基于 GAN 方法生成的超分辨率图像的视觉效果，这是因为该策略能够避免生成器陷入局部最优，并且以面向 PSNR 的模型初始化生成器，判别器将接收到质量相对较高的超分辨率图像而不是极端的质量较差的图像，这有利于对抗训练将重点集中在细节纹理上。

模型训练时使用 ADAM 优化器，其中，一阶动量项 β_1 设置为 0.9，二阶动量项 β_2 设置为 0.999。训练以小批量方式进行，batchsize 设置为 8。交替更新生成器和判别器网络，直到模型收敛。

用于训练与测试 ESRGAN 的数据集包括训练集与测试集。训练数据集采用公开的超分辨率数据集 DIV2K。DIV2K 共有 1000 张 2000 分辨率的高质量图像，共有 800 张训练图像、100 张验证图像和 100 张测试图像。测试使用 Set5、Set14、BSD100 数据集。其中，Set5 包含 5 张动植物图像，Set14 包含 14 张动植物图像，比 Set5 中的图像有更多的细节信息，BSD100 包含 100 张测试图像，包含丰富的自然景色和人工景物。这 3 个数据集元素丰富，常用于图像超分辨任务的性能测试。在训练网络模型时，针对数据集数据较少的情况，使用数据增强技术，将图像随机水平或垂直翻转，然后随机裁剪图像获得 128×128 像素的高质量图像块。训练集和测试集中的低分辨率图像由随机裁剪的高质量图像块通过 Python 语言调用 Python Image Library 库函数实现双三次插值（Bicubic）获得。

ESRGAN 训练与测试的关键 Python 代码如下：

1）获取 model 对象中所有符合特定条件的属性名，并按字母顺序进行排序。定义训练过程的主函数，主函数中包括载入数据集、构建模型、定义损失函数、定义优化器和调度器等基本的准备工作。主要代码如下：

```python
model_names = sorted(
    name for name in model.__dict__ if
name.islower() and not name.startswith("__") and callable(model.__dict__[name]))

def main():
    # Initialize the number of training epochs
    start_epoch = 0
    # Initialize training to generate network evaluation indicators
    best_psnr = 0.0
    best_ssim = 0.0
    train_prefetcher, test_prefetcher = load_dataset()
    print("Load all datasets successfully.")
    d_model, g_model, ema_g_model = build_model()
    print(f"Build '{esrgan_config.g_arch_name}' model successfully.")
    pixel_criterion, content_criterion, adversarial_criterion = define_loss()
    print("Define all loss functions successfully.")
    d_optimizer, g_optimizer = define_optimizer(d_model, g_model)
    print("Define all optimizer functions successfully.")
    d_scheduler, g_scheduler = define_scheduler(d_optimizer, g_optimizer)
    print("Define all optimizer scheduler functions successfully.")
    print("Check whether to load pretrained d model weights...")
```

2）对预训练的 D 模型和 G 模型权重的加载和恢复的检查，其中使用 load_state_dict() 函数将预训练的权重加载到模型中。主要代码如下：

```python
    if esrgan_config.pretrained_d_model_weights_path:
        d_model = load_state_dict(d_model, esrgan_config.pretrained_d_model_weights_path)
        print(f"Loaded '{esrgan_config.pretrained_d_model_weights_path}' pretrained model weights successfully.")
    else:
        print("Pretrained d model weights not found.")
    print("Check whether to load pretrained g model weights...")
    if esrgan_config.pretrained_g_model_weights_path:
        g_model = load_state_dict(g_model, esrgan_config.pretrained_g_model_weights_path)
```

```
            print(f"Loaded '{esrgan_config.pretrained_g_model_weights_path}' pretrained model weights
successfully.")
        else:
            print("Pretrained g model weights not found.")
        print("Check whether the pretrained d model is restored...")
        if esrgan_config.resume_d_model_weights_path:
            d_model, _,start_epoch,best_psnr,best_ssim,optimizer,scheduler=load_state_dict(
                d_model,
                esrgan_config.pretrained_d_model_weights_path,
                optimizer=d_optimizer,
                scheduler=d_scheduler,
                load_mode="resume")
            print("Loaded pretrained model weights.")
        else:
            print("Resume training d model not found. Start training from scratch.")
        print("Check whether the pretrained g model is restored...")
        if esrgan_config.resume_g_model_weights_path:
            lsrresnet_model, ema_lsrresnet_model, start_epoch, best_psnr, best_ssim, optimizer,
scheduler = load_state_dict(
                g_model,
                esrgan_config.pretrained_g_model_weights_path,
                ema_model=ema_g_model,
                optimizer=g_optimizer,
                scheduler=g_scheduler,
                load_mode="resume")
            print("Loaded pretrained model weights.")
        else:
            print("Resume training g model not found. Start training from scratch.")
```

3）创建实验样本目录和实验结果目录、训练过程日志文件以及初始化梯度缩放器，主要代码如下：

```
# Create a experiment results
samples_dir = os.path.join("samples", esrgan_config.exp_name)
results_dir = os.path.join("results", esrgan_config.exp_name)
make_directory(samples_dir)
make_directory(results_dir)

# Create training process log file
writer = SummaryWriter(os.path.join("samples", "logs", esrgan_config.exp_name))

# Initialize the gradient scaler
scaler = amp.GradScaler()
```

4）创建图像质量评价模型，并进行训练和验证。采用 PSNR（峰值信噪比）和 SSIM（结构相似性）来评价图像质量，主要代码如下：

```
# Create an IQA evaluation model
psnr_model=PSNR(esrgan_config.upscale_factor, esrgan_config.only_test_y_channel)
ssim_model=SSIM(esrgan_config.upscale_factor, esrgan_config.only_test_y_channel)
```

```
# Transfer the IQA model to the specified device
psnr_model = psnr_model.to(device=esrgan_config.device)
ssim_model = ssim_model.to(device=esrgan_config.device)
for epoch in range(start_epoch, esrgan_config.epochs):
    train(d_model,g_model,ema_g_model,train_prefetcher,pixel_criterion,content_criterion,adversarial_
criterion,d_optimizer,g_optimizer,epoch,scaler,writer)
    psnr, ssim = validate(g_model , test_prefetcher , epoch , writer , psnr_model , ssim_model , "Test")
    print("\n")
```

5）更新判别器和生成器模型的学习率，保存判别器和生成器模型的状态、优化器和调度器的参数等信息，根据评分情况选择保存最佳模型和最后一个模型，主要代码如下：

```
# Update LR
d_scheduler.step()
g_scheduler.step()

# Automatically save the model with the highest index
is_best = psnr > best_psnr and ssim > best_ssim
is_last = (epoch + 1) == esrgan_config.epochs
best_psnr = max(psnr, best_psnr)
best_ssim = max(ssim, best_ssim)
save_checkpoint({"epoch": epoch + 1,
                "best_psnr": best_psnr,
                "best_ssim": best_ssim,
                "state_dict": d_model.state_dict(),
                "optimizer": d_optimizer.state_dict(),
                "scheduler": d_scheduler.state_dict()},
                f"d_epoch_{epoch + 1}.pth.tar",
                samples_dir,
                results_dir,
                "d_best.pth.tar",
                "d_last.pth.tar",
                is_best,
                is_last)
save_checkpoint({"epoch": epoch + 1,
                "best_psnr": best_psnr,
                "best_ssim": best_ssim,
                "state_dict": g_model.state_dict(),
                "ema_state_dict": ema_g_model.state_dict(),
                "optimizer": g_optimizer.state_dict(),
                "scheduler": g_scheduler.state_dict()},
                f"g_epoch_{epoch + 1}.pth.tar",
                samples_dir,
                results_dir,
                "g_best.pth.tar",
                "g_last.pth.tar",
                is_best,
                is_last)
```

6）定义名为 load_dataset() 的函数，加载训练和测试数据集，生成训练数据和测试数据的数据加载器，并返回预处理数据加载器，主要代码如下：

```python
def load_dataset() -> [CUDAPrefetcher, CUDAPrefetcher]:
    # Load train, test and valid datasets
    train_datasets = TrainValidImageDataset(esrgan_config.train_gt_images_dir,
                                            esrgan_config.gt_image_size,
                                            esrgan_config.upscale_factor,
                                            "Train")
    test_datasets = TestImageDataset(esrgan_config.test_gt_images_dir, esrgan_config.test_lr_images_dir)
    # Generator all dataloader
    train_dataloader = DataLoader(train_datasets,
                                  batch_size=esrgan_config.batch_size,
                                  shuffle=True,
                                  num_workers=esrgan_config.num_workers,
                                  pin_memory=True,
                                  drop_last=True,
                                  persistent_workers=True)
    test_dataloader = DataLoader(test_datasets,
                                 batch_size=1,
                                 shuffle=False,
                                 num_workers=1,
                                 pin_memory=True,
                                 drop_last=False,
                                 persistent_workers=True)

    # Place all data on the preprocessing data loader
    train_prefetcher = CUDAPrefetcher(train_dataloader, esrgan_config.device)
    test_prefetcher = CUDAPrefetcher(test_dataloader, esrgan_config.device)

    return train_prefetcher, test_prefetcher
```

7）定义名为 build_model() 的函数，该函数构建了鉴别器和生成器模型，并将它们移动到由 esrgan_config.device 指定的设备上，并基于生成器模型构建了一个指数移动平均生成器模型，主要代码如下：

```python
def build_model() -> [nn.Module,nn.Module,nn.Module]:
    d_model=model.__dict__[esrgan_config.d_arch_name]()
    g_model=model.__dict__[esrgan_config.g_arch_name]
                              ( n_channels=esrgan_config.in_channels,
                                out_channels=esrgan_config.out_channels,
                                channels=esrgan_config.channels,
                                growth_channels=esrgan_config.growth_channels,
                                num_blocks=esrgan_config.num_blocks)
    d_model=d_model.to(device=esrgan_config.device)
    g_model=g_model.to(device=esrgan_config.device)
    # Create an Exponential Moving Average Model
    ema_avg=lambda averaged_model_parameter,model_parameter,num_averaged:(1 – esrgan_config.
model_ema_decay) * averaged_model_parameter+esrgan_config.model_ema_decay * model_parameter
```

```
ema_g_model=AveragedModel(g_model,avg_fn=ema_avg)

return d_model,g_model,ema_g_model
```

8）定义损失函数和优化器，其中损失函数返回 3 个损失函数对象：pixel_criterion、content_criterion 和 adversarial_criterion，优化器返回 2 个优化器对象：d_optimizer 和 g_optimizer，主要代码如下：

```
def define_loss() -> [nn.L1Loss,model.content_loss,nn.BCEWithLogitsLoss]:
    pixel_criterion=nn.L1Loss()
    content_criterion=model.content_loss(esrgan_config.feature_model_extractor_node,
                                         esrgan_config.feature_model_normalize_mean,
                                         esrgan_config.feature_model_normalize_std)
    adversarial_criterion=nn.BCEWithLogitsLoss()

    # Transfer to CUDA
    pixel_criterion=pixel_criterion.to(device=esrgan_config.device)
    content_criterion=content_criterion.to(device=esrgan_config.device)
    adversarial_criterion=adversarial_criterion.to(device=esrgan_config.device)

    return pixel_criterion,content_criterion,adversarial_criterion

def define_optimizer(d_model,g_model) -> [optim.Adam,optim.Adam]:
    d_optimizer=optim.Adam(d_model.parameters(),
                           esrgan_config.model_lr,
                           esrgan_config.model_betas,
                           esrgan_config.model_eps,
                           esrgan_config.model_weight_decay)
    g_optimizer=optim.Adam(g_model.parameters(),
                           esrgan_config.model_lr,
                           esrgan_config.model_betas,
                           esrgan_config.model_eps,
                           esrgan_config.model_weight_decay)

    return d_optimizer,g_optimizer
```

9）定义学习率调度器，返回两个学习率调度器对象 d_scheduler 和 g_scheduler，用于训练过程中，通过在特定的训练步骤里降低学习率来优化模型的收敛性能，主要代码如下：

```
def define_scheduler(
        d_optimizer:optim.Adam,
        g_optimizer:optim.Adam
) -> [lr_scheduler.MultiStepLR,lr_scheduler.MultiStepLR]:
    d_scheduler=lr_scheduler.MultiStepLR(d_optimizer,
                                         esrgan_config.lr_scheduler_milestones,
                                         esrgan_config.lr_scheduler_gamma)
    g_scheduler=lr_scheduler.MultiStepLR(g_optimizer,
                                         esrgan_config.lr_scheduler_milestones,
                                         esrgan_config.lr_scheduler_gamma)
    return d_scheduler,g_scheduler
```

10）train() 函数主要负责执行模型的训练过程，使用像素级损失、内容损失和对抗损失来训练生成器和判别器模型。

```
def train(
        d_model:nn.Module,
        g_model:nn.Module,
        ema_g_model:nn.Module,
        train_prefetcher:CUDAPrefetcher,
        pixel_criterion:nn.L1Loss,
        content_criterion:model.content_loss,
        adversarial_criterion:nn.BCEWithLogitsLoss,
        d_optimizer:optim.Adam,
        g_optimizer:optim.Adam,
        epoch:int,
        scaler:amp.GradScaler,
        writer:SummaryWriter
) -> None:
```

11）这段代码定义了一些用于记录训练过程中指标和显示进度的辅助工具。

这些计量器和进度条可用于在训练过程中实时监测和记录各项指标，并提供可读性更好的训练进度展示。

```
# Calculate how many batches of data are in each Epoch
batches=len(train_prefetcher)
# Print information of progress bar during training
batch_time=AverageMeter("Time",":6.3f")
data_time=AverageMeter("Data",":6.3f")
pixel_losses=AverageMeter("Pixel loss",":6.6f")
content_losses=AverageMeter("Content loss",":6.6f")
adversarial_losses=AverageMeter("Adversarial loss",":6.6f")
d_gt_probabilities=AverageMeter("D(GT)",":6.3f")
d_sr_probabilities=AverageMeter("D(SR)",":6.3f")
progress=ProgressMeter(batches,
                        [batch_time,data_time,
                         pixel_losses,content_losses,adversarial_losses,
                         d_gt_probabilities,d_sr_probabilities],
                       prefix=f"Epoch:[{epoch+1}]")
```

12）首先将模型设置为训练模式（d_model.train() 和 g_model.train()），然后进行一些初始化操作，如重置数据预读取器（train_prefetcher.reset()）和获取下一个批次的数据（batch_data=train_prefetcher.next()）。

```
# Put the generative network model in training mode
d_model.train()
g_model.train()

# Initialize the number of data batches to print logs on the terminal
batch_index=0

# Initialize the data loader and load the first batch of data
train_prefetcher.reset()
batch_data=train_prefetcher.next()
```

```
# Get the initialization training time
end=time.time()
```

13）这是前向传播的过程，首先进入 while 循环，如果还有未处理的数据批次，先计算数据加载时间 data_time.update（time.time() – end），将输入数据移动到指定设备上，然后定义真实标签和假标签，并在指定设备上创造张量，再将判别器参数设置为不需要梯度计算 d_parameters.requires_grad=False，最后清空生成器梯度 g_model.zero_grad（set_to_none=True）。

```
while batch_data is not None:
    # Calculate the time it takes to load a batch of data
    data_time.update(time.time() – end)

    # Transfer in-memory data to CUDA devices to speed up training
    gt=batch_data["gt"].to(device=esrgan_config.device,non_blocking=True)
    lr=batch_data["lr"].to(device=esrgan_config.device,non_blocking=True)

    # Set the real sample label to 1,and the false sample label to 0
    batch_size,_,_,_=gt.shape
    real_label=torch.full([batch_size,1],1.0,\dtype=gt.dtype,device= esrgan_config.device)
    fake_label=torch.full([batch_size,1],0.0,\dtype=gt.dtype,device=esrgan_config.device)

    # Start training the generator model
    # During generator training,turn off discriminator backpropagation
    for d_parameters in d_model.parameters():
        d_parameters.requires_grad=False

    # Initialize generator model gradients
    g_model.zero_grad(set_to_none=True)
```

14）这是生成器的前向传播和损失计算的过程，首先使用自动混合精度（amp.autocast()）进行操作，通过生成器生成超分辨率图像（sr=g_model(lr)），再将原始图像和生成的超分辨图像分别输入判别器，并计算像素损失、内容损失和生成器的对抗性损失，最后计算生成器总损失 g_loss=pixel_loss+content_loss+adversarial_loss。

```
    # Calculate the perceptual loss of the generator,mainly including pixel loss,feature loss and adversarial loss
    with amp.autocast():
        # Use the generator model to generate fake samples
        sr=g_model(lr)
        # Output discriminator to discriminate object probability
        gt_output=d_model(gt.detach().clone())
        sr_output=d_model(sr)
        pixel_loss=esrgan_config.pixel_weight * pixel_criterion(sr,gt)
        content_loss=esrgan_config.content_weight * content_criterion(sr,gt)
        # Computational adversarial network loss
        d_loss_gt=adversarial_criterion(gt_output – torch.mean(sr_output),\ fake_label) * 0.5
        d_loss_sr=adversarial_criterion(sr_output – torch.mean(gt_output),\ real_label) * 0.5
        adversarial_loss=esrgan_config.adversarial_weight*(d_loss_gt+d_loss_sr)
    # Calculate the generator total loss value
    g_loss=pixel_loss+content_loss+adversarial_loss
```

15）这是一个生成器反向传播和参数更新的过程，通过自动混合精度（scaler.scale()）进行操作，首先对生成器的总损失进行反向传播（scaler.scale（g_loss）.backward()），然后更新生成器的优化器（scaler.step（g_optimizer）），再更新生成器的参数和移动平均模型的参数（ema_g_model.update_parameters（g_model）），将判别器参数重新设置为需要梯度计算（d_parameters.requires_grad=True），最后清空判别器梯度（d_model.zero_grad（set_to_none=True））。

```
# Call the gradient scaling function in the mixed precision API to
# back-propagate the gradient information of the fake samples
scaler.scale(g_loss).backward()
# Encourage the generator to generate higher quality fake samples,making it easier to fool the
discriminator
scaler.step(g_optimizer)
scaler.update()

# Update EMA
ema_g_model.update_parameters(g_model)
# Finish training the generator model

# Start training the discriminator model
    for d_parameters in d_model.parameters():
        d_parameters.requires_grad=True

# Initialize the discriminator model gradients
d_model.zero_grad(set_to_none=True)
```

16）这是一个判别器的前向传播和损失计算的过程，使用自动混合精度（amp.autocast()）进行操作，输入原始图像和生成的超分辨率图像，并计算判别器对真实图像和生成图像的损失。

```
# Calculate the classification score of the discriminator model for real samples
    with amp.autocast():
        gt_output=d_model(gt)
        sr_output=d_model(sr.detach().clone())
        d_loss_gt=adversarial_criterion(gt_output – torch.mean(sr_output),\ real_label) * 0.5
```

17）这是判别器反向传播和参数更新的过程，通过自动混合精度（scaler.scale()）进行操作，首先对判别器的损失进行反向传播（scaler.scale（d_loss_gt）.backward（retain_graph=True）和 scaler.scale（d_loss_sr）.backward()），再更新判别器的优化器（scaler.step（d_optimizer））。

```
# Call the gradient scaling function in the mixed precision API to
# back-propagate the gradient information of the fake samples
scaler.scale(d_loss_gt).backward(retain_graph=True)

# Calculate the classification score of the discriminator model for fake samples
with amp.autocast():
    sr_output=d_model(sr.detach().clone())
    d_loss_sr=adversarial_criterion(sr_output – torch.mean(gt_output),fake_label) * 0.5
# Call the gradient scaling function in the mixed precision API to
# back-propagate the gradient information of the fake samples
```

```
scaler.scale(d_loss_sr).backward()

# Calculate the total discriminator loss value
d_loss=d_loss_gt+d_loss_sr

# Improve the discriminator model's ability to classify real and fake samples
scaler.step(d_optimizer)
```

18）统计指标更新：更新各种损失和概率的统计指标。

```
scaler.update()
# Finish training the discriminator model

# Calculate the score of the discriminator on real samples and fake samples
# the score of real samples is close to 1,and the score of fake samples is close to 0
d_gt_probability=torch.sigmoid_(torch.mean(gt_output.detach()))
d_sr_probability=torch.sigmoid_(torch.mean(sr_output.detach()))

# Statistical accuracy and loss value for terminal data output
pixel_losses.update(pixel_loss.item(),lr.size(0))
content_losses.update(content_loss.item(),lr.size(0))
adversarial_losses.update(adversarial_loss.item(),lr.size(0))
d_gt_probabilities.update(d_gt_probability.item(),lr.size(0))
d_sr_probabilities.update(d_sr_probability.item(),lr.size(0))

# Calculate the time it takes to fully train a batch of data
batch_time.update(time.time() – end)
end=time.time()
```

19）完成超分辨率模型的训练过程，并记录一些训练指标的值。

```
# Write the data during training to the training log file
if batch_index % esrgan_config.train_print_frequency == 0:
    iters=batch_index+epoch * batches+1
    writer.add_scalar("Train/D_Loss",d_loss.item(),iters)
    writer.add_scalar("Train/G_Loss",g_loss.item(),iters)
    writer.add_scalar("Train/Pixel_Loss",pixel_loss.item(),iters)
    writer.add_scalar("Train/Content_Loss",content_loss.item(),iters)
    writer.add_scalar("Train/Adversarial_Loss",adversarial_loss.item(),iters)
    writer.add_scalar("Train/D(GT)_Probability",d_gt_probability.item(),iters)
    writer.add_scalar("Train/D(SR)_Probability",d_sr_probability.item(),iters)
    progress.display(batch_index+1)

# Preload the next batch of data
batch_data=train_prefetcher.next()

# After training a batch of data,add 1 to the number of data batches to ensure that the
# terminal print data normally
batch_index += 1
```

20）以下定义了一个名为 validate 的函数，接受多个参数，包括生成器模型 g_model、数据预取器 data_prefetcher、当前训练轮数 epoch、写入摘要信息的 SummaryWriter 对象 writer、PSNR 模型 psnr_model、SSIM 模型 ssim_model，以及验证模式 mode。

```
def validate(
        g_model:nn.Module,
        data_prefetcher:CUDAPrefetcher,
        epoch:int,
        writer:SummaryWriter,
        psnr_model:nn.Module,
        ssim_model:nn.Module,
        mode:str
) -> [float,float]:
```

21）以下代码使用 AverageMeter 和 ProgressMeter 类创建了用于记录时间、PSNR（峰值信噪比）和 SSIM（结构相似性）的平均值和显示进度的工具，生成器模型设为评估模式，通过调用 g_model.eval() 实现。置数据预取器，并获取下一个批次的数据。

```
# Calculate how many batches of data are in each Epoch
batch_time=AverageMeter("Time",":6.3f")
psnres=AverageMeter("PSNR",":4.2f")
ssimes=AverageMeter("SSIM",":4.4f")
progress=ProgressMeter(len(data_prefetcher),[batch_time,psnres,ssimes],prefix=f"{mode}:")

# Put the adversarial network model in validation mode
g_model.eval()

# Initialize the number of data batches to print logs on the terminal
batch_index=0

# Initialize the data loader and load the first batch of data
data_prefetcher.reset()
batch_data=data_prefetcher.next()

# Get the initialization test time
end=time.time()
```

22）这段代码主要是进行模型的测试或验证操作，并计算评估指标（PSNR 和 SSIM），首先使用上下文管理器 torch.no_grad() 以禁止梯度计算，遍历每个批次的数据，然后将目标图像和低分辨率图像移动到设备上，并使用生成器模型生成高分辨率图像，再使用 PSNR 模型和 SSIM 模型计算生成图像与目标图像之间的质量指标，并更新对应的平均值，计算每个批次处理的时间，并根据设定的打印频率显示当前处理的批次信息，接着当遍历完所有数据时，显示验证的总结信息，如果模式是 Valid 或 Test，则将平均 PSNR 和 SSIM 值写入摘要文件中，最后返回平均 PSNR 和 SSIM 值。

```
with torch.no_grad():
    while batch_data is not None:
        # Transfer the in-memory data to the CUDA device to speed up the test
        gt=batch_data["gt"].to(device=esrgan_config.device,non_blocking=True)
        lr=batch_data["lr"].to(device=esrgan_config.device,non_blocking=True)
```

```
# Use the generator model to generate a fake sample
with amp.autocast():
    sr=g_model(lr)

# Statistical loss value for terminal data output
psnr=psnr_model(sr,gt)
ssim=ssim_model(sr,gt)
psnres.update(psnr.item(),lr.size(0))
ssimes.update(ssim.item(),lr.size(0))

# Calculate the time it takes to fully test a batch of data
batch_time.update(time.time() – end)
end=time.time()

# Record training log information
if batch_index % esrgan_config.valid_print_frequency == 0:
    progress.display(batch_index+1)

# Preload the next batch of data
batch_data=data_prefetcher.next()

# After training a batch of data,add 1 to the number of data batches to ensure that the
# terminal print data normally
batch_index += 1

# print metrics
progress.display_summary()

if mode == "Valid" or mode == "Test":
    writer.add_scalar(f"{mode}/PSNR",psnres.avg,epoch+1)
    writer.add_scalar(f"{mode}/SSIM",ssimes.avg,epoch+1)
else:
    raise ValueError("Unsupported mode,please use 'Valid' or 'Test'.")
return psnres.avg,ssimes.avg

if __name__ == "__main__":
main()
```

7.3.4　ESRGAN 图像超分辨率重建结果分析

目前，图像超分辨率重建结果评价准则标准包括主观评价和客观评价。主观评价依据人眼的视觉感受，对图像重建的优劣做出评价。客观的量化方法包括 PSNR 和 SSIM。PSNR 是计算图像内像素最大值与加性噪声功率的比值，它基于处理后的图像与原图像对应像素点间误差，在超分辨率任务中使用最为广泛，PSNR 值越高，表示图像失真越小，说明超分辨重建图像的质量与高分辨图像的质量越接近，图像效果越好，公式为

$$PSNR = 10\lg\frac{M_{max}^2}{E_{MS}} \qquad (7.5)$$

式中，M_{max} 为能量峰值信号，对于数字图像，取值为 255；E_{MS} 为重建图像与目标超分辨率图像的均方误差。

SSIM 评价原始图像与处理图像之间的结构度、亮度和对比度的相似性，SSIM 值趋近于 1，说明两幅图像相似，重建效果越好。其计算公式为

$$\text{SSIM} = \frac{(2\mu_y\mu_x + c_1)(2\mu_{yx} + c_2)}{(\mu_y^2 + \mu_x^2 + c_1)(\sigma_{yx}^2 + \sigma_x^2 + c_2)} \tag{7.6}$$

式中，μ_x 和 μ_y 分别为生成图像和目标图像的均值；σ_x 和 σ_y 分别为 x 和 y 的方差；σ_{yx} 为 x 与 y 的协方差；c_1 和 c_2 为避免分母为零的常量。

ESRGAN 图像超分辨率重建结果见表 7.1。

表 7.1　ESRGAN 图像超分辨率重建结果

数据集	Set5	Set14	BSD100
PSNR/dB	32.637	29.487	26.763
SSIM	0.904	0.865	0.725

ESRGAN 图像超分辨率重建结果如图 7.5 所示。从测试集中选取了 3 个测试样本进行图像超分辨率重建展示。由对这 3 个测试样本的测试结果可见，ESRGAN 能够产生更详细的结构而其他的方法不能产生足够的细节或添加不必要的纹理。此外，以前基于 GAN 的方法有时会引入伪影，ESRGAN 除去了这些伪影并产生了自然的结构。

a) 原始低分辨率图像

b) 超分辨率重建图像

图 7.5　ESRGAN 图像超分辨率重建结果

本 章 总 结

本章通过介绍图像超分辨率重建的基本任务背景，为深度学习图像超分辨率重建奠定了理论基础。通过介绍目前深度学习图像超分辨率重建网络与数据集的发展，展示了使用深度学习技术构架图像超分辨率重建网络的趋势。通过一个深度学习图像超分辨率重建网络 ESRGAN 的实例展示，由其基本应用背景、网络设计构架与工作原理、训练细节与

测试结果等方面入手，深入阐述了深度学习图像超分辨率重建网络的设计与构建，同时给出了具体的 Python 实现关键代码，可辅助进行设计与实现。通过本章的学习，可以初步了解与掌握深度学习图像超分辨率重建网络的原理与应用。

习　　题

1. 简要说明图像超分辨率重建的基本原理与应用。

2. 简要列举图像超分辨率重建的基本方法分类。

3. 简要阐述深度学习图像超分辨率重建网络与数据集的发展。

4. 根据文献网址 https://arxiv.org/pdf/1809.00219.pdf 下载文献 *ESRGAN:Enhanced Super-Resolution Generative Adversarial Networks* 并参考该文献简述 ESRGAN 构架与基本工作原理。

5. 从开源代码网址 https://github.com/Lornatang/ESRGAN-PyTorch 下载 ESRGAN 与相关数据集进行训练与测试。

6. 参考 ESRGAN 构架提出改进方案，并进行设计、训练与测试。

第 8 章

基于深度学习的图像识别

8.1 图像识别概述

辨认出图像属于何种类型或物体的过程，叫作图像识别。在图像识别中，既要有当时进入感官的信息，也要有记忆中存储的信息。只有通过存储的信息与当前的信息进行比较的加工过程，才能实现对图像的辨认。

图像识别技术的产生以及更新成为当下十分重要的发展方向，同时表现出了良好的发展前景，在信息收集、医疗以及产品安全等方面，都已经开始广泛运用图像识别技术，其发挥了非常大的作用。

人的图像识别能力是很强的。图像距离的改变或图像在感觉器官上作用位置的改变，都会造成图像在视网膜上的大小和形状的改变。即使在这种情况下，人们仍然可以认出他们过去知觉过的图像。甚至图像识别可以不受感觉通道的限制。例如，人可以用眼睛看字，当别人在他背上写字时，他也能感知出这个字来。

图像识别示意图如图 8.1 所示。

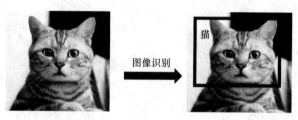

图 8.1　图像识别示意图

在利用深度学习做图像识别之前，传统方法中特征提取主要依赖人工设计的提取器，需要有专业知识及复杂的调参过程，同时每个方法都是针对具体应用，泛化能力及鲁棒性较差。图像的传统识别流程分为 4 个步骤：图像采集、图像预处理、图像特征提取、图像识别，如图 8.2 所示。

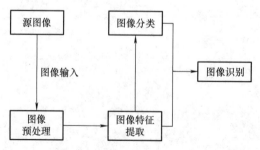

图 8.2　图像的传统识别流程

其中，图像预处理主要是为了消除干扰，增强目标图像信息，更好地进行图像特征提取。常见的预处理方法有：

（1）灰度化　灰度化将 RGB 图像改为灰度图像，主要有分量法、加权平均法等。

（2）几何变换　几何变换主要通过插值法对图像进行空间变换，减少图像误差信息。

（3）图像增强　图像增强是增强目标图像信息，包括灰度变换、直方图修正及滤波等方法。

传统的图像识别方法需要人为提取图片特征，识别精度依赖于特征提取的准确度。它的图像特征提取方法包括 SIFT、HOG 及 SURF 等，图像分类技术包括 KNN、SVM 及朴素贝叶斯等分类算法。图像识别是人工智能（AI）中一个重点研究领域，图像识别的传统方法可分为模板匹配法、贝叶斯分类法、集成学习方法、核函数方法、人工神经网络（Artifical Neural Network，ANN）法等。

（1）模板匹配法　该方法是图像处理中的常用方法。其采用已知的模式到另一幅目标图像中寻找相应模式的处理方法，具体过程为将目标图像与模板进行匹配比较，在大图像中根据相应的模式寻找与模板具有相似方向和尺寸的对象，然后确定对象的位置。模板匹配法的缺点是需要研究者具有一定的经验，设计合适的模板且模板与目标图像的匹配取决于目标图像的各个单元与模板各个单元的匹配情况。

（2）贝叶斯分类法　此法是一类基于概率统计，以贝叶斯定理为基础进行分类的方法，属于统计学的一类。贝叶斯分类法步骤为使用概率形式表示分类问题且相关的概率已知，根据贝叶斯定理，提取图像的代表性特征，计算后验证概率进行图像分类。贝叶斯公式可表示为

$$P(A \mid B) = \frac{P(AB)}{P(B)} \tag{8.1}$$

式中，$P(A|B)$ 为 B 发生的条件下 A 发生的概率；$P(AB)$ 为 A、B 同时发生的概率；$P(B)$ 为 B 发生的概率。

（3）集成学习方法　该方法把相同算法或者不同的算法按照某种规则融合在一起，将不同的分类器联合在一起学习，相比单独采用一种算法能够取得更高的识别准确率。常见的集成学习方法主要包括 Bagging 及 Boosting 算法。

（4）核函数方法　其主要用于解决非线性问题，目的是找出并学习数据中的相互关系。其过程如下：第一步，采用非线性函数把数据映射到高维的特征空间；第二步，采用常用的线性学习器在高维空间中利用超平面划分和处理问题。核函数方法的优势主要有两点：第一，该方法可以避免维数灾难，有更好的抗过拟合、泛化能力；第二，在通过非线性变换时，不需要选择具体的非线性映射关系。常见的核函数方法有支持向量机（Support Vector Machine，SVM）和正态随机过程，在图像处理和机器学习（ML）等领域中该方法的使用越来越广泛。

（5）人工神经网络法　该方法起源于对生物神经系统的研究，可视为智能化处理问题。在对图像处理问题的研究中，该方法可分为基于图像特征和基于图像像素两类。其发展潜力巨大，常用的有模糊神经网络、反向传播（Back Propagation，BP）神经网络等。

随着计算机技术的发展，图片分辨率越来越高，传统的图像识别技术已经不适用于处理大数量、高分辨率的数据图片。深度学习主要是数据驱动进行特征提取，根据大量样本的学习能够得到深层、数据集特定的特征表示，其对数据集的表达更高效和准确，所

提取的抽象特征鲁棒性更强，泛化能力更好。深度学习图像识别技术可以直接处理输入图像，避免了复杂的图像特征提取以及数据重建过程，因而得到了更为广泛的应用，成为当前图像识别领域的研究热点。但其也有弊端，比如：

1）样本集影响较大，算力要求较高。

2）大量冗余的 proposal 生成，导致学习率低下，容易在分类出现大量的假正样本。

3）特征描述都是基于低级特征进行手工设计，难以捕捉高级语义特征和复杂内容。

4）检测的每个步骤是独立的，缺乏一种全局的优化方案进行控制。

随着卷积神经网络、计算机算力及计算机视觉等的发展，基于深度学习的图像识别已经在精度和实时性方面，远远赶超传统图像识别。传统识别方法实现相对简单，对硬件要求低，但是精度差，泛化能力弱。两种都有优点，也都有弊端，深度学习的图像识别精度高，特征提取的过程是自学习的，泛化能力比较强，但是需要大量的训练标注数据，对硬件要求高。在产品中通常两种方式结合使用。深度学习的具体应用还是要根据具体情况。深度学习的优势在于从万千数据中自动找寻特征。对于零件质检领域，由于背景固定且简单，传统方法通过边缘检测、梯度直方图等方法也能实现很不错的效果。但是对于诸如识别一只猫或一只狗这种图像识别任务，传统方法很难找到一种鲁棒性特征去恰当的描述猫和狗，这时候深度学习就可以发挥很好的效果。

8.2　基于深度学习的图像识别的发展

图像识别的发展经历了 3 个阶段：文字识别、数字图像处理与识别、物体识别。文字识别的研究是从 1950 年开始的，一般是识别字母、数字和符号，从印刷文字到手写文字识别，应用非常广泛，并且已经研制了许多专用设备。数字图像处理和识别的研究开始于 1965 年，数字图像与模拟图像相比具有存储、传输方便，可压缩，传输过程中不易失真，处理方便等诸多优势，这些都为图像识别技术的发展提供了强大的动力。物体的识别主要指对三维世界的客体及环境的感知和认识，属于高级的计算机视觉范畴。它以数字图像处理与识别为基础，结合 AI 和系统学等学科的研究方向，其研究成果被广泛应用在各种工业及探测机器人上。现代图像识别技术的主要不足是自适应性能差，若目标图像被较强的噪声污染或目标图像有较大残缺，无法得出理想结果。

图像识别问题的数学本质是模式空间到类别空间的映射问题。目前主要有 3 种图像识别方法：统计模式识别、结构模式识别、模糊模式识别。其中，统计模式识别是对模式的统计分类方法，即结合统计概率论的贝叶斯决策系统进行模式识别的技术。它是受数学中决策理论的启发而产生的，一般假定被识别的对象或特征向量是符合一定分布规律的随机变量。其基本思想是将特征提取阶段得到的特征向量定义在一个特征空间中，该空间包含了所有的特征向量，不同的特征向量或者不同类别的对象都对应于空间中的一点。在分类阶段，利用统计决策的原理对特征空间进行划分，从而达到识别不同特征对象的目的。其主要方法有：判别函数法、K- 近邻分类法（KNN）、非线性映射法、特征分析法以及主成分分析法等。而结构模式识别着眼于对待识别对象结构特征的描述，利用主模式与子模式分层结构的树状信息完成模式识别工作。将一个识别对象看成是一个语言结构，例如一幅图像是由点、线、面等基本元素按照一定的规则构成的。而模糊模式识别则是对统计方法和结构方法的有用补充，对模糊事物进行识别和判断，其理论基础是模糊数学。它根据人辨识事物的思维逻辑，吸取人脑的识别特点，将计算机中常用的二值逻辑转向连续逻辑。模糊识别的结果是用被识别对象隶属于某一类别的程度即隶属度表示。可简化识别系统的结构更广泛、深入地模拟人脑的思维过程，从而对客观事物进行更有效的分类与识别。

1989 年，图像处理领域可以说是最早尝试使用深度学习（DL）技术的，加拿大多伦多大学教授 Yann LeCun 及其团队提出了卷积神经网络（CNN）。刚一问世，CNN 就在小规模图片集上获得了当时世界上最好的成绩，但受限于当时的理论及技术水平，在随后相当长一段时间内，CNN 都没有获得很大的发展。

2012 年 10 月，多伦多大学教授 Hinton 带领其学生利用更深的 CNN 在 ImageNet 比赛的分类任务上取得了当时最好的成绩，使得图像识别的研究工作获得了突破性的进展。自此以后，DL 网络模型已经能够识别和理解一般的自然图像内容。DL 模型既提高了图像识别的准确率，又大幅减少了人工特征提取的工作量，使在线运算效率大大提升，成为图像识别领域的主流技术。2017 年 10 月底，DL 之父 GeofreyHinton 及其学生在 *Dynamic Routing Between Capsules* 一文中公布了 CapsNets 模型。该模型不仅对 CNN 的基本结构进行了改造，还创造性地把分析还原方法融合进传统 CNN 中，将传统 CNN 中标量的输入、输出转变为向量的输入、输出，向量输出相比标量输出具有更大的表示空间。同时，对实体概念的封装更接近客观世界的抽象，一定程度上解决了 CNN 难以识别重叠图像的问题，被认为具有方法论上的重大革新。

2012 年，Krizhevsky 等人设计的 AlexNet7 采用 ReLU 激活函数，并使用 Dropout 技术来缓解过拟合问题，在 2012 年的 ImageNet 比赛中获得了遥遥领先的结果。AlexNet 继承了 LeNet 的思想，将 CNN 的基本原理应用到了更宽、更深的结构中，为 CNN 的发展拉开了序幕。

2013 年，Zeiler 等人基于 AlexNet 提出了 ZFNet，使用反 CNN 对网络层结构进行可视化操作，从而对每一层网络所学习到的图像特征进行深入分析，使得人们对 CNN 的了解进一步加深，并且通过微调网络模型提升了网络的性能。

2013 年，国内百度公司成立百度研究所，其中深度学习研究所的产品"百度识图"的核心便是深度神经网络。汤晓鸥团队在人脸识别领域利用 DL 在 LFWDataset 上将准确率提高到 99% 以上。与此同时，由全国多个研究机构组织的模拟人脑的超级计算机项目成立，该项目耗资达 16 亿美元、时间长达 10 年，在图像识别上取得了巨大成功。同时基于深度结构的新算法的提出推动了 DL 的发展，Wan Li 等在 2013 年提出 Dropconnect 规范网络，在 CIFAR–10、SVHN 等常用数据集上的准确率提高许多。2015 年，Deep Image 系统在 ImageNet 上的错误率只有 5.98%，该系统由百度根据 DL 的特点优化研发完成。2015 年 5 月，Yann LeCun 等人在《自然》期刊上发表描述 DL 在图像识别、物体检测的相关文章。2015 年 12 月，百度基于 DL 研发了无人车。2016 年 3 月，利用 DL 技术研发的机器人 AlphaGo，战胜了著名围棋选手李世石。由于计算机硬件及网络的发展特别是独立显卡、并行计算平台、海量的图像数据等都给 DL 的发展提供了条件。总之，将 DL 应用于图像识别领域获得了巨大突破，DL 算法识别准确率的高低离不开图像数据的数量及种类的大小。伴随着海量图像的产生，或许在不久的将来，DL 将在图像识别领域大放异彩。

2014 年，Simonyan 等人在 AlexNet 的基础上，提出了 VGGNet9，研究了网络深度对 CNN 的影响，该网络使用多个 3×3 的小型卷积核代替 11×11 的大卷积核，不仅减少了模型的参数量，加快了模型的训练速度，还提升了模型的特征表示能力。通过加深网络的卷积层，从而提取到更高层次的特征。但是随着网络层数的不断加深，整个模型的计算量非常庞大，也需要更强的硬件条件，还会带来梯度消失和过拟合等问题，因此不能靠单纯的加深网络层数量来提升网络性能。

GoogleNet 是 Google 团队所提出的一种全新的网络模型，该模型对网络结构进行优化，使得网络的参数量和计算量显著降低，通过在它的 Inception 模块中使用多个不同尺寸的卷积核进行融合对上一层的输入进行卷积操作，使得模型提取的特征更加丰富。另外，在网络的最后，将全连接层使用全局平均池化层代替，使得网络的参数量进一步减少。GoogleNet 比 VGGNet 层数更深，但是参数量却大大减少，同时在 ImageNet 数据集上的分类精度也远远高于之前的网络模型。

随着网络层数的不断加深，模型的精度反而下降，产生了退化问题，Kaiming He 等人提出了深度残差网络 ResNet，解决了网络退化问题，通过使用捷径连接 shortconnection 将低层的网络层与高层的网络层进行跨层连接，保存低层网络层的信息，使得网络深度达到惊人的 152 层，由于网络层数大大加深，准确率也极大地提高，取得了 ISVRC-2015 的冠军。

2014 年，Girshick 等人提出 R-CNN 算法，该算法在 CNN 的基础上增加了选择性搜索操作来确定候选区域。算法首先对输入图片进行候选区域划分后，再通过 CNN 模型提取候选区域特征，进行分类识别。选择性搜索方法是通过比较子区域之间的相似性并不断进行合并，得到候选区域，与滑窗法相比大大提高了搜索效率。R-CNN 算法的结构包括：

1）候选区域。候选区域主要是从输入图片中提取可能出现物体的区域框，并对区域框归一化为固定大小，作为 CNN 模型的输入。

2）特征提取。将归一化后的候选区域输入到 CNN 模型，得到固定维度的特征输出，获取输入图片特征。

3）分类和回归。特征分类即通过图像特征进行分类，通常使用 SVM 分类器；边界回归即将目标区域精确化，可以使用线性回归方法。2017 年，封晶实现了利用 R-CNN 算法解决车辆检测问题，该算法将 caltech1999 数据库内的图片作为训练集训练 CNN 模型，在 KITTI 数据集中的检测率达到了 98.62%。R-CNN 存在一定的局限性，它需要在进行区域选择后将选到的区域归一化为统一的尺寸送入 CNN 中，导致丢失图片信息。

2015 年，Girshick R 提出了 Fast R-CNN 算法，该算法引用了感兴趣区域和多任务损失函数方法，并用 softmax 和 Smothloss 代替 SVM 分类与线性回归，实现分类与回归统一，减少了磁盘空间占用。2018 年，潘广贞等人利用 Fast R-CNN 算法实现了检测车辆的移动阴影，该算法采用 VGG16 模型提取图像特征，使用 Pascal VOC2012 数据集训练数据。在不同光照条件下，该算法识别率均高于 94%。

2017 年，Huang 等人提出了 DenseNet（Dense Convolution Network，密集卷积网络），获得了 CVPR 最佳论文奖，其核心思想是将网络所有层互相连接，每一层都会接受前面所有层，充分利用了每一层提取的特征，有效缓解了梯度消失问题，还使用了瓶颈层、转换过渡层使得整个网络的计算量和参数量极大减少，缓解了过拟合的现象。

2018 年，侯明伟实现了用 SPP-NET 算法解决图像分类识别问题，并利用 mnist 数据集和 Cfar10 数据集训练预测，准确率分别为 99.54% 和 84.31%。但是，SPP-NET 算法依然存在一些问题，整个算法的训练过程是隔离的，需要存储大量的中间结果，占用磁盘空间大。

2019 年，张汇等人实现了利用 Faster RCNN 模型检测行人目标，该算法采用 K-means 算法以及区域建议网络（Region Proposal Network，RPN）提取图像中行人的候选区域，并用 softmax 进行判别分类。该算法利用 INRIA 数据集进行训练，准确率达到了 92.7 %。

虽然 Faster R-CNN 算法识别准确率高，但是需要利用候选区域的特征进行分类识别，无法满足实时性。2015 年，Redmon J 提出了 YOLO 算法，该算法可以一次性地识别图片内多个物品的类别和位置，实现了端到端的图像识别。YOLO 算法首先对输入图片进行网格划分，并计算每个网格内存在目标物体的置信度和分类概率，同时通过阈值去除没有目标物体的网格。YOLO 算法运行速度快，但是识别的准确率低。2019 年，于秀萍等人提出了改进的 YOLO 多目标分类算法。该算法在 YOLO 的基础上增加了一层卷积层，用来提取更全面的图片特征，同时使用 VOC2007 数据集进行训练，平均识别率为 51%。

由于传统卷积神经网络模型参数量巨大，层数较深，训练起来难度较大，限制了卷积神经网络的应用，近年来一些轻量级的卷积神经网络模型成为研究的热点。Iandola 等人提出的 SqueezeNet 堆叠使用 Fire module 模块，在 imagenet 数据集上达到 AlexNet 近似的精度，但是参数却少了 50 倍。Howard 等人提出的 MobileNet 及其变体 MobileNetV2、MobileNetV3，利用深度可分离卷积代替传统的卷积核，模型的参数量减少，计算效率高，并且可以部署在移动端。Zhang 等人提出了 ShuffleNet、ShuffleNetv2，在深度可分离卷积中引入分组卷积，进一步降低计算复杂度和网络参数量，并使用通道混洗加强分组后通道间的信息交流，充分融合了提取的特征，大大提高了网络的性能。

8.3　实例：基于深度学习的图像识别网络 CNN

8.3.1　CNN 简介

卷积神经网络（CNN）是一类包含卷积计算且具有深度结构的前馈神经网络（Feedforward Neural Networks），是深度学习的代表算法之一。CNN 具有表征学习（Representation Learning）能力，能够按其阶层结构对输入信息进行平移不变分类（Shift-invariant Classification），因此也被称为平移不变人工神经网络（Shift-Invariant Artificial Neural Networks，SIANN）。

对 CNN 的研究始于 20 世纪 80 ～ 90 年代，时间延迟网络和 LeNet-5 是最早出现的 CNN；在 21 世纪后，随着深度学习理论的提出和数值计算设备的改进，CNN 得到了快速发展，并被应用于计算机视觉、自然语言处理等领域 。

CNN 仿造生物的视知觉（Visual Perception）机制构建，可以进行监督学习和非监督学习，其隐含层内的卷积核参数共享和层间连接的稀疏性使得 CNN 能够以较小的计算量对格点化（Grid-like Topology）特征如像素和音频进行学习，有稳定的效果且对数据没有额外的特征工程（Feature Engineering）要求 。

8.3.2　CNN 的结构与工作原理

CNN 的工作原理包括两个阶段：第一阶段为前向传播，输入数据经过一系列堆叠的卷积层和池化层之后，最终进入全连接层到输出层输出；第二阶段为反向传播，由误差函数计算前向传播与真实结果的误差，通过梯度下降算法依次更新网络层的权值与偏置，其工作原理示意图如图 8.3 所示。

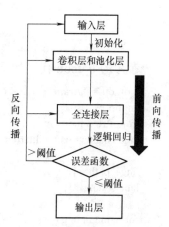

图 8.3　CNN 的工作原理示意图

8.3.3　CNN 的训练与测试

对于 CNN，它最初是受到生物视觉系统的启发，针对二维数据的识别，设计的一种多层感知器模型。CNN 本质上是一个特征提取器与分类器的结合，通过对输入图像不断地进行特征学习得到一组最接近图像含义的特征向量，然后输入尾部的分类器，进行数据的分类识别。

1. 模型一：自定义 CNN 模型

构建自定义 CNN 的训练和测试模型，如图 8.4 所示。

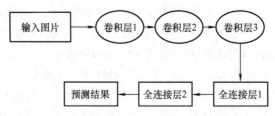

图 8.4　自定义 CNN 的训练和测试模型

如图 8.4 所示，该测试模型在图片输入后经过 3 个卷积层和两个全连接层。卷积层的主要作用是生成图像的特征数据，它的操作主要包括窗口滑动和局部关联两个方面。窗口滑动即通过卷积核在图像中滑动，与图像局部数据卷积，生成特征图；局部关联即每一个神经元只对周围局部感知，综合局部的特征信息得到全局特征。卷积操作后，需要使用 ReLU 等激励函数对卷积结果进行非线性映射，保证网络模型的非线性。全连接层对特征进行整合，减少了特征位置对分类带来的影响。由于全连接层中的每个神经元与其前一层的所有神经元进行连接，所以该层的参数量巨大，加大了模型训练的时间。在后来的深度神经网络中，该层被全局平均池化层代替。全局平均池化是对输入的每个特征图上的所有值取平均，对特征信息进行空间上聚合。卷积结构如图 8.5 所示。

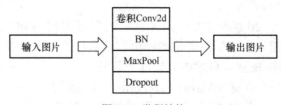

图 8.5　卷积结构

注：Dropout 是一种正则化技术，减少模型的过拟合。

参考的 Python 代码如下：

```python
root_dir = "./train"
import os
from PIL import Image
imgs_name = os.listdir(root_dir)

imgs_path = []
labels_data = []

for name in imgs_name:
    if name[:3] == "dog":
```

```
        label = 0
    if name[:3] == "cat":
        label = 1
    img_path = os.path.join(root_dir,name)
    imgs_path.append(img_path)
    labels_data.append(label)
```

以上代码的主要作用为从指定的根目录下读取图片文件，并根据文件的前缀判断每个图片的标签，然后将图片路径分别储存到两个列表中。

```
# 对训练图片进行处理变换
my_transforms = transforms.Compose([
    transforms.Resize(75),
    transforms.RandomResizedCrop(64), # 随机裁剪一个区域然后改变大小
    transforms.RandomHorizontalFlip(), # 随机水平翻转
    transforms.ToTensor(),
    transforms.Normalize(mean=[0.485, 0.456, 0.406], std=[0.229, 0.224, 0.225])
])
```

这段代码使用了 PyTorch 的 transforms 模块，主要完成对图像的预处理和数据增强的操作。

```
# 对验证集的图片进行处理变换
valid_transforms = transforms.Compose([
    transforms.Resize((64,64)),
    transforms.ToTensor(),
    transforms.Normalize(mean=[0.485, 0.456, 0.406], std=[0.229, 0.224, 0.225])
])
```

构建 CNN 的训练和测试模型的 Python 参考代码如下：

```
import torch
from torchvision import models
device = torch.device ("cuda:0" if torch.cuda.is_available() else "cpu")
Print (device)
```

以上代码为准备阶段，目的为导入库和设备设置。具体实现导入了 PyTorch 库，并导入了 Torch 库中的训练模型。检查是否有可用的 CUDA 设备，如果有则将设备设置为第一个 CUDA 设备，否则就设置为 CPU。

```
import torch.nn as nn
    root_dir = "./train"
    import os
    from PIL import Image
    imgs_name = os.listdir (root_dir)

    imgs_path = []
    labels_data = []

    for name in imgs_name:
        if name[:3] == "dog":
            label = 0
        if name[:3] == "cat":
            label = 1
        img_path = os.path.join(root_dir,name)
```

```
        imgs_path.append(img_path)
        labels_data.append(label)
    from sklearn.model_selection import train_test_split
    train_imgs_path,valid_imgs_path,train_labels,valid_labels = train_test_split(imgs_path,labels_
data,test_size=0.2,shuffle=True)
    import matplotlib.pyplot as plt
    fig = plt.figure()

    for i in range(6):
     plt.subplot(2,3,i+1)
     plt.tight_layout()
     img = Image.open(train_imgs_path[i])
     plt.imshow(img, interpolation='none')
     plt.title("Ground Truth: {}".format("cat" if train_labels[i]==1 else "dog"))
     plt.xticks([])
     plt.yticks([])
    plt.show()
    import torch
    from torch.utils.data import Dataset,DataLoader
    import torchvision
    from torchvision import datasets,transforms
    import os
    from PIL import Image

    my_transforms = transforms.Compose([
        transforms.Resize(75),
        transforms.RandomResizedCrop(64), # 随机裁剪一个区域然后改变大小
        transforms.RandomHorizontalFlip(), # 随机水平翻转
        transforms.ToTensor(),
        transforms.Normalize(mean=[0.485, 0.456, 0.406], std=[0.229, 0.224, 0.225])
    ])

    valid_transforms = transforms.Compose([
        transforms.Resize((64,64)),
        transforms.ToTensor(),
        transforms.Normalize(mean=[0.485, 0.456, 0.406], std=[0.229, 0.224, 0.225])
    ])
```

以上部分实现的功能为数据加载和预处理。这个模块的代码导入了必要的库和模块，设置根目录的路径和导入图像文件名。将图像路径和标签数据划分为训练集和验证集，使用了 Matplotlib 库显示训练集中的图像样本。

```
    class CatDogDataset(Dataset):
        def __init__(self,imgs_path,labels,my_transforms):
            self.my_transforms = my_transforms
            self.imgs_path = imgs_path
            self.labels = labels
            self.len = len(self.imgs_path)

        def __getitem__(self,index):
            img = Image.open(self.imgs_path[index])
            return my_transforms(img),self.labels[index]
```

```
    def __len__(self):
        return self.len

train_dataset = CatDogDataset(train_imgs_path,train_labels,my_transforms)
valid_dataset = CatDogDataset(valid_imgs_path,valid_labels,valid_transforms)
train_loader = DataLoader(train_dataset,1024,shuffle=True,num_workers=16)
valid_loader = DataLoader(valid_dataset,512,num_workers=16)
import torch.nn.functional as F
```

上述模块实现的功能为定义自定义数据集类和数据加载器。具体实现功能：定义了CatDogDataset类，继承自 torch.utils.data.Dataset，用于加载图像数据集；定义了数据预处理的转换操作；实现了 _getitem_() 和 _len_() 方法，使得数据集可以通过索引获取图像及其标签，并返回数据集总长度，且创建训练集和验证集的数据加载器。

```
class MyNet(nn.Module):
    def __init__(self):
        super(MyNet,self).__init__()
        self.conv1 = nn.Sequential(
            nn.Conv2d(3,32,kernel_size=3),
            nn.ReLU(),
            nn.BatchNorm2d(32),
            nn.MaxPool2d(2,2),
            nn.Dropout(0.25)
        )
        self.conv2 = nn.Sequential(
            nn.Conv2d(32,64,kernel_size=3),
            nn.ReLU(),
            nn.BatchNorm2d(64),
            nn.MaxPool2d(2,2),
            nn.Dropout(0.25)
        )

        self.conv3 = nn.Sequential(
            nn.Conv2d(64,128,kernel_size=3),
            nn.ReLU(),
            nn.BatchNorm2d(128),
            nn.MaxPool2d(2,2),
            nn.Dropout(0.25)
        )
        self.fc = nn.Sequential(
            nn.Linear(128*6*6,256),
            nn.Dropout(0.2),
            nn.Linear(256,2),
        )
    def forward(self,x):
        x = self.conv1(x)
        x = self.conv2(x)
        x = self.conv3(x)
        x = x.view(x.size(0),-1)
        x = self.fc(x)
        return F.log_softmax(x,dim=1)
```

上述代码模块完成了定义自定义神经网络模型。具体实现功能：定义了一个名为MyNet 的神经网络模型，继承自 nn.Module，模型包含了多个卷积层、池化层、批归一化层和线性层，以及激活函数和 Dropout 操作；定义了前向传播函数 forward()。

```python
my_net = MyNet().to(device)
import torch.optim as optim
from torch.utils.tensorboard import SummaryWriter
log_writer = SummaryWriter()
criterion = nn.CrossEntropyLoss()
optimizer = optim.SGD(my_net.parameters(),lr=0.01,momentum=0.9)
scheduler = optim.lr_scheduler.CosineAnnealingLR(optimizer,50)
# checkpoint = torch.load(" 临时保存的模型 .h5")
# epoch = checkpoint['epoch']
# my_net.load_state_dict(checkpoint['model_state_dict'])
# optimizer.load_state_dict(checkpoint['optimizer_state_dict'])
# scheduler.load_state_dict(checkpoint['scheduler'])
# print(epoch)
```

上述代码完成的功能为实例化模型，定义损失函数、优化器和学习率调度器。具体实现功能：创建了一个 MyNet 的实例，并将其移动到指定的设备上；定义了交叉熵损失函数和随机梯度下降（SGD）优化器，以及余弦退火学习率调度器；创建了一个用于记录训练过程中日志的 SummaryWriter 对象。

```python
def train_loss_acc():
    correct = 0
    total = 0
    losses = 0
    for i,data in enumerate(train_loader):
        train_imgs,train_labels = data
        train_imgs = train_imgs.to(device)
        train_labels = train_labels.to(device)
        outputs = my_net(train_imgs)
        _,predict_label = torch.max(outputs,1)
        total += train_labels.size(0)
        correct += (predict_label == train_labels).sum().item()
        loss = criterion(outputs,train_labels)
        optimizer.zero_grad()
        loss.backward()
        optimizer.step()
        losses += loss.item()
    return losses/(i+1),correct/total
```

上述代码定义了训练函数，完成的功能为计算并返回训练集的损失和准确率。

```python
def valid_loss_acc():
    losses = 0
    correct = 0
    total = 0
    for i,data in enumerate(valid_loader):
        valid_imgs,valid_labels = data
        valid_imgs = valid_imgs.to(device)
        valid_labels = valid_labels.to(device)
        outputs = my_net(valid_imgs)
```

```
        loss = criterion(outputs,valid_labels)
        losses += loss.item()
        _,predict_label = torch.max(outputs,1)
        total += valid_labels.size(0)
        correct += (predict_label == valid_labels).sum().item()
    return losses/(i+1),correct/total
```

上述代码定义了验证函数，完成的功能为计算并返回验证集的损失和准确率。

```
for epoch in range(1000):
    my_net.train()
    train_loss,train_acc = train_loss_acc()

    log_writer.add_scalar("Loss/train",float(train_loss),epoch)
    log_writer.add_scalar("Acc/train",float(train_acc),epoch)

    my_net.eval()
    valid_loss,valid_acc = valid_loss_acc()
    log_writer.add_scalar("Loss/valid",float(valid_loss),epoch)
    log_writer.add_scalar("Acc/valid",float(valid_acc),epoch)

    scheduler.step()
    if epoch % 20 == 1:
        print("epoch:{} 训练集准确率 :{},loss:{:.3}, 验证集 :{},loss:
{:.3}".format(epoch,train_acc,train_loss,valid_acc,valid_loss))
            torch.save(my_net," 猫狗分类自定义网络 .h5")
my_net.eval()
valid_loss,valid_acc = valid_loss_acc()
print(" 最终准确率为 :{}".format(valid_acc))
```

上述代码实现的功能为训练和验证。具体实现过程为：使用循环迭代进行训练和验证；在每个 epoch 中，将模型设置为训练模式，计算训练集的损失和准确率，并记录到日志中；将模型设置为评估模式，计算验证集的损失和准确率，并记录到日志中；更新学习率；每隔 20 个 epoch 打印当前的训练集和验证集的准确率和损失，并保存模型的 checkpoint；最后输出最终的验证集准确率。

2. 模型二：利用 resnet34 做特征提取的网络模型

模型二的网络模型如图 8.6 所示，输入图片后，将前面的卷积层用于特征提取。resnet34 使用的是 torchvision 中自带的模型。resnet 34 使深层网络更加容易训练，使用残差连接让新的网络至少不会比旧的网络差，并且保证梯度不会消失，其残差块结构使得网络的训练和测试效率都比较高，同时保证了较高的分类准确率。然后将特征提取的结果进行压平，输入到全连接层。全连接层主要是对前面层学习到的特征进行组合，全连接层是由多个神经元组成的平铺结构，通过卷积将特征拉伸，把之前提取的特征重新整合在一起，把高层特征用一个一维向量表示，然后将输出传给分类器进行最终分类。最终输出预测结果。

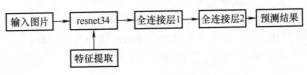

图 8.6　resnet34 做特征提取的训练和预测网络模型

利用 resnet34 做特征提取的网络模型参考的 Python 代码如下：

```
import torch
from torchvision import models

device = torch.device("cuda:0" if torch.cuda.is_available() else "cpu")
print(device)
import torch.nn as nn

# 使用 resnet 特征
resnet = models.resnet34(pretrained=True)
modules = list(resnet.children())[:-2]      # 删除最后的全连接层
res_feature = nn.Sequential(*modules).eval()
```

以上代码为导入库和模型。在这个代码块中，首先导入了所需的库和模型。resnet34 是一个预训练的 ResNet 模型，通过设置 pretrained=True，下载并加载了预训练的权重。然后，通过 list（resnet.children()）[:-2] 获取了 resnet 模型的所有子模块（除了最后的全连接层），并用 nn.Sequential 将它们封装成一个新的模型 res_feature。最后，调用 eval() 方法将模型设为评估模式。

```
root_dir = "./train"
import os
from PIL import Image
imgs_name = os.listdir(root_dir)

imgs_path = []
labels_data = []

for name in imgs_name:
    if name[:3] == "dog":
        label = 0
    if name[:3] == "cat":
        label = 1
    img_path = os.path.join(root_dir,name)
    imgs_path.append(img_path)
    labels_data.append(label)
```

以上代码为读取图像和标签信息。这个代码块中，首先定义了存储图像文件路径的列表 imgs_path 和存储标签信息的列表 labels_data。然后，通过 os.listdir（root_dir）获取指定目录下的所有文件名，并遍历这些文件名。根据文件名的前缀（"dog" 或 "cat"），将标签设置为 0 或 1，并将图像文件的路径添加到 imgs_path 列表中，将标签添加到 labels_data 列表中。

```
from sklearn.model_selection import train_test_split
train_imgs_path,valid_imgs_path,train_labels,valid_labels = train_test_split(imgs_path,labels_data,test_size=0.2,shuffle=True)
```

以上代码为划分训练集和验证集。在这个代码块中，使用 train_test_split () 函数将数据集划分为训练集和验证集。输入参数 imgs_path 和 labels_data 是包含图像路径和标签的列表，test_size=0.2 表示验证集占总数据集的比例为 0.2。使用 shuffle=True 进行随机打乱。

```
import matplotlib.pyplot as plt
fig = plt.figure()

for i in range(6):
    plt.subplot(2,3,i+1)
    plt.tight_layout()
    img = Image.open(train_imgs_path[i])
    plt.imshow(img, interpolation='none')
    plt.title("Ground Truth: {}".format("cat" if train_labels[i]==1 else "dog"))
    plt.xticks([])
    plt.yticks([])
plt.show()
```

以上代码功能为展示图像。在这个代码块中，使用 matplotlib.pyplot 库展示了训练集中的图像。创建一个 figure 对象 fig，然后使用 subplot() 函数创建一个 2×3 的子图网格。在循环中，从训练集中选择前 6 张图像并展示。使用 Image.open 打开图像文件，并使用 imshow() 函数显示图像。通过设置标题和坐标轴来标识图像和对应的标签。

```
import torch
from torch.utils.data import Dataset,DataLoader
import torchvision
from torchvision import datasets,transforms
import os
from PIL import Image
```
导入必要的库，包括 PyTorch、TorchVision、os 和 PIL。
```
my_transforms = transforms.Compose([
    transforms.Resize(75),
    transforms.RandomResizedCrop(64), # 随机裁剪一个区域然后改变大小
    transforms.RandomHorizontalFlip(), # 随机水平翻转
    transforms.ToTensor(),
    transforms.Normalize(mean=[0.485, 0.456, 0.406], std=[0.229, 0.224, 0.225])
])

valid_transforms = transforms.Compose([
    transforms.Resize((64,64)),
    transforms.ToTensor(),
    transforms.Normalize(mean=[0.485, 0.456, 0.406], std=[0.229, 0.224, 0.225])
])

class CatDogDataset(Dataset):
    def __init__(self,imgs_path,labels,my_transforms):
        self.my_transforms = my_transforms
        self.imgs_path = imgs_path
        self.labels = labels
        self.len = len(self.imgs_path)

    def __getitem__(self,index):
        img = Image.open(self.imgs_path[index])
        return my_transforms(img),self.labels[index]

    def __len__(self):
        return self.len
```

```
train_dataset = CatDogDataset(train_imgs_path,train_labels,my_transforms)
valid_dataset = CatDogDataset(valid_imgs_path,valid_labels,valid_transforms)
```

以上代码定义数据预处理和数据集类。在这个块中，定义了图像数据的预处理操作 my_transforms 和 valid_transforms。然后，创建了一个自定义的 CatDogDataset 类，该类继承自 PyTorch 的 Dataset 类，并实现了 __getitem__ 和 __len__ 方法。在 __getitem__ 方法中，打开图像文件并应用预处理操作，最后返回转换后的图像和对应的标签。

```
train_loader = DataLoader(train_dataset,1024,shuffle=True,num_workers=16)
valid_loader = DataLoader(valid_dataset,512,num_workers=16)
```

以上代码创建数据加载器。在这个块中，使用数据集对象和其他参数（批量大小、是否洗牌等）创建了训练集和验证集的数据加载器。

```
import torch.nn.functional as F
class MyNet(nn.Module):
    def __init__(self,resnet_feature):
        super(MyNet,self).__init__()
        self.resnet_feature=resnet_feature
        self.fc = nn.Linear(512*8*8,2)
        self.fc = nn.Sequential(
            nn.Linear(512*2*2,256),
            nn.Dropout(0.25),
            nn.Linear(256,2)
        )
    def forward(self,x):
        x = self.resnet_feature(x)
        x = x.view(x.size(0),-1)
        x = self.fc(x)
        return F.log_softmax(x,dim=1)
my_net = MyNet(res_feature).to(device)
# a = torch.rand(16,3,64,64).to(device)
```

以上代码定义网络模型。在这个块中，定义了一个自定义的神经网络模型 MyNet，该模型继承自 PyTorch 的 nn.Module 类。构造函数中初始化了 ResNet 特征提取部分和分类部分的全连接层。在前向传播方法中，将输入图像传递给 ResNet 特征提取部分，然后展平输出，并通过全连接层进行分类。

```
# b = my_net(a)
import torch.optim as optim
from torch.utils.tensorboard import SummaryWriter
log_writer = SummaryWriter()
criterion = nn.CrossEntropyLoss()
optimizer = optim.SGD(my_net.parameters(),lr=0.01,momentum=0.9)
scheduler = optim.lr_scheduler.CosineAnnealingLR(optimizer,50)
```

以上代码定义损失函数、优化器和学习率调度器。在这个块中，定义了交叉熵损失函数、随机梯度下降（SGD）优化器和余弦退火学习。

```
def train_loss_acc():
    correct = 0
    total = 0
    losses = 0
```

```
        for i,data in enumerate(train_loader):
            train_imgs,train_labels = data
            train_imgs = train_imgs.to(device)
            train_labels = train_labels.to(device)
            outputs = my_net(train_imgs)
            _,predict_label = torch.max(outputs,1)
            total += train_labels.size(0)
            correct += (predict_label == train_labels).sum().item()
            loss = criterion(outputs,train_labels)
            optimizer.zero_grad()
            loss.backward()
            optimizer.step()
            losses += loss.item()

        return losses/(i+1),correct/total
```

以上代码定义训练集的损失和准确率。该块定义了一个函数 train_loss_acc()，用于计算训练集的损失和准确率。在循环中，遍历训练数据加载器，并针对每个批次进行以下操作：将图像数据和标签移动到设备（如 GPU）上，将图像数据传递给模型获取输出，使用交叉熵损失函数计算损失，执行反向传播和优化步骤，累加损失值、正确预测的样本数量和总样本数量。最后，返回平均损失和准确率。

```
    def valid_loss_acc():
        losses = 0
        correct = 0
        total = 0
        for i,data in enumerate(valid_loader):
            valid_imgs,valid_labels = data
            valid_imgs = valid_imgs.to(device)
            valid_labels = valid_labels.to(device)
            outputs = my_net(valid_imgs)
            loss = criterion(outputs,valid_labels)
            losses += loss.item()
            _,predict_label = torch.max(outputs,1)
            total += valid_labels.size(0)
            correct += (predict_label == valid_labels).sum().item()
        return losses/(i+1),correct/total
```

以上代码定义验证集的损失和准确率。该块定义了一个函数 valid_loss_acc()，用于计算验证集的损失和准确率。在循环中，遍历验证数据加载器，最后返回平均损失和准确率。

```
    for epoch in range(0,100):
        my_net.train()
        train_loss,train_acc = train_loss_acc()

        log_writer.add_scalar("Loss/train",float(train_loss),epoch)
        log_writer.add_scalar("Acc/train",float(train_acc),epoch)

        my_net.eval()
        valid_loss,valid_acc = valid_loss_acc()
        log_writer.add_scalar("Loss/valid",float(valid_loss),epoch)
```

```
log_writer.add_scalar("Acc/valid",float(valid_acc),epoch)

scheduler.step()
# if epoch % 20 == 1:
```

以上为训练和验证循环。该块包含一个循环，用于训练和验证模型。在每个 epoch 中，执行以下操作：将模型设置为训练模式并计算训练集的损失和准确率，使用 SummaryWriter 记录训练集的损失和准确率，调整学习率（通过调度器）。

```
print("epoch:{} 训练集准确率 :{},loss:{:.3}, 验证集 :{},loss:
{:.3}".format(epoch,train_acc,train_loss,valid_acc,valid_loss))
```

输出如下：

```
Output exceeds the size limit. Open the full output data in a text editor
epoch:0 训练集准确率 :0.758,loss:0.475, 验证集 :0.8504,loss:0.395
epoch:1 训练集准确率 :0.85605,loss:0.315, 验证集 :0.858,loss:0.313
epoch:2 训练集准确率 :0.883,loss:0.26, 验证集 :0.8792,loss:0.265
epoch:3 训练集准确率 :0.8968,loss:0.231, 验证集 :0.8962,loss:0.233
...
epoch:96 训练集准确率 :0.9649,loss:0.0839, 验证集 :0.9326,loss:0.183
epoch:97 训练集准确率 :0.96405,loss:0.0859, 验证集 :0.9328,loss:0.187
epoch:98 训练集准确率 :0.9649,loss:0.0805, 验证集 :0.9302,loss:0.187
epoch:99 训练集准确率 :0.96435,loss:0.0866, 验证集 :0.9388,loss:0.162
torch.save(my_net," 猫狗分类使用 resnet 做特征提取 .h5")
my_net.eval()
valid_loss,valid_acc = valid_loss_acc()
print(" 最终准确率为 :{}".format(valid_acc))
```

3. 模型三：利用 resnet34&VGG16 做特征提取的网络模型

模型三相比较于模型二，使用了两个网络进行特征提取，分别是 resnet34 和 VGG16，VGG16 是一种深度卷积神经网络，它具有 13 层卷积层和 3 个全连接层，其卷积核为 3×3 的小卷积核，池化核为 2×2 的小池化核，层数更深、特征图更宽，因此可以捕捉到图像中的高层特征。输入图片后，经过两层网络的特征提取，将输出的特征在 channel 维进行拼接，再将拼接后的结果输入到全连接层，最终得到预测结果。其网络模型如图 8.7 所示。

图 8.7 resnet34&VGG16 做特征提取的训练和预测网络模型

利用 resnet34&VGG16 做特征提取的网络模型参考的 Python 代码如下：

```
import torch
from torchvision import models
device = torch.device("cuda:0" if torch.cuda.is_available() else "cpu")
print(device)import torch.nn as nn
# 使用 VGG16 特征
model = models.vgg16(pretrained=True)
vgg_feature = model.features
```

```
# 使用 resnet 特征
resnet = models.resnet34(pretrained=True)
modules = list(resnet.children())[:-2]     # 删除最后的全连接层
res_feature = nn.Sequential(*modules).eval()
```

导入必要的库和模型定义。在这个代码块中，首先导入了需要的库和模型定义（models.resnet34（pretrained=True）），创建一个预训练的 ResNet-34 模型。然后通过 list（resnet.children()）[:-2] 获取模型的所有子模块（除了最后一层全连接层），并将其存储在 modules 列表中。接下来，使用 nn.Sequential（*modules）创建一个序列模型 res_feature，并将其设置为评估（推理）模式。

将 VGG16、resnet 的特征拼接起来进行训练。

```
root_dir = "./train"
import os
from PIL import Image
imgs_name = os.listdir(root_dir)

imgs_path = []
labels_data = []

for name in imgs_name:
    if name[:3] == "dog":
        label = 0
    if name[:3] == "cat":
        label = 1
    img_path = os.path.join(root_dir,name)
    imgs_path.append(img_path)
    labels_data.append(label)
```

以上模块为数据准备。首先定义了根目录 root_dir。接下来，导入了必要的库，并使用 os.listdir（root_dir）获取根目录下所有文件名，并存储在 imgs_name 列表中。然后，定义了两个空列表 imgs_path 和 labels_data，用于存储图像路径和标签数据。通过遍历 imgs_name 中的每个文件名，根据文件名的前缀判断其属于猫还是狗，并将标签（0 表示狗，1 表示猫）和图像路径添加到对应列表中。

```
from sklearn.model_selection import train_test_split
    train_imgs_path,valid_imgs_path,train_labels,valid_labels
    train_test_split(imgs_path,labels_data,test_size=0.2,shuffle=True)
```

以上模块为训练集和验证集的划分。使用 train_test_split() 函数将数据划分为训练集和验证集。imgs_path 为图像路径列表，labels_data 为标签列表。通过设 test_size=0.2，将数据划分为 80% 的训练集和 20% 的验证集。此外，通过 shuffle=True 参数来打乱数据。

```
import matplotlib.pyplot as plt
fig = plt.figure()

for i in range(6):
    plt.subplot(2,3,i+1)
    plt.tight_layout()
    img = Image.open(train_imgs_path[i])
    plt.imshow(img, interpolation='none')
    plt.title("Ground Truth: {}".format("cat" if train_labels[i]==1 else "dog"))
```

```
        plt.xticks([])
        plt.yticks([])
    plt.show()
```

以上模块为可视化训练集样本。首先导入了 matplotlib.pyplot 库，并创建一个绘图对象 fig。通过循环遍历前 6 个样本，使用 Image.open（train_imgs_path[i]）打开对应索引的图像，并使用 plt.imshow() 函数显示图像。同时，使用 plt.title() 设置每个子图的标题，标题根据标签的值（1 表示猫，0 表示狗）进行设置。最后，使用 plt.show() 显示绘图结果。

```
import torch
from torch.utils.data import Dataset,DataLoader
import torchvision
from torchvision import datasets,transforms
import os
from PIL import Image

my_transforms = transforms.Compose([
    transforms.Resize(75),
    transforms.RandomResizedCrop(64), # 随机裁剪一个区域然后改变大小
    transforms.RandomHorizontalFlip(), # 随机水平翻转
    transforms.ToTensor(),
    transforms.Normalize(mean=[0.485, 0.456, 0.406], std=[0.229, 0.224, 0.225])
])

valid_transforms = transforms.Compose([
    transforms.Resize((64,64)),
    transforms.ToTensor(),
    transforms.Normalize(mean=[0.485, 0.456, 0.406], std=[0.229, 0.224, 0.225])
])
```

以上代码为数据预处理模块。具体功能为导入 torch 和其他必要的模块，定义图像的预处理转换函数 my_transforms() 和 valid_transforms()，使用 transforms.Compose 将多个预处理操作组合成一个处理流程。

```
class CatDogDataset(Dataset):
    def __init__(self,imgs_path,labels,my_transforms):
        self.my_transforms = my_transforms
        self.imgs_path = imgs_path
        self.labels = labels
        self.len = len(self.imgs_path)

    def __getitem__(self,index):
        img = Image.open(self.imgs_path[index])
        return my_transforms(img),self.labels[index]

    def __len__(self):
        return self.len

train_dataset = CatDogDataset(train_imgs_path,train_labels,my_transforms)
valid_dataset = CatDogDataset(valid_imgs_path,valid_labels,valid_transforms)
```

以上代码为数据集定义模块。具体功能为定义一个名为 CatDogDataset 的数据集类，继承自 torch.utils.data.Dataset。CatDogDataset 类有 3 个主要方法：_init_、_getitem_

和 _len_。在 _init_ 方法中初始化数据集对象，并保存必要的参数在 _getitem_ 方法中，加载图像并应用预处理转换函数，返回处理后的图像和对应的标签。在 _len_ 方法中返回数据集的长度。

```
train_loader = DataLoader(train_dataset,1024,shuffle=True,num_workers=2)
valid_loader = DataLoader(valid_dataset,512,num_workers=2)
```

以上代码为数据加载模块。使用 DataLoader 类将数据集包装成可迭代的数据加载器，创建训练集和验证集的数据加载器 train_loader 和 valid_loader。

```
import torch.nn.functional as F
class MyNet(nn.Module):
    def __init__(self,resnet_feature,vgg_feature):
        super(MyNet,self).__init__()
        self.resnet_feature=resnet_feature
        self.vgg_feature = vgg_feature

        self.fc = nn.Sequential(
            nn.Linear(1024*2*2,256),
            nn.Dropout(0.25),
            nn.Linear(256,2)
        )
    def forward(self,x):
        x1 = self.resnet_feature(x)
        x2 = self.vgg_feature(x)
        x = torch.cat((x1,x2),1)
        x = x.view(x.size(0),-1)
        x = self.fc(x)
        return F.log_softmax(x,dim=1)
my_net = MyNet(res_feature,vgg_feature).to(device)
# a = torch.rand(16,3,64,64).to(device)
```

以上代码为网络模型定义模块。其定义了一个名为 MyNet 的网络模型类，继承 nn.Module MyNet 类有两个主要方法：_init_ 和 forward。在 _init_ 方法中定义网络的结构，包括 ResNet 和 VGG 特征提取器以及全连接层，在 forward 方法中定义前向传播的过程。

```
# b = my_net(a)
import torch.optim as optim
from torch.utils.tensorboard import SummaryWriter
log_writer = SummaryWriter()
criterion = nn.CrossEntropyLoss()
optimizer = optim.SGD(my_net.parameters(),lr=0.01,momentum=0.9)
scheduler = optim.lr_scheduler.CosineAnnealingLR(optimizer,50)
```

以上代码导入了必要的模块，如优化器、损失函数和学习率调度器等。

```
def train_loss_acc():
    correct = 0
    total = 0
    losses = 0
    for i,data in enumerate(train_loader):
        train_imgs,train_labels = data
        train_imgs = train_imgs.to(device)
        train_labels = train_labels.to(device)
```

```
        outputs = my_net(train_imgs)
        _,predict_label = torch.max(outputs,1)
        total += train_labels.size(0)
        correct += (predict_label == train_labels).sum().item()
        loss = criterion(outputs,train_labels)
        optimizer.zero_grad()
        loss.backward()
        optimizer.step()
        losses += loss.item()
    return losses/(i+1),correct/total
```

以上代码定义了训练损失函数，用于计算训练集上的损失和准确率。

```
def valid_loss_acc():
    losses = 0
    correct = 0
    total = 0
    for i,data in enumerate(valid_loader):
        valid_imgs,valid_labels = data
        valid_imgs = valid_imgs.to(device)
        valid_labels = valid_labels.to(device)
        outputs = my_net(valid_imgs)
        loss = criterion(outputs,valid_labels)
        losses += loss.item()
        _,predict_label = torch.max(outputs,1)
        total += valid_labels.size(0)
        correct += (predict_label == valid_labels).sum().item()
    return losses/(i+1),correct/total
```

以上代码定义了验证损失函数，用于计算验证集上的损失和准确率。

```
for epoch in range(0,100):

    my_net.train()
    train_loss,train_acc = train_loss_acc()

    log_writer.add_scalar("Loss/train",float(train_loss),epoch)
    log_writer.add_scalar("Acc/train",float(train_acc),epoch)

    my_net.eval()
    valid_loss,valid_acc = valid_loss_acc()
    log_writer.add_scalar("Loss/valid",float(valid_loss),epoch)
    log_writer.add_scalar("Acc/valid",float(valid_acc),epoch)

    Scheduler.step()
    # if epoch % 20 == 1:
```

最后为训练循环，使用一个循环来进行模型的训练和验证。在每个 epoch 内，先将模型设置为训练模式，然后调用 train_loss_acc 计算训练集上的损失和准确率，并将结果记录到日志中。再将模型设置为评估模式，调用 valid_loss_acc 计算验证集上的损失和准确率，并将结果记录到日志中。最后更新学习率并打印当前 epoch 的训练和验证结果。

```
    print("epoch:{} 训练集的准确率 :{},loss:{:.3}, 验证集 :{},loss:
{:.3}".format(epoch,train_acc,train_loss,valid_acc,valid_loss))
```

输出结果如下：

```
Output exceeds the size limit. Open the full output data in a text editorepoch:
epoch:0 训练集准确率 :0.827,loss:0.361, 验证集 :0.903,loss:0.224
epoch:1 训练集准确率 :0.90495,loss:0.218, 验证集 :0.9188,loss:0.202
epoch:2 训练集准确率 :0.91795,loss:0.188, 验证集 :0.9244,loss:0.176
epoch:3 训练集准确率 :0.92795,loss:0.166, 验证集 :0.9306,loss:0.161
epoch:4 训练集准确率 :0.93205,loss:0.158, 验证集 :0.9256,loss:0.174
epoch:5 训练集准确率 :0.9318,loss:0.158, 验证集 :0.9352,loss:0.149
epoch:6 训练集准确率 :0.93265,loss:0.154, 验证集 :0.9252,loss:0.167
epoch:7 训练集准确率 :0.9381,loss:0.146, 验证集 :0.94,loss:0.142
epoch:8 训练集准确率 :0.9432,loss:0.136, 验证集 :0.938,loss:0.145
epoch:9 训练集准确率 :0.9443,loss:0.13, 验证集 :0.9328,loss:0.158
epoch:10 训练集准确率 :0.946,loss:0.13, 验证集 :0.9394,loss:0.142
epoch:11 训练集准确率 :0.9464,loss:0.126, 验证集 :0.9438,loss:0.141
epoch:12 训练集准确率 :0.94835,loss:0.121, 验证集 :0.9446,loss:0.132
...
epoch:96 训练集准确率 :0.96885,loss:0.0746, 验证集 :0.9504,loss:0.131
epoch:97 训练集准确率 :0.96525,loss:0.0844, 验证集 :0.9512,loss:0.119
epoch:98 训练集准确率 :0.9675,loss:0.0775, 验证集 :0.9432,loss:0.145
epoch:99 训练集准确率 :0.96725,loss:0.078, 验证集 :0.95,loss:0.127
torch.save(my_net," 猫狗分类多特征融合 .h5")
my_net.eval()
valid_loss,valid_acc = valid_loss_acc()
print(" 最终准确率为 :{}".format(valid_acc))
```

8.3.4　CNN 图像识别测试结果分析

用于训练与测试卷积神经网络（CNN）的数据集包括训练集与测试集。数据集来自 www.kaggle.com 的猫狗数据集：Dogs vs. Cats | Kaggle（Kaggle 猫狗识别数据集共包含 25000 张 JPEG 数据集照片，其中猫和狗的照片各占 12500 张。数据集大小经过压缩打包后占 543MB）。数据集中共有两个压缩包，一个是训练集，另一个是测试集。但是针对测试集，Kaggle 没有相对应 label 标签。因此在本次实验中，对 Kaggle 训练集的数据进行划分，按照 8∶2 的比例（见表 8.1）划分为训练集和验证集，最终使用验证集作为测试集对模型性能进行测试。

表 8.1　不同网络模型下图像识别定量测试结果

样本类别	训练集 / 张	测试集 / 张
猫	10000	2500
狗	10000	2500

在数据集中，以文件名对图片的类型进行划分，只需要提取文件名的前 3 个字符判断其为"dog"或者"cat"便可以对每张图片打上相对应的标签，如图 8.8 所示。

CNN 图像识别测试分为定量测试与定性测试。定量测试通过对测试集所有图像进行图像识别，依据图像识别评估指标的统计值进行测试与客观分析；定性测试随机选取一定数量图像作为测试样本，根据正确识别出的猫狗图像数量进行评估。

dog.9.jpg	28 733	28 586
dog.8.jpg	47 789	47 655
dog.7.jpg	13 990	13 839
dog.6.jpg	31 524	31 377
dog.5.jpg	37 907	37 765
dog.4.jpg	12 992	12 848
dog.3.jpg	28 457	28 313
dog.2.jpg	8 490	8 336
dog.1.jpg	25 034	24 898
dog.0.jpg	32 053	31 904
cat.12499.jpg	20 898	20 735
cat.12498.jpg	24 391	24 236
cat.12497.jpg	33 015	32 877
cat.12496.jpg	16 454	16 246
cat.12495.jpg	19 442	19 245

图 8.8　数据集图片标签格式

由上文所述，此测试是用猫狗各自 2500 张验证集作为测试集，模型一的自定义 CNN 的训练集和验证集结果如图 8.9 所示。

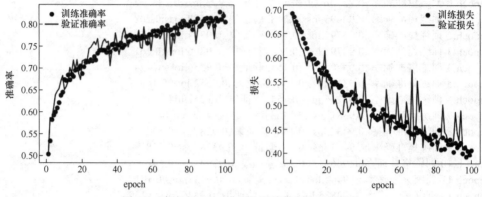

图 8.9 自定义 CNN 模型的训练集和验证集结果

训练集准确率 :0.778，loss:0.461，验证集 :0.773，loss:0.424

epoch:1 训练集准确率 :0.52495，loss:0.618，验证集 :0.6188，loss:0.602

……

epoch:20 训练集准确率 :0.71795，loss:0.588，验证集 :0.744，loss:0.576

……

epoch:50 训练集准确率 :0.74795，loss:0.466，验证集 :0.7306，loss:0.461

……

epoch:80 训练集准确率 :0.83205，loss:0.458，验证集 :0.8256，loss:0.474

……

结合 8.3.2 的模型二和模型三的训练集和验证集迭代的结果，测试集最终准确率结果分别是：

自定义 CNN：77.26%。

使用 resnet34 做特征提取：93.6%。

使用 resnet34 和 VGG16 做特征提取：94.88%。

表 8.2 为 3 种不同的网络模型在猫狗样本下的测试结果，由表可知训练集上的平均正确率比测试集上的平均正确率高，其中模型三的平均正确率最高，模型一的平均正确率最低，由于模型三是 resnet34 和 VGG16 两个网络做特征提取的网络模型，resnet34 网络的残差块结构使得网络的训练和测试效率都比较高，同时保证了较高识别准确率，具有较好的特征提取能力，在图像分类的各个领域都有着较成功的应用。VGG16 网络层数更深、特征图更宽，由于卷积核专注于扩大通道数，池化专注于缩小宽和高，使得模型架构更深、更宽的同时，计算量缓慢地增加，特征提取效果也更好。整个网络使用了同样大小的卷积，无论是训练集还是测试集，平均正确率的优势都较为明显。

表 8.2 不同网络模型下图像识别定量测试结果

模型类别	训练集平均正确率	测试集平均正确率
模型一	77.82%	77.26%
模型二	94.55%	93.66%
模型三	95.82%	94.88%

　　CNN 图像识别定性测试结果如图 8.10 所示。在定性测试环节中随机选取了 6 张不同环境下不同神态的猫狗图像作为测试样本，验证本节实例中 CNN 下图像识别的效果。如图 8.10 所示，选取图像有野外环境、夜间环境和室内环境等，多种环境影响下，对于不同神态和姿势的猫和狗图片，用上文 3 种 CNN 模型进行测试，在猫狗图像识别中都达到了准确的识别结果，表现出了 CNN 下图像识别良好的稳定性。

图 8.10　CNN 图像识别定性测试结果

本 章 总 结

　　本章通过介绍图像识别的发展背景，为基于深度学习的图像识别奠定了理论基础，通过介绍深度学习图像识别各个阶段的进程，对比传统的图像识别，展现了深度学习下图像识别的优势所在，展示了深度学习图像识别领域经典的 CNN 基本结构框架、特点以及工作原理等，用 3 种不同 CNN 下的实例来训练和测试数据集，给出了重点 Python 代码并做了对比试验的分析。通过本章的学习，可以帮助读者了解到深度学习图像识别网络的发展和应用领域。

习 题

　　1. 简要说明图像识别的基本原理。
　　2. 简要说明传统图像识别的方法有哪些。
　　3. 简要阐述深度学习图像识别的发展历程。
　　4. 简要说明传统图像识别技术的工作流程。
　　5. 从开源代码网址 https://www.kaggle.com/c/dogs-vs-cats 下载 CNN 与相关数据集，进行训练与测试。
　　6. 参考 CNN 构架提出改进方案，并进行设计、训练与测试。

第9章

基于深度学习的目标检测

9.1 目标检测概述

在计算机视觉众多的技术领域中，目标检测（Object Detection）是一项非常基础的任务，图像分割、物体追踪、关键点检测等通常要依赖于目标检测。输入图像中往往有很多物体，目标检测的目的是判断出物体出现的位置与类别，这是计算机视觉中非常核心的一个任务。

在目标检测时，由于每张图像中物体的数量、大小及姿态各有不同，也就是非结构化的输出，这是与图像分类非常不同的一点，并且物体时常会有遮挡截断，所以物体检测技术也极富挑战性，从诞生以来始终是研究学者最为关注的焦点领域之一。目标检测示意图如图 9.1 所示。

a) 输入图像   b) 检测结果

图 9.1　目标检测示意图

在利用深度学习做物体检测之前，传统算法对于目标检测通常分为 3 个阶段：区域选取、特征提取和特征分类，如图 9.2 所示。

区域选取：首先选取图像中可能出现物体的位置，由于物体位置、大小都不固定，因此传统算法通常使用滑动窗口（Sliding Windows）算法，但这种算法会存在大量的冗余框，并且计算复杂度高。

图 9.2　传统目标检测方法流程

特征提取：在得到物体位置后，通常使用人工精心设计的提取器如 SIFT 和 HOG 等进行特征提取。由于提取器包含的参数较少，并且人工设计的鲁棒性较低，因此特征提取的质量并不高。特征分类：对上一步得到的特征进行分类，通常使用如 SVM、AdaBoost 的分类器。

深度学习技术近年来发展迅猛，神经网络的大量参数可以提取出鲁棒性和语义性更好的特征，并且分类器性能也更优越，从此便拉开了深度学习做目标检测的序幕。基于深度学习的目标检测通常需要在一张图像中检测出物体出现的位置及对应的类比，要求检测器输出 5 个值：物体类别 class、边界框（Bounding Box）左上角 x 轴坐标、边界框左上角

y 轴坐标、边界框右下角 x 轴坐标、边界框右下角 y 轴坐标，如图 9.3 所示。

图 9.3　基于深度学习的目标检测器输出

其中，检测任务需要同时预测物体的类别和位置。比如可以用 1 代表狗，2 代表自行车，3 代表货车。物体的位置通常使用边界框来表示，边界框是一个正好能包含物体的矩形框，可以由矩形左上角的 x 轴和 y 轴坐标与右下角的 x 轴和 y 轴坐标确定。图片坐标的原点在左上角，x 轴向右为正方向，y 轴向下为正方向。

在检测任务中，训练数据集的标签里会给出目标物体真实边界框所对应的（_x_1，_y_1，_x_2，_y_2），这样的边界框也被称为真实框（Ground Truth Box），训练出的模型会对目标物体可能出现的位置进行预测，由模型预测出的边界框则称为预测框（Prediction Box）。要完成一项检测任务，通常希望模型能够根据输入的图片，输出一些预测的边界框，以及边界框中所包含的物体的类别或属于某个类别的概率，例如这种格式：[L，P，_x_1，_y_1，_x_2，_y_2]，其中 _L_ 是类别标签，_P_ 是物体属于该类别的概率。一张输入图片可能会产生多个预测框，根据预测出的预测框和真实框计算损失值来定义损失函数。

早期的深度学习目标检测模型的一个窗口只能预测一个目标，把窗口输入到分类网络中，最终得到一个预测概率，这个概率偏向哪个类别则把窗口内的目标预测为相应的类别，例如在图中回归得到的行人概率更大，则认为这个目标为人，如图 9.4 所示。

图 9.4　窗口回归示意图

后期针对深度学习目标检测框架提出的锚框（Anchor Box）是学习目标检测过程中最重要且最难理解的一个概念。这个概念最初是在 Faster RCNN 中提出，此后在 SSD、YOLOv2、YOLOv3 等优秀的目标识别模型中得到了广泛的应用。锚框就是在图像上预设好的不同大小、不同长宽比的参照框。锚框跟传统目标检测中使用的 Sliding Windows 差不多，但并不是固定死的，在输入图像中采样时，每个黑色方框代表图像特征提取过程中某个特征图上的特征，以每一个框为中心生成多个大小和宽高比不同的边界框，这些边界框就是锚框。锚框的工作原理如图 9.5 所示。

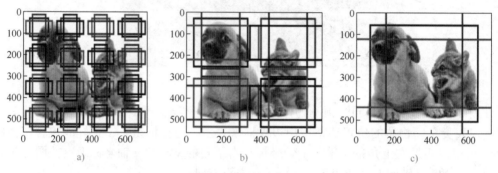

图 9.5　锚框的工作原理

对于不同的任务，需要检测的目标也是不同的，相应锚框的选取大小也是不一样的，比如对于自动驾驶任务中需要检测车辆，锚框的大小就可以选取得大一些，而对于昆虫检测任务，锚框的大小就得选取得小一些。所以锚框的大小是非常重要的，可以在训练前通过在训练集中使用 K-Means 聚类算法来得到适合训练集的锚框。

9.2　基于深度学习的目标检测网络的发展

随着手工特征的性能趋于饱和，目标检测在 2010 年后达到了一个稳定的水平。2012年，CNN 在世界范围内重生。由于深度卷积网络能够学习图像的鲁棒性和高层次特征表示，则存在一个自然的问题是能否将其应用到目标检测中。R.Girshick 等人在 2014 年率先打破僵局，提出了基于卷积特征的区域卷积神经网络（RCNN）用于目标检测。自此，目标检测开始以前所未有的速度发展。在深度学习时代，目标检测可以分为两类：两阶段检测（Two-stage Detection）和单阶段检测（One-stage Detection），前者将检测框定为一个"从粗到细"的过程，而后者将其定义为"一步完成"。

9.2.1　两阶段检测的发展

两阶段深度学习目标检测的代表性框架 RCNN 的基本原理为：首先通过选择性搜索提取一组对象建议（对象候选框）；然后，每个提案都被重新调整成一个固定大小的图像，并输入到一个在 ImageNet 上训练得到的 CNN 模型（如 AlexNet）来提取特征；最后，利用线性 SVM 分类器对每个区域内的目标进行预测，识别目标类别。RCNN 在 VOC07 上产生了显著的性能提升，平均精度（mean Average Precision，mAP）从 33.7%（DPM-v5）大幅提高到 58.5%。虽然 RCNN 已经取得了很大的进步，但它的缺点是显而易见的：在大量重叠的提案上进行冗余的特征计算（一张图片超过 2000 个框），导致检测速度极慢（GPU 下每张图片 14s）。

2014 年，K.He 等人提出了空间金字塔池化网络（Spatial Pyramid Pooling Networks，

SPPNet）。以前的 CNN 模型需要固定大小的输入，例如 AlexNet 需要 224×224 像素的图像。SPPNet 的主要贡献是引入了空间金字塔池化（SPP）层，它使 CNN 能够生成固定长度的表示，而不需要重新缩放图像感兴趣区域的大小。利用 SPPNet 进行目标检测时，只对整个图像进行一次特征映射计算，然后生成任意区域的定长表示，训练检测器，避免了卷积特征的重复计算。SPPNet 的速度是 RCNN 的 20 多倍，并且没有牺牲任何检测精度（VOC07 mAP=59.2%）。SPPNet 虽然有效地提高了检测速度，但仍然存在一些不足：第一，训练仍然是多阶段的；第二，SPPNet 只对其全连接层进行微调，而忽略了之前的所有层。2015 年晚些时候，Fast RCNN 被提出并解决了这些问题。

R.Girshick 提出了 Fast RCNN 检测器，这是对 RCNN 和 SPPNet 的进一步改进。Fast RCNN 能够在相同的网络配置下同时训练检测器和边界框回归器。在 VOC07 数据集上，Fast RCNN 将 mAP 从 58.5%（RCNN）提高到 70.0%，检测速度是 RCNN 的 200 多倍。虽然 Fast RCNN 成功地融合了 RCNN 和 SPPNet 的优点，但其检测速度仍然受到建议区域检测的限制。

2015 年，S.Ren 等人在 Fast RCNN 提出之后不久提出了 Faster RCNN 检测器。Faster RCNN 是第一个端到端，也是第一个接近实时的深度学习检测器（COCO mAP@.5=42.7%，COCO mAP@［0.5..0.95］=21.9%，VOC07 mAP=73.2%，VOC12 mAP=70.4%，17fps with ZFNet）。Faster RCNN 的主要贡献是引入了区域建议网络（Region Proposal Network，RPN），使几乎 cost-free 的区域建议成为可能。从 RCNN 到 Faster RCNN，一个目标检测系统中的大部分独立块，如提案检测、特征提取、边界框回归等，都已经逐渐集成到一个统一的端到端学习框架中。虽然 Faster RCNN 突破了 Fast RCNN 的速度瓶颈，但是在后续的检测阶段仍然存在计算冗余。后来提出了多种改进方案，包括 RFCN 和 Light head RCNN。

2017 年，T.-Y.Lin 等人基于 Faster RCNN 提出了特征金字塔网络（FPN）。在 FPN 之前，大多数基于深度学习的检测器只在网络的顶层进行检测。虽然 CNN 较深层的特征有利于分类识别，但不利于对象的定位。为此，开发了具有横向连接的自顶向下体系结构，用于在所有级别构建高级语义。由于 CNN 通过它的正向传播，自然形成了一个特征金字塔，FPN 在检测各种尺度的目标方面显示出了巨大的进步。在基础的 Faster RCNN 系统中使用 FPN，在 MSCOCO 数据集上实现了最先进的单模型检测结果，没有任何附加条件（COCO mAP@.5=59.1%，COCO mAP@［0.5..0.95］= 36.2%）。FPN 现在已经成为许多最新探测器的基本组成部分。

9.2.2 单阶段检测的发展

单阶段深度学习目标检测的代表性框架 YOLO 由 R.Joseph 等人于 2015 年提出。它是深度学习时代的第一个单级检测器。YOLO 非常快：YOLO 的一个快速版本运行速度为 155fps，VOC07 mAP=52.7%，而它的增强版本运行速度为 45fps，VOC07 mAP=63.4%，VOC12 mAP=57.9%。YOLO 是 You Only Look Once 的缩写，从它的名字可以看出，作者完全抛弃了之前的"提案检测 + 验证"的检测范式。相反，它遵循一个完全不同的哲学：将单个神经网络应用于整个图像。该网络将图像分割成多个区域，同时预测每个区域的边界框和概率。后来 R.Joseph 在 YOLO 的基础上进行了一系列改进，提出了其 v2 和 v3 版本，在保持很高检测速度的同时进一步提高了检测精度。尽管与两级探测器相比，它的探测速度有了很大的提高，但是 YOLO 的定位精度有所下降，特别是对于一些小目标。YOLO 的后续版本和 SSD 更关注这个问题。

SSD 由 W.Liu 等人于 2015 年提出。这是深度学习时代的第二款单级探测器。SSD 的主要贡献是引入了多参考和多分辨率检测技术，这大大提高了单级检测器的检测精度，特别是对于一些小目标。SSD 在检测速度和准确度上都有优势（VOC07 mAP=76.8%，VOC12 mAP=74.9%，COCO mAP0.5=46.5%，mAP［0.5..0.95］=26.8%，快速版本运行速度为 59fps）。SSD 与以往任何检测器的主要区别在于，前者在网络的不同层检测不同尺度的对象，而后者仅在其顶层运行检测。

单级检测器速度快、结构简单，但多年来一直落后于两级检测器的精度。T.-Y.Lin 等人发现了背后的原因，并在 2017 年提出了 RetinaNet。他们声称，在密集探测器训练过程中所遇到的极端的前景 - 背景阶层不平衡（Extreme Foreground–Background Class Imbalance）是主要原因。为此，在 RetinaNet 中引入了一个新的损失函数"焦损失（Focal Loss）"，通过对标准交叉熵损失的重构，使检测器在训练过程中更加关注难分类的样本。焦损失使得单级检测器在保持很高的检测速度的同时，可以达到与两级检测器相当的精度（COCO mAP0.5=59.1%，mAP［0.5..0.95］=39.1%）。

9.2.3 深度学习目标检测数据集的发展

Pascal 可视化对象类（Visual Object Classes，VOC）挑战（2005—2012 年）是早期计算机视觉界最重要的比赛之一。Pascal VOC 中包含多种任务，包括图像分类、目标检测、语义分割和动作检测。两种版本的 Pascal VOC 主要用于对象检测：VOC07 和 VOC12，前者由 5k tr. images+12k annotated objects 组成，后者由 11k tr.Images+27k annotated objects 组成。这两个数据集中注释了生活中常见的 20 类对象（Person：person；Animal：bird，cat，cow，dog，horse，sheep；Vehicle：airplane，bicycle，boat，bus，car，motor-bike，train；Indoor：bottle，chair，dining table，potted plant，sofa，tv/monitor）。近年来，随着 ILSVRC、MS-COCO 等大型数据集的发布，VOC 逐渐淡出人们的视野，成为大多数新型检测器的试验台。

ILSVRC 竞赛推动了通用目标检测技术的发展。ILSVRC 从 2010 年到 2017 年每年举办一次。它包含一个使用 ImageNet 图像的检测挑战。ILSVRC 检测数据集包含 200 类视觉对象。它的图像与对象实例的数量比 VOC 大两个数量级。例如，ILSVRC-14 包含 517k 图像和 534k 带注释的对象。

MS-COCO 是目前最具挑战性的目标检测数据集，自 2015 年以来一直保持一年一度的基于 MS-COCO 数据集的比赛。它的对象类别比 ILSVRC 少，但是对象实例多。例如，MS-COCO-17 包含来自 80 个类别的 164k 图像和 897k 带注释的对象。与 VOC 和 ILSVRC 相比，MS-COCO 最大的进步是除了边框标注外，每个对象都进一步使用实例分割进行标记，以帮助精确定位。此外，MS-COCO 包含更多的小对象（其面积小于图像的 1%），以及比 VOC 和 ILSVRC 更密集的定位对象。这些特性使得 MS-COCO 中的对象分布更接近真实世界。就像当时的 ImageNet 一样，MS-COCO 已经成为对象检测社区的实际标准。

继 MS-COCO 之后，开放图像检测（Open Image Detection，OID）技术在 2018 年迎来了前所未有的挑战。在开放图像中有两个任务，即标准目标检测和视觉关系检测，检测特定关系中成对的目标。对于目标检测任务，数据集由 1910k 张图像和 15440k 个带注释的边界框组成，这些边界框位于 600 个对象类别上。

综上所述，深度学习目标检测网络的发展方向总体趋于提高检测精度的同时提升检测速度，优化网络结构，引入新的学习方式。目标检测数据集的发展趋势在于，制作更大规模、更有针对性、场景更为开放的目标检测数据集。

9.3　实例：基于深度学习的目标检测网络 YOLOv4

9.3.1　YOLOv4 简介

YOLOv4 是一个结合了大量前人研究技术，加以组合并进行适当创新的基于深度学习的目标检测框架，实现了速度和精度的完美平衡，是一种代表性的基于深度学习的单阶段目标检测框架。有许多技巧可以提高卷积神经网络（CNN）的准确性，但是某些技巧仅适合在某些模型、某些问题或小型数据集上运行。针对上述问题，YOLOv4 在 YOLOv3 的基础上所使用的调优手段包括：跨阶段部分（Cross Stage Partial，CSP）连接、自对抗训练（Self Adversarial Training，SAT）、Mish 激活函数、马赛克数据增强、DropBlock 正则化和 CIoU Loss 等。

YOLOv4 开发了一个高效、强大的目标检测模型。它可使用 1080 Ti 或 2080 Ti GPU 来训练一个快速和准确的目标检测器，验证了在检测器训练过程中，最先进的 Bag-of-Freebies 和 Bag-of-Specials 的目标检测方法的影响，修改了最先进的方法，包括 CBN、PAN、SAM 等，使其更有效，更适合于单 GPU 训练。

9.3.2　YOLOv4 的结构与工作原理

YOLOv4 为一种基于深度学习由卷积神经网络构成的目标检测网络，网络整体由三部分组成，分别为特征提取主干（Backbone）、检测颈部（Neck）、检测头部（Head）。其基本构架如图 9.6 所示。

特征提取主干的作用在于提取检测图像中目标的多尺度特征，由一系列 CBM、CSP 组成。其中，CBM 由基本的单层卷积层 Conv、批归一化层和一个 Mish 激活函数层组成。使用 CBM 作为特征提取基本模块可以优化网络提取特征梯度。Mish 激活函数公式为

$$f(x) = x \tanh[\log_2(1+\mathrm{e}^x)] \tag{9.1}$$

式中，$f(x)$ 为激活函数；x 为输入向量。Mish 激活函数的 Python 实现代码如下：

```
class Mish(nn.Module):
    def __init__(self):
        super(Mish, self).__init__()
    def forward(self, x):
        return x * torch.tanh(F.softplus(x))
```

CSP 连接由 CBM+残差单元（ResUnit）+拼接（Concat）组成。使用 CSP 连接能够有效提升提取特征的表征能力。CSP 连接包含两个特征提取分路：下分路为 CBM、ResUnit、CBM，上分路为一个 CBM 子模块，上下分路输出进行拼接操作，ResUnit 中的 CBL 模块由基本的单层卷积层 Conv、批归一化层和一个 Leakyrelu 激活函数层组成。CSP 连接的结构如图 9.7 所示。

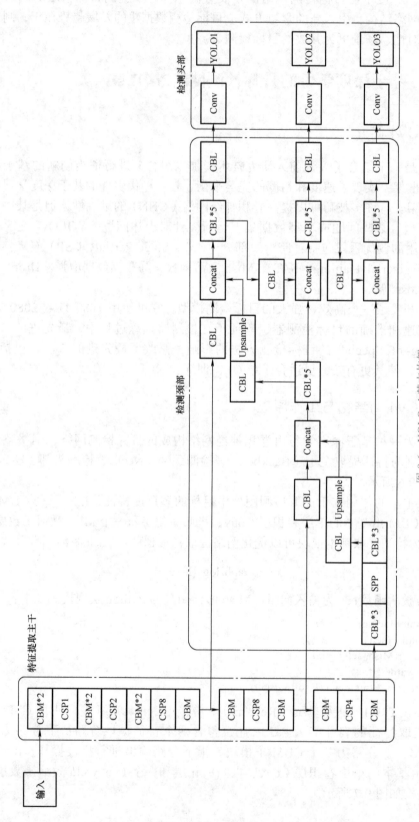

图 9.6 YOLOv4 基本构架

注：CBM 为特征提取基本模块。

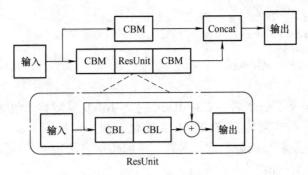

图 9.7 CSP 连接的结构

CSP 连接的 Python 实现代码如下。它分为两个类: 一个是定义卷积操作, 另一个是定义 CSPBlock 模块。

```python
class Convolutional(nn.Module):
    def __init__(
        self,
        filters_in,
        filters_out,
        kernel_size,
        stride=1,
        norm="bn",
        activate="mish",
    ):
        super(Convolutional, self).__init__()
        self.norm = norm
        self.activate = activate
        self.__conv = nn.Conv2d(
            in_channels=filters_in,
            out_channels=filters_out,
            kernel_size=kernel_size,
            stride=stride,
            padding=kernel_size // 2,
            bias=not norm,
        )
        if norm:
            assert norm in norm_name.keys()
            if norm == "bn":
                self.__norm = norm_name[norm](num_features=filters_out)
        if activate:
            assert activate in activate_name.keys()
            if activate == "leaky":
                self.__activate = activate_name[activate](
                    negative_slope=0.1, inplace=True
                )
            if activate == "relu":
                self.__activate = activate_name[activate](inplace=True)
            if activate == "mish":
                self.__activate = activate_name[activate]
    def forward(self, x):
        x = self.__conv(x)
```

```
        if self.norm:
            x = self.__norm(x)
        if self.activate:
            x = self.__activate(x)
        return x
```

下面这段代码定义了一个名为 CSPBlock 的 PyTorch 模型类，包括两种方法：一种是初始化方法，另一种是前向传播方法。在初始化方法中，指定了输入通道数、输出通道数、隐藏通道数、残差激活函数类型等参数。前向传播方法定义了模型的前向计算过程。

```
class CSPBlock(nn.Module):
    def __init__(
        self,
        in_channels,
        out_channels,
        hidden_channels=None,
        residual_activation="linear",
    ):
        super(CSPBlock, self).__init__()
        if hidden_channels is None:
            hidden_channels = out_channels
        self.block = nn.Sequential(
            Convolutional(in_channels, hidden_channels, 1),
            Convolutional(hidden_channels, out_channels, 3),
        )
        self.activation = activate_name[residual_activation]
        self.attention = cfg.ATTENTION["TYPE"]
        if self.attention == "SEnet":
            self.attention_module = SEModule(out_channels)
        elif self.attention == "CBAM":
            self.attention_module = CBAM(out_channels)
        else:
            self.attention = None
    def forward(self, x):
        residual = x
        out = self.block(x)
        if self.attention is not None:
            out = self.attention_module(out)
        out += residual
        return out
```

检测颈部的作用在于混合和组合图像特征的网络层，复用与融合各层提取特征，并将图像特征传递到检测头部。检测颈部包含之前提到的 CBL、SPP 以及上采样 3 个子模块。其中，SPP 主要用来解决不同尺寸的特征图如何进入全连接层，其基本原理为对任意尺寸的特征图直接进行固定尺寸的池化，来得到固定数量的特征。SPP 基本工作原理如图 9.8 所示。

如图 9.8 所示，以 3 个尺寸的池化为例，对特征图进行一个最大值池化，即一张特征图得取其最大值，得到 1d（d 是特征图的维度）个特征；对特征图进行网格划分，划分为 2×2 的网格，然后对每个网格进行最大值池化，那么得到 4d 个特征；同样，对特征图进行网格划分，划分为 4×4 个网格，对每个网格进行最大值池化，得到 16d 个特征。接着将每个池化得到的特征通过拼接与卷积聚合起来即得到固定长度的特征个数（特征图的维度是固定的），接着就可以输入到全连接层中进行训练网络了，这里是为了增加感受野。同时需要注意，检测颈部中的上采样（Upsample）仅扩大特征图大小（YOLOv4 中上采样为原来的 2 倍），不改变通道数。

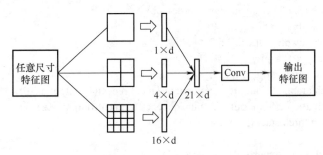

图 9.8　SPP 基本工作原理

检测头部的作用在于输出 3 个尺度的检测结果，得到最终的目标检测与边界框。检测头部包含 YOLOv4 网络最后一层的 Conv 层，以及模型输出的解码操作。检测头部的检测输出包括 3 个尺度，大小分别为（76，76）、（38，38）、（19，19）。检测头部中的 Conv 用于将结果压缩到相应输出维度，对应维度为（76，76，A（B+C+class））、（38，38，A（B+C+class））、（19，19，A（B+C+class））。其中，class 表示需要的分类维度，比如检测行人和车辆 class 可以设置为 1 和 2，用来输出 anchor 属于两个类别的概率，A 表示每个网格上设置 3 个候选框（anchor1、anchor2、anchor3），B 是预测框中心点和宽高的位置信息（tx，ty，tw，th），C 表示属于物体的概率（conf）。模型输出进行解码操作涉及较为复杂计算可参考 YOLOv3 文献。

YOLOv4 的 Head 部分 Python 代码如下，首先定义 Yolo_head 类为 nn.Module 的子类，这表明了它是一个 PyTorch 的神经网络模块，然后该类初始化了几个属性，分别为nC、anchors、stride。

```python
class Yolo_head(nn.Module):
    def __init__(self, nC, anchors, stride):
        super(Yolo_head, self).__init__()

        self.__anchors = anchors
        self.__nA = len(anchors)
        self.__nC = nC
        self.__stride = stride
```

forward 方法是模型的主要计算逻辑。它接收一个输入张量 *p* 并执行前向传播。下面是该方法的定义代码：

```python
def forward(self, p):
    bs, nG = p.shape[0], p.shape[-1]
    p = p.view(bs, self.__nA, 5 + self.__nC, nG, nG).permute(0, 3, 4, 1, 2)
    p_de = self.__decode(p.clone())
    return (p, p_de)
```

通过 forward 方法对张量 *p* 进行排列后，传递到 decode 方法进行进一步的解码，通过执行解码操作，返回预测的边界框。下面是 __decode 方法的内部操作以及 head 类最后的返回值的 Python 实现代码：

```python
def __decode(self, p):
    batch_size, output_size = p.shape[:2]
    device = p.device
    stride = self.__stride
    anchors = (1.0 * self.__anchors).to(device)
    conv_raw_dxdy = p[:, :, :, :, 0:2]
    conv_raw_dwdh = p[:, :, :, :, 2:4]
    conv_raw_conf = p[:, :, :, :, 4:5]
    conv_raw_prob = p[:, :, :, :, 5:]
    y = torch.arange(0, output_size).unsqueeze(1).repeat(1, output_size)
    x = torch.arange(0, output_size).unsqueeze(0).repeat(output_size, 1)
    grid_xy = torch.stack([x, y], dim=-1)
    grid_xy = (
        grid_xy.unsqueeze(0)
        .unsqueeze(3)
        .repeat(batch_size, 1, 1, 3, 1)
        .float()
        .to(device)
    )

    pred_xy = (torch.sigmoid(conv_raw_dxdy) + grid_xy) * stride
    pred_wh = (torch.exp(conv_raw_dwdh) * anchors) * stride
    pred_xywh = torch.cat([pred_xy, pred_wh], dim=-1)
    pred_conf = torch.sigmoid(conv_raw_conf)
    pred_prob = torch.sigmoid(conv_raw_prob)
    pred_bbox = torch.cat([pred_xywh, pred_conf, pred_prob], dim=-1)

    return (
        pred_bbox.view(-1, 5 + self.__nC)
        if not self.training
        else pred_bbox
    )
```

9.3.3 YOLOv4 的训练与测试

  YOLOv4 网络作为一个典型的基于深度学习的目标检测网络，遵循端到端（End to End）的训练与测试方式，即通过加载数据集在损失函数的指导下对网络进行训练，收敛后获得最优模型，最后进行测试。训练与测试流程如图 9.9 所示。

  用于训练与测试 YOLOv4 的数据集包括训练集与测试集。网络的训练与测试采用 MS COCO object detection 数据集，该数据集是微软构建的一个数据集，其包含检测（Detection）、分割（Segmentation）、关键点检测（Keypoints）等任务。与 Pascal COCO 数据集相比，该数据集中的图片包含了自然图片和生活中常见的目标图片，背景比较复杂，目标数量比较多，目标尺寸更小，因此该数据集上的任务更难。对于检测任务来说，现在衡量一个模型好坏的标准更加倾向于使用该

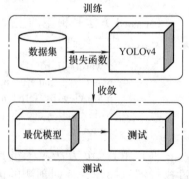

图 9.9　YOLOv4 网络训练与测试流程

数据集上的检测结果。MS COCO object detection 数据集共包含 91 个类别，其中训练集 165482 张，验证集 81208 张，测试集 81434 张，并均带有标签。

　　YOLOv4 的训练细节：加载训练集之后，训练该网络采用随机梯度下降（SGD）优化器，在损失函数的指导下训练该网络，YOLOv4 采用 CIoU Loss 以指导网络训练，采用的损失函数为

$$\text{Lciou} = 1 - \text{IoU} + \frac{\rho^2(b, bt)}{c^2} + \alpha v \qquad (9.2)$$

式中，Lciou 为损失函数值；IoU 为预测检测框与真实检测框的交并比；ρ 为两个检测框之间的欧氏距离；c 为两个检测框闭包区域的对角线的距离；b 与 bt 为两个检测框的中心点；α 为权重系数；v 用以衡量两个检测框相对比例的一致性。在 MS COCO object detection 训练集上进行训练，训练过程中数据集增广方式使用了 CutMix 数据增强。默认超参数如下：训练批次为 500，采用步进衰减学习率调度策略，初始学习率 0.01，在 40 万步和 45 万步时学习率分别乘以衰减因子 0.1，动量衰减和权重衰减分别设为 0.9 和 0.0005。经历 500 epochs 后得到最优检测模型进行测试。

　　由于 YOLOv4 训练与测试的代码采用配置文件、训练文件与测试文件的结构，因此分三部分展示 Python 实现代码。

　　YOLOv4 训练与测试的配置 Python 代码如下：

　　首先导入需要的 Python 库，然后定义项目路径（PROJECT_PATH）、数据路径（DATA_PATH）、YOLO 类型（MODEL_TYPE）、卷积类型（CONV_TYPE）、注意力机制类型（ATTENTION）。

```
import os.path as osp
PROJECT_PATH = osp.abspath(osp.join(osp.dirname(__file__), '..'))
DATA_PATH = osp.join(PROJECT_PATH, 'data')
MODEL_TYPE = {
    "TYPE": "CoordAttention-YOLOv4"
}   # YOLO type:YOLOv4, Mobilenet-YOLOv4, CoordAttention-YOLOv4 or Mobilenetv3-YOLOv4
CONV_TYPE = {"TYPE": "DO_CONV"}   # conv type:DO_CONV or GENERAL
ATTENTION = {"TYPE": "NONE"}   # attention type:SEnet、CBAM or NONE
```

　　然后进行训练相关参数设置，比如数据集为 VOC、训练图像尺寸大小为 416 像素、使用数据增强技术进行训练、训练批量大小为 1、在训练过程中使用多尺度训练、训练轮数为 50 次等。这些参数会被用于训练 YOLO 目标检测模型，具体的训练过程会根据这些参数进行配置。

```
# train
TRAIN = {
    "DATA_TYPE": "VOC",   # DATA_TYPE: VOC ,COCO or Customer
    "TRAIN_IMG_SIZE": 416,
    "AUGMENT": True,
    "BATCH_SIZE": 1,
    "MULTI_SCALE_TRAIN": True,
    "IOU_THRESHOLD_LOSS": 0.5,
    "YOLO_EPOCHS": 50,
    "Mobilenet_YOLO_EPOCHS": 120,
    "NUMBER_WORKERS": 0,
    "MOMENTUM": 0.9,
```

```
    "WEIGHT_DECAY": 0.0005,
    "LR_INIT": 1e-4,
    "LR_END": 1e-6,
    "WARMUP_EPOCHS": 2,   # or None
    "showatt": False
}
```

设置完训练参数后，验证参数同理，设置测试图像大小、批处理大小等参数，这些参数根据具体的应用场景和需求进行设置，用于控制模型的行为和输出结果。

```
# val
VAL = {
    "TEST_IMG_SIZE": 416,
    "BATCH_SIZE": 1,
    "NUMBER_WORKERS": 0,
    "CONF_THRESH": 0.005,
    "NMS_THRESH": 0.45,
    "MULTI_SCALE_VAL": False,
    "FLIP_VAL": False,
    "Visual": False,
    "showatt": False
}
```

完成上面一系列参数的设置后，用 3 个字典变量定义该模型要用到的数据集，这里给出了 3 种数据集以及各自数据集中的类别数量和类别列表。第一种 Customer_DATA 是用户自定义数据集，第二种是 VOC_DATA，包括 20 种物体，第三种是 COCO_DATA，包括 80 种物体。这些字典变量存储了不同数据集中物体类别的信息，以便在目标检测任务中使用。根据具体的数据集和应用场景，可以通过访问这些变量来获取相应数据集的类别数量和类别列表，从而方便地进行模型训练、评估和预测等操作。

```
Customer_DATA = {
    "NUM": 3,   # your dataset number
    "CLASSES": ["unknown", "person", "car"],   # your dataset class
}
VOC_DATA = {
    "NUM": 20,
    "CLASSES": [
        "aeroplane", "bicycle", "bird", "boat", "bottle", "bus", "car", "cat", "chair",
        "cow", "diningtable", "dog", "horse", "motorbike", "person", "pottedplant", "sheep",
        "sofa", "train", "tvmonitor",
        ],
}
COCO_DATA = {
    "NUM": 80,
    "CLASSES": [
        "person", "bicycle"," car", "motorcycle", "airplane", "bus", "train",  "truck", "boat", "traffic
light", "fire hydrant", "stop sign", "parking meter",   "bench", "bird", "cat", "dog", "horse", "sheep", "cow",
"elephant", "bear", "zebra", "giraffe", "backpack", "umbrella", "handbag", "tie", "suitcase", "frisbee", "skis",
"snowboard","sports ball", "kite", "baseball bat", "baseball glove", "skateboard", "surfboard","tennis racket",
"bottle", "wine glass", "cup", "fork", "knife", "spoon", "bowl", "banana", "apple", "sandwich", "orange",
"broccoli",   "carrot", "hot dog", "pizza", "donut", "cake", "chair", "couch", "potted plant", "bed", "dining
table", "toilet", "tv", "laptop", "mouse", "remote", "keyboard", "cell phone", "microwave", "oven", "toaster",
```

"sink", "refrigerator", "book", "clock", "vase", "scissors", "teddy bear", "hair drier", "toothbrush",
　　　],
　}

　　下面这段代码定义了一个名为 MODEL 的字典变量，其中包含了目标检测中使用的锚框（anchors）的信息、滑动窗口步长的大小以及每个尺度的锚框数量，主要作用是预定义锚框参数，用于目标检测算法中的目标定位和预测。

```
# model
MODEL = {
    "ANCHORS": [
        [
            (1.25, 1.625),
            (2.0, 3.75),
            (4.125, 2.875),
        ],   # Anchors for small obj(12,16),(19,36),(40,28)
        [
            (1.875, 3.8125),
            (3.875, 2.8125),
            (3.6875, 7.4375),
        ],   # Anchors for medium obj(36,75),(76,55),(72,146)
        [(3.625, 2.8125), (4.875, 6.1875), (11.65625, 10.1875)],
    ],   # Anchors for big obj(142,110),(192,243),(459,401)
    "STRIDES": [8, 16, 32],
    "ANCHORS_PER_SCLAE": 3,
}
```

　　配置完相关参数就可以对模型进行训练，详细代码可参考 https://github.com/argusswift/YOLOv4-pytorch/blob/master/train.py，图 9.10 所示为 YOLOv4 的训练代码流程图。首先导入需要用到的一系列所需的库和模块，例如日志记录（logging）、GPU 选择（utils.gpu）、模型构建（model.build_model.Build_Model）、损失函数（model.loss.yolo_loss.YoloV4Loss）等，还导入了其他辅助函数和工具库；然后定义一个 detection_collate 函数，该函数用于处理目标检测数据集的批量样本，将图像和目标标签分别存储到 imgs 和 targets 列表中，并返回批量化后的图像和标签；再定义类 Trainer，用于训练目标检测模型，类中包含初始化函数，用于设置训练器的各项参数和属性，定义函数 __load_resume_weights 以从检查点文件中加载权重，定义函数 __save_model_weights 以在不同的 epoch 中保存模型权重，定义函数 train 以开始训练过程等；然后是一个训练器（Trainer）的入口函数，用于设置训练的参数并调用训练函数进行目标检测模型的训练。

　　YOLOv4 的测试 Python 代码可参考 https://github.com/argusswift/YOLOv4-pytorch/blob/master/video_test.py，图 9.11 所示为 YOLOv4 的测试代码流程图。首先导入一系列所需的库和模块，例如 GPU 选择（utils.gpu）、模型构建（model.build_model.Build_Model）、工具函数（utils.tools）、日志记录（logging）等；然后定义类 Detection，用于执行物体检测任务，类中包含初始化函数，用于设置检测过程中的各项参数和属性，定义了 __load_model_weights() 函数，其作用是加载模型的权重文件，并将权重应用到模型中，定义函数 Video_detection()，用于进行视频检测，它使用 OpenCV 库来读取视频，并在每一帧上进行目标检测和可视化；然后是一个入口函数，使用了命令行参数解析器 argparse 来解析用户传入的参数；接下来，创建一个 Detection 对象，并调用其 Video_detection() 方法进行视频检测。

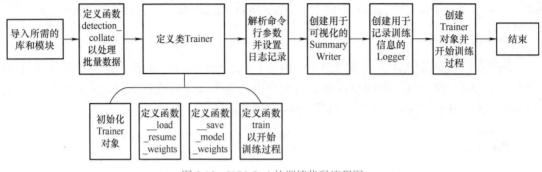

图 9.10　YOLOv4 的训练代码流程图

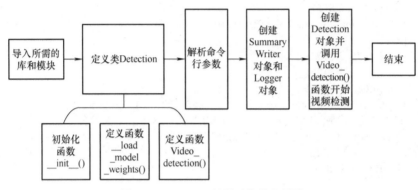

图 9.11　YOLOv4 的测试代码流程图

9.3.4　YOLOv4 目标检测测试结果分析

　　YOLOv4 网络目标检测测试在 MS COCO object detection 测试集上进行，分为定量测试与定性测试。定量测试通过对测试集所有图像进行目标检测，依据目标检测评估指标的统计值进行测试与客观分析；定性测试随机选取一定数量图像作为测试样本，从正确检测出的目标数量中进行评估。

　　定量测试中，目标检测常用的统计评估指标为平均准确率（Average Precision，AP），AP 是主流的目标检测模型的评价指标。其中，AP_{50} 是指 IoU 阈值为 0.5 时的 AP 测量值，AP_{75} 是 IoU 阈值为 0.75 时的 AP 测量值。衡量目标检测网络实时性的指标通常采用帧率（FPS），即 1s 内平均处理图像的帧数。

　　YOLOv4 网络目标检测定量测试结果见表 9.1。由目标检测定量测试结果可见，在输入图像大小为 416×416 像素到 608×608 像素的范围内，AP_{50} 达到 62.8%～65.7%，AP_{75} 达到 44.3%～47.3%，FPS 在 23～38fps 范围内，说明 YOLOv4 网络在目标检测应用上达到了检测精度与检测速度的良好均衡。

表 9.1　YOLOv4 网络目标检测定量测试结果

目标检测网络	输入图像大小	AP_{50}	AP_{75}	FPS
YOLOv4	416×416 像素	62.8%	44.3%	38fps
	512×512 像素	64.9%	46.5%	31fps
	608×608 像素	65.7%	47.3%	23fps

　　YOLOv4 网络目标检测定性测试结果如图 9.12 所示。在定性测试环节，随机选取了 6 张网络图片作为测试样本进行目标检测的效果展示，选取置信度为 0.5。由对这 6 个测试样本的测试结果可见，使用 YOLOv4 网络对图像进行目标检测能够准确地分类检测出图像中感兴趣目标的类别、数量与位置。

图 9.12　YOLOv4 网络目标检测定性测试结果

本 章 总 结

　　本章通过介绍目标检测的基本任务背景，为深度学习目标检测奠定了理论基础。通过介绍目前深度学习目标检测网络与数据集的发展，展示了使用深度学习技术构架目标检测网络的趋势。通过一个具有代表性的深度学习目标检测网络 YOLOv4 的实例展示，由其基本应用背景、网络设计构架与工作原理、训练细节与测试结果几方面入手，深入阐述了深度学习目标检测网络的设计与构建，同时给出了具体的 Python 实现关键代码，可辅助进行设计与实现。通过本章的学习，可以初步了解与掌握深度学习目标检测网络的原理与应用。

习 题

　　1. 简要说明目标检测的基本原理与工作流程。

　　2. 简要列举目标检测算法的基本分类。

　　3. 简要阐述深度学习目标检测网络与数据集的发展。

　　4. 根据文献网址 https://arxiv.org/pdf/2004.10934.pdf 下载文献 YOLOv4：*Optimal Speed and Accuracy of Object Detection*，并参考该文献简述 YOLOv4 网络构架与基本工作原理。

　　5. 从开源代码网址 https://github.com/argusswift/YOLOv4-PyTorch 下载 YOLOv4 网络与相关数据集进行训练与测试。

　　6. 参考 YOLOv4 网络构架提出改进方案，并进行设计、训练与测试。

第 10 章

基于深度学习的图像分割

10.1 图像分割概述

图像分割（Image Segmentation）是计算机视觉研究中的一个经典难题，已经成为图像理解领域关注的一个热点，它是图像分析的第一步，是计算机视觉的基础，是图像理解的重要组成部分，同时也是图像处理中最困难的问题之一。所谓图像分割就是把图像分成若干个特定、具有独特性质的区域并提出感兴趣目标的技术和过程。它是由图像处理到图像分析的关键步骤。现有的图像分割方法主要分为以下几类：基于阈值的分割方法、基于区域的分割方法、基于边缘的分割方法以及基于特定理论的分割方法等。从数学角度来看，图像分割是将数字图像划分成互不相交的区域的过程。图像分割的过程也是一个标记过程，即把属于同一区域的像素赋予相同的编号。基于深度学习的图像分割算法主要分为两类：语义分割和实例分割。

10.1.1 语义分割概述

语义分割是在像素级别上的分类，属于同一类的像素都要被归为一类，因此语义分割是从像素级别来理解图像的。例如图 10.1，属于人的像素都要分成一类，属于摩托车的像素也要分成一类，除此之外背景像素也被分为一类。注意语义分割不同于实例分割，举例来说，如果一张照片中有多个人，对于语义分割来说，只须将所有人的像素都归为一类，但是实例分割还要将不同人的像素归为不同的类。实例分割比语义分割更进一步，它是指像素级地识别图像，即标注出图像中每个像素所属的对象类别。

a) 原图　　　　　　　　　　　　　　　　　b) 语义分割结果

图 10.1　语义分割

语义分割有 3 步，即训练、验证和测试。通过训练，先进行图片的预处理，然后放入网络进行训练，再利用训练结果测试网络在验证集的表现，通过语义分割的指标来观察分割效果，进而保存对应权重 w 值，最后取出效果最好的权重进行测试。在其他图像任务或深度学习任务也可以利用这 3 步进行操作。具体流程如图 10.2 所示。

1）训练。根据 batch size 大小，将数据集中的训练样本和标签读入卷积神经网络。根据实际需要应先对训练图片及标签进行预处理，如裁剪、数据增强等，这有利于深层网络的训练加速收敛过程，同时也避免了过拟合问题并增强了模型的泛化能力。

图 10.2　语义分割流程图

2）验证。训练一个 epoch 结束后将数据集中的验证样本和标签读入卷积神经网络，并载入训练权重。根据编写好的语义分割指标进行验证，得到当前训练过程中的指标分数，保存对应权重。常用一次训练、一次验证的方法来更好地监督模型表现。

3）测试。所有训练结束后，将数据集中的测试样本和标签读入卷积神经网络，并将保存得最好权重值载入模型，进行测试。测试结果分为两种，一种是根据常用指标分数衡量网络性能，另一种是将网络的预测结果以图片的形式保存下来，直观感受分割的精确程度。

10.1.2　实例分割概述

实例分割是结合目标检测和语义分割的一个更高层级的任务。与语义分割不同，实例分割只对特定物体进行类别分配，这一点与目标检测有点相似，但目标检测输出的是边界框和类别，而实例分割输出的是掩码（mask）和类别。

例如，语义分割会将车分为一类，人分为另一类。但是实例分割不同，它会将车继续进行分类，每一辆车都是一个实例类别，如图 10.3 所示。实例分割的目的是将输入图像中的目标检测出来，并且对目标的每个像素分配类别标签。实例分割能够对前景语义类别相同的不同实例进行区分，这是它与语义分割的最大区别。相比语义分割，实例分割发展较晚，因此实例分割模型主要基于深度学习技术，但它也是图像分割一个重要的组成部分。随着深度学习的发展，实例分割相继出现了 SDS、DeepMask、MultiPath network 等方法，分割精度和效率逐渐得到提升。

1）目标检测：区分出不同实例，用 box 进行目标定位。

2）语义分割：区分出不同类别，用 mask 进行标记。

3）实例分割：区分出不同实例，用 mask 进行标记。

实例分割的算法发展遵循两条路线：一条是基于目标检测的自上而下的方案，首先通过目标检测定位出每个实例所在的 box，进而对 box 内部进行语义分割，得到每个实例的 mask；另一条是基于语义分割的自下而上的方案，首先通过语义分割进行逐像素分类，进而通过聚类或其他度量学习手段区分同类的不同实例。

 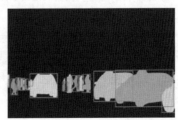

a) 原图　　　　　　　　　　　　　　　　　b) 实例分割结果

图 10.3　实例分割

10.2　基于深度学习的图像分割网络的发展

近年来，随着深度学习的不断发展，图像语义分割技术也取得了重大进步，越来越多的基于深度学习的前沿图像语义分割方法相继出现，均不同程度对网络模型进行了改进。图像语义分割是指从像素级别分辨出图像中的目标对象具体是什么以及目标对象在哪个位置，即先把图片中的目标检测出来，然后描绘出每个个体和场景之间的轮廓，最后将它们分类并对属于同一类的事物赋予一个颜色进行表示。例如，在有很多汽车的图像中，分割会将所有对象标记为汽车对象。然而，实例分割的单独类别的模型能够标记对象出现在图像中的单独实例。这种分割在用于计算目标数量的应用中非常有用，例如计算商场中的人流量。它的一些主要应用是自动驾驶汽车、人机交互、机器人技术和照片编辑、创意工具。

图像语义分割存在一些难点，例如不同种类的物体有着相似的外观或形状，此时很难将物体种类区分开。当物体尺寸过小时，不仅易丢失物体的细节，而且难以识别出物体的具体轮廓。为了解决这些难点，最初大多数图像语义分割技术是基于传统方法，主要包括基于阈值、边缘检测以及区域的分割方法。随着深度学习的出现，基于深度学习的图像语义分割方法逐渐取代了传统方法，其准确率和速度等各种性能指标都有着很大程度地提高。现如今，基于深度学习的图像语义分割在自动驾驶、面部分割、服装解析、遥感图像以及医学图像等领域都有着广泛的应用前景，具有很好的研究价值。

10.2.1　语义分割网络的发展

由于在前沿的深度学习语义分割方法中，全监督学习的图像语义分割方法的效果要明显优于弱监督以及半监督学习的图像语义分割方法。全卷积网络（FCN）的出现标志着深度学习正式进入视频图像语义分割领域。

2014 年，Long 等人提出了 FCN，它是最常用的语义分割网络之一，是语义分割的开山之作。Long 等人提出采用不带有全连接层的具有密集预测能力的 CNN 结构，实现图像语义分割。该模型允许任何尺寸的图像都能生成分割图像，同时也比图像块分类的方法速度快了很多。随后关于语义分割的方法大多数采用了这种结构。除了全连接层之外，基于深度学习的语义分割任务的另一个问题是池化层。池化层增大了视野，也能聚合背景信息，因此会丢弃部分位置信息。但是语义分割要求类别图谱精确，因此需要保留丢弃的位置信息。为了解决这个问题，人们提出两种不同的结构方法，一种是编码器 – 解码器结构。编码器通过使用池化层逐步缩小图像维度，而解码器则逐步恢复目标细节和空间维度。两者之间通常采用直接连接的方式，来帮助解码器恢复目标的细节。FCN 的主要观点在于分类网络中的全连接层可以被看作一种使用卷积核遍历输入区域的卷积。这相当于评估重叠输入图像块的原始分类网络，但是更高效，因为在图像块的重叠计算是共享的。在将类似于 VGG 等预训练网络进行全连接层卷积之后，由于 CNN 的池化操作仍需要对特征图谱进行上采样。反卷积层会学习实现插值而不是简单的双线性插值。反卷积层也被称作上卷积、完全卷积、转置卷积或 fractionally-strided 卷积。然而上采样操作会产生粗糙的分割图，因为在池化操作时丢失了部分信息，因此提出了高分辨率特征图中的直接跳跃连接。

2016 年，Cambridge 提出了 SegNet，该网络是基于 FCN，修改 VGG16 网络得到的，旨在解决自动驾驶或者智能机器人的图像语义分割深度网络。SegNet 是最经典的编码

器 – 解码器结构的图像语义分割网络。SegNet 中编码器以 VGG16 网络结构为原型，保留了 VGG16 中的前 13 个网络层，完全删除了全连接层，用来提取输入图的特征。而解码器与编码器相对应，对编码器生成的特征图进行上采样，保证最后的分割图与原图分辨率相同。值得注意的是，SegNet 中的每一个池化都添加了一个索引功能，作用是保留经过最大池化后剩余元素的初始位置。添加索引使编码器在网络训练过程中不再需要把完整的生成图传递给解码器，可以大幅减少网络训练时的内存占用。FCN 中，上卷积层和一些直接连接产生了粗糙的分割图谱，因此引入了更多的直接连接。然而与 FCN 复制编码器特征不同，SegNet 复制了最大池化指数，因此 SegNet 比 FCN 更高效。

2015 年，Olaf Ronneberger 等人提出了 U-net 网络结构，并用于 ISBI 比赛中电子显微镜下细胞图像的分割，以较大的优势取得了冠军。U-Net 是对生物医学图像和遥感图像进行语义分割的编码器 – 解码器结构的网络。U-Net 改进了 FCN，把扩展路径完善了很多，多通道卷积与类似 FPN（特征金字塔网络）的结构相结合，利用少量数据集进行训练测试，为医学图像分割做出很大贡献，通过对每个像素点进行分类，获得更高的分割准确率，用训练好的模型分割图像，速度快。编码器通过卷积和池化提取输入图特征，之后将这些特征图传递给解码器进行上采样。U-net 与其他常见的分割网络有一点非常不同的地方，U-net 采用了完全不同的特征融合方式：拼接。U-net 将特征在 channel 维度拼接在一起，形成更厚的特征。而 FCN 融合时使用的对应点相加，并不形成更厚的特征。这种网络层之间的拼接方法可以实现多层次融合，即把网络中的每一层信息融合在一起。拼接的优势在于通过实现多层次融合，使得网络在训练过程中可以很大程度减少因为池化层的计算而丢失的信息。而由于 U-Net 多次使用复制和裁剪，最终虽然会导致语义分割图即使通过解码器进行上采样也不能够恢复到与输入图相同的尺寸，但是在同期却因为在网络结构中保留了更多的原图信息而取得了较高的精度。

2014 年，Google 团队提出了 DeepLabV1。DeepLabV1 首先将 VGG16 中的全连接层转化为卷积层，接着将网络中最后两个池化层之后的卷积层替换为空洞卷积（Dilation Convolution）。空洞卷积优势之处在于可以增加感受野，不仅可以很好地解决由于池化计算导致的图像分辨率降低的问题，还能大幅提升网络对图像中大物体的分割效果。DeepLabV1 在网络的最后一层添加了全连接条件随机场（Conditional Random Field，CRF），可以小幅提升图像语义分割的精确率。

2016 年，Google 团队提出了 DeepLabV2，它在 DeepLabV1 的基础上做出了改进，以残差网络 ResNet 代替 VGG16 作为网络模型，ResNet 直接将输入信息绕道传到输出端，一定程度上解决了传统神经网络在训练过程中或多或少丢失部分信息的问题。为了解决空洞卷积难以识别小物体的问题，DeepLabV2 使用了空洞空间金字塔池化（Atrous Spatial Pyramid Pooling，ASPP）对原图提取多尺度特征。ASPP 的思想与空间金字塔池化类似，可以更有利于获取同一事物在不同尺度下的特征。由于 ASPP 的加入，虽然使得 DeepLabV2 相较于 DeepLabV1 有了更多的参数，却带来了很大程度上的精度提升。

2017 年，DeepLabV3 在 DeepLabV2 的基础上做出了改进，它依旧以残差网络 ResNet 作为网络模型。DeepLabV3 提供了两种思路，第一种思路是在结构上利用空洞卷积能够增加感受野的优势，采用空洞卷积来加深网络的层数，这样做的优势在于不用担心因为网络层数的增加而降低图像分辨率，之后将这些串行连接的空洞卷积与 ASPP 相结合；第二种思路是在 ASSP 模块中做出了改进，在模块中添加了一个 1×1 的卷积层和 BN，并在模型最后添加了全局平均池化，可以获得更加全面的图片语义信息。最后，由于 CRF 学习速度过慢，且在 DeepLabV1 和 DeepLabV2 中提升的精度较少，因此在 DeepLabV3 中被舍弃。

2018 年，Chen 等人提出 DeepLabV3+ 模型，该模型设计了一个编码器 – 解码器结构。DeepLabV3+ 在 DeepLabV3 的基础上做出了改进，采用编码器 – 解码器结构进行图像语义分割。DeepLabV3+ 将 DeepLabV3 网络结构作为编码器，并添加一个简单高效的解码器用于获取空间信息。DeepLabV3+ 使用 Xception 结构进行图像语义分割，可以大幅提升网络的运行速度。在编码器中，利用空洞卷积获取并调整编码器特征的分辨率，来平衡运行时间和精确度之间的关系。在编码器中的 ASPP 以及解码器中，添加了深度分离卷积，可以大幅降低网络的参数量，使得整个网络模型可以快速计算并保持较好的学习能力。最后，将由空洞卷积获得的低级纹理特征和由 ASSP 获得的高级语义特征拼接起来，经过 3×3 卷积层再上采样获得预测结果。DeepLabV3+ 取得了较 DeepLabV3 更高的精度，达到了当时的最高水准。

2019 年，Jun Fu 等人在 CVPR 会议上提出了双注意力网络（DANet）。虽然上下文融合有助于捕获不同比例的对象，但无法利用全局视图中对象之间的关系，使用循环神经网络（Recurrent Netual Network，RNN）隐含地捕捉全局关系，但其有效性很大程度上依赖于长期记忆的学习结果。为解决上述问题，提出了 DANet，基于自注意力机制来分别捕获空间维度和通道维度中的特征依赖关系。DANet 使用 2 个注意力模块，可以更有效地捕获全局依赖关系和长程上下文信息，在场景分割中学到更好的特征表示，使得分割结果更加准确。近年来，随着注意力（Attention）机制在自然语言处理（Natural Language Processing，NLP）领域取得主导地位，人们把注意力机制也用在了图像语义分割上。将注意力机制引入语义分割网络，可以更好地从大量语义信息中提取出最关键的部分，使得网络的训练过程更加高效，分割效果也会显著提升。但基于通道注意力机制的模型 SENet 很难达到像素级别的分割效果，因此大多基于注意力机制的图像语义分割方法使用自注意力机制模型来提高图像语义分割精度。DANet 就是基于自注意力机制的图像语义分割网络，采用带有空洞卷积的 ResNet 作为主干网络。将经过主干网络后的生成图通过两个并行的自注意力机制模块，即位置注意力模块和通道注意力模块。位置注意力模块通过加权求和的方式来更新位置特征，用来获得生成图的任意两个位置之间的空间依赖关系。通道注意力模块同样通过加权求和的方式来更新每个通道，用来获得生成图任意两个通道之间的通道依赖关系。最后对经过两个自注意力机制模块的输出图进行元素求和实现融合，最终通过一次卷积获得语义分割图。大多数的语义分割任务都通过多个卷积层来增大感受野，但随着卷积层的不断堆叠，不仅造成计算量的增加，而且使得能保留的原图信息越来越少。为了解决这些问题，设计出 non-local，一种可以用于图像语义分割的自注意力机制模块。non-local 模块可以通过直接计算出任意两点的关系来高效获得长程依赖，且能保证输入图和输出图尺度不变，便于应用到各种网络模型中。

2020 年，Sungha Choi 等人在 CVPR 会议上提出了高驱动注意网络（Height-driven Attention Networks，HANet），它是根据城市数据集的内在特征而提出的通用网络附加模型，解决了城市场景类别分布极为不平衡的问题，提高了城市环境的语义分割的准确率，容易嵌入各个网络，且对于 mIoU 有着较为明显的提高。HANet 是一个添加了通用附加注意力机制模块的网络，专门用来对城市场景图像进行语义分割。通过对城市场景图像的观察，发现图像水平分割部分的像素存在着明显的差异，因而可以根据像素的垂直位置有选择地调整信息特征并对像素进行分类。就类别分布而言，城市场景图像中每行像素都包含不同的上下文信息，HANet 模块的主要目的就是提取这些信息并计算每行像素的注意权重，用来表示每行的重要性。HANet 模块将原图通过宽度池化压缩空间维度，再经过 3 层卷积获得注意力图，并将正旋位置编码添加到 HANet 模块中，用于提取高度方向的上下文信息，最后将注意力图与特征图进行元素乘积获得分割图。HANet 模块可以添加进如 DeeplabV3+ 的现有模型中，可在城市场景数据集中取得最高性能。

2021 年，Zheng 等人在 CVPR 会议上提出 Segmentation Transformer（SETR），即使用纯粹的 Transformer 来代替由堆叠卷积层组成的编码器，也就是编码器 – 解码器变成了 sequence-to-sequence。Transformer 首次用于机器 NLP 领域的翻译任务。它由一个编码器模块和一个解码器模块以及几个相同架构的编码器 / 解码器组成。每个编码器和解码器都由一个自注意层和一个前馈神经网络组成，而每个解码器还包含一个编码器 – 解码器注意层。FCN 编码器使用 CNN 提取特征，即增加特征图深度、牺牲分辨率的方式提取特征。而 SETR 使用的 Transformer 不增加特征图深度，也不牺牲分辨率。它是基于 ViT 的语义分割的第一个代表模型，提出以纯 Transformer 结构的编码器来代替 CNN 编码器，改变现有的语义分割模型架构。Transformer 的一个特性便是能够保持输入和输出的空间分辨率不变，还能够有效地捕获全局的上下文信息。因此，该模型采用了类似 ViT 的结构来进行特征提取，同时结合解码器来恢复分辨率。使用仅包含 Transformers 的 Encoder，替代原来的堆叠卷积进行特征提取的方式，这种方式称之为 SEgmentation TRansformer（SETR）。SETR 的编码器通过学习 patch embedding 将一幅图片视为一个包含了一组 image patches 的序列，并利用全局自注意力对这个序列进行学习。具体来说：首先，将图像分解成一个由固定大小的小块组成的网格，形成一系列的 patches；然后，对每个 patch 拉直后使用一个线性 embedding 层进行学习，即可获得一个特征嵌入向量的序列，并将该序列作为 Transformers 的输入；接着，经过 Transformers 编码器之后，得到学习后的高度抽象特征图；最后，使用一个简单的解码器获得原始分辨率大小的分割图。它对语义分割任务重新进行了定义，将其视为 sequence-to-sequence 的问题，这是除了基于编码器 – 解码器结构的 FCN 模型的另一个选择。此外，设计了 3 种解码器，来对自注意力进行深入研究；总体而言，SETR 的几个重要贡献如下：主要是将分割任务作为序列 – 序列的预测任务，从而提出了一种新的语义分割的模型设计角度；与现有基于 FCN 的模型利用空洞卷积和注意力模块来增大感受野的方式不同，SETR 使用 transformer 作为编码器，在编码器的每层中都进行全局上下文建模，完美去掉了对 FCN 中卷积的依赖。结合所设计的 3 种不同复杂度的解码器，形成了强大的分割模型，且没有一些模型中花哨的操作。大量实验也表明，SETR 达到了新的 SOTA：ADE20K（50.28% mIoU）、Pascal Context（55.83% mIoU）、Cityscapes 中有竞争力的结果，并在 ADE20K 测试服务器排行榜位列第一。但 SETR 也有诸多不足，跟 ViT 一样，SETR 要取得好的结果，对预训练和数据集大小都有较大的依赖性。

10.2.2　图像语义分割数据集

不同的图像语义分割方法在处理相同类型的图像时的效果参差不齐，而且不同的图像语义分割方法擅长处理的图像类型也各不相同。为了对各种图像语义分割方法的优劣性进行公平的比较，需要一个包含各种图像类型且极具代表性的图像语义分割数据集来测试并得到性能评估指标。下面将介绍图像语义分割领域中常用的数据集。

Pascol VOC 系列数据集在 2005—2012 年每年都会用于图像识别挑战，为图像语义分割提供一套优秀的数据集。其中，最常用的 Pascol VOC 2012 数据集包括场景在内共有 21 种类别，主要包含人类、动物、交通工具和室内家具等。该数据集共包含 10000 多张图像，而适用于语义分割的图像有 2913 张，其中 1464 张作为训练图像，另外 1449 张作为验证图像。之后该数据集的增强版 Pascol VOC 2012+ 又标注了 8000 多张图像用于语义分割，这些适用于语义分割的图片尺寸不同，且不同物体之间存在遮挡现象。

Pascol Context 数据集是由 Pascol VOC 2010 数据集改进而来，添加了大量的物体标注和场景信息，一共有 540 个标注类别。但在算法评估时，一般选择出现频率最高的 59 个类别作为语义标签，剩余类别充当背景。

Pascol Part 数据集也是由 Pascol VOC 2010 数据集改进而来，图像数量保持不变，但对数据集中的训练集、验证集和测试集三部分中的图像添加了像素级别的标注，对于原数据集中的部分类别也进行了切分，使得物体的各个部位都有像素标注，可以提供丰富的细节信息。

MS COCO 数据集是一种由微软团队提供的可用于语义分割的大型数据集。MS COCO 数据集提供了包括背景在内共 81 种类别、328000 张图像、250 万个物体实例以及 10 万个人体关键部位标注。数据集中的图片来源于室内室外的日常场景，图片中每个物体都有精确的位置标注，适用于对网络进行预训练。

Cityscapes 数据集是一种无人驾驶视角下的城市景观数据集。Cityscapes 数据集记录了 50 个不同城市的街道场景，包含了 5000 张精细标注和 20000 张粗略标注的城市环境中无人驾驶的场景图像。这 5000 张精细标注图像共分为 2975 张训练图像、1525 张测试图像以及 500 张验证图像，共提供了包括行人、车辆和道路等 30 种类别标注。

CamVid 数据集是最早用于自动驾驶的数据集。CamVid 数据集是由车载摄像头从驾驶员的角度拍摄的 5 个视频序列组建而成的，包含了在不同时段的 701 张图像和具有 32 个类别的语义标签。

NYUDv2 数据集是由微软 Kinect 设备获得的室内场景组成的数据集。NYUDv2 数据集由一系列的视频序列组成，包含 1449 张具有 40 个类别的 RGBD 图像。数据集中共包含 464 种室内场景、26 种场景类型，适用于家庭机器人的图像分割任务。

10.2.3　实例分割网络的发展

近年来，深度学习和 CUDA 等并行计算技术迅速发展直接推动了计算机视觉和图像处理领域，进入了新的技术时代，实例分割作为计算机视觉基础研究问题之一，其技术可广泛应用于汽车自动驾驶、机器人控制、辅助医疗和遥感影像等领域，在计算机视觉的基本任务中目标检测是预测图像中目标位置和类别。语义分割则是在像素级别上对目标分类。而实例分割可看作是目标检测和语义分割的结合体，旨在检测图像中所有目标实例，并针对每人实例标记属于该类别的像素，即不仅需要对不同类别目标进行像素级别分割，还要对不同目标进行区分。实例分割目前存在的一些问题和难点：

1）小物体分割问题。深层的神经网络一般有更大的感受野，对姿态、形变、光照等更具有鲁棒性，但是分辨率比较低，细节也会丢失；浅层的神经网络的感受野比较窄，细节比较丰富，分辨率比较大，但缺少了语义上的信息。因此，如果一个物体比较小时，它的细节在浅层的 CNN 层中会更少，同样的细节在深层网络中几乎会消失。解决这个问题的方法有空洞卷积和增大特征的分辨率。

2）处理几何变换的问题。对于几何变换，CNN 本质上并不是空间不变的。

3）处理遮挡问题。遮挡会造成目标信息的丢失。目前提出了一些方法来解决这个问题，如 deformable ROI pooling、deformable convolution 和 adversarial network。另外，也可能可以使用 GAN 来解决这个问题。

4）处理图像退化的问题。造成图像退化的原因有光照、低质量的摄像机和图像压缩等。不过目前大多数数据集（如 ImageNet、COCO 和 Pascal VOC 等）都不存在图像退化的问题。

近年来，实例分割的研究基本是建立在基于卷积神经网络的目标检测和语义分割基础之上。因此，从研究发展来看实例分割任务是卷积神经网络成功运用在计算机视觉领域的产物。实例分割方法主要归纳为两阶段与单阶段两类，其中两阶段实例分割有两种解决思路，分别是自上而下基于检测的方法和自下而上基于分割的方法。

自上而下的实例分割方法思路是首先通过目标检测的方法找出实例所在的区域，再在检测框内进行语义分割，每个分割结果都作为一个不同的实例输出。通常先检测后分割，如 FCIS、Mask-RCNN、PANet、Mask Scoring R-CNN；自上而下的密集实例分割的开山鼻祖是 DeepMask，它通过滑动窗口的方法，在每个空间区域上都预测一个 mask proposal。这个方法存在两个缺点：mask 与特征的联系（局部一致性）丢失了，如 DeepMask 中使用全连接网络去提取 mask；特征的提取表示是冗余的，如 DeepMask 对每个前景特征都会提取一次 mask 下采样（使用步长大于 1 的卷积）导致的位置信息丢失。自下而上的实例分割方法是将每个实例看成一个类别；然后按照聚类的思路，最大类间距，最小类间距，对每个像素做嵌入，最后做分组分出不同的实例。它的思路是首先进行像素级别的语义分割，再通过聚类、度量学习等手段区分不同的实例。这种方法虽然保持了更好的低层特征（细节信息和位置信息），但也存在以下缺点：对密集分割的质量要求很高，会导致非最优的分割；泛化能力较差，无法应对类别多的复杂场景；后处理方法烦琐。而单阶段实例分割可细化为感知实例分割、建模 mask、Tansformer 嵌入及一些其他方法。

自上而下的实例分割研究受益于目标检测的丰硕成果。2014 年，Bharath Hariharan 在 SDS 中首次实现检测和分割同时进行，也是最早的实例分割算法，奠定了后续研究基础。具体分为 4 步：①建议框生成，使用 MCG 为每张图片产生 2000 个候选区域；②特征提取，联合训练两个不同的 CNN，同时提取候选区域和区域前景特征；③区域分类，利用 CNN 中提取到的特征训练 SVM 分类器对上述区域进行分类；④区域细化，采用非极大值抑制（Non-Maximum Suppression，NMS）除去多余区域，最后使用 CNN 中的特征来生成特定类别的粗略 mask 预测，以细化候选区域，将该 mask 与原始候选区域结合起来可以进一步提高分割效果。虽然 SDS 效果逊色于后续方法，但 SDS 先检测生成候选区域再对其语义分割的思想为后续实例分割提供了重要的研究启发。

2015 年，该团队对 SDS 重新分析认为，只使用 CNN 最高层的特征来解决实例分割问题存在 mask 细节粗糙的缺陷，即高层特征的语义信息丰富有利于目标分类，但缺少精确的位置信息。例如，在底层特征图中可以定位目标部件，但是没有丰富语义信息判别区分这个目标部件具体属于哪个物体。所以，引入 Hypercolumns（所有 CNN 层对应该像素位置的激活输出值所组成的向量）作为特征描述符，将底层特征与高层特征融合从而提升分类的精确性并改善目标分割细节。之后，CFM 算法首次将 mask 这一概念引入实例分割中。CFM 通过矩形框生成特征图的 mask，并将任意区域生成固定大小的特征以方便处理。这里是从卷积特征中提取 mask 而非从原始图像中提取。DeepMask10 是首个直接从原始图像数据学习产生分割候选的工作。简单来讲，给定图片块作为输入，输出一个与类别无关的 mask 和相应的分数。它最大的特点是不依赖于边缘、超像素或者其他任何辅助形式的分割，用分割的方法来生成高召回率的候选区域。但缺点是只能捕捉目标大致外形，不能准确描绘目标边界。为了优化 DeepMask 的掩码，SharpMask 先在前向反馈通道中生成粗略的 mask，并在自上而下的通道中引入较低层次富有位置的特征逐步加以优化，最后产生具有更高保真度的能精确框定物体边界的 mask。但是上面提到的方法都需要先在原图生成 mask 候选区域，没有充分利用深度学习特征及大规模训练数据的优势并且推断时间缓慢，这些都是影响实例分割准确性的瓶颈。

2016 年，何凯明团队在多任务网络级联（MNC）中提出了一种级联结构，将实例分割任务分解为目标定位、掩码生成和目标分类 3 个子任务，共用一个主干网络，将 3 个不同功能的网络分支级联起来，每个阶段都以前一阶段的结果作为输入，整个网络是端到端的。这样主干网络的训练可以共享 3 个子任务的监督，有利于训练出更好的特征。这种设计的另一个优点是可以快速地进行推断。随着计算机并行处理数据能力的提升和目标检测网络性能的快速更新，实例分割研究趋势打开了一个新的局面。前沿的设计思想和领域的认识革新碰撞出新的学术火花。

2017 年，何凯明团队提出简单通用且性能强大的两阶段 Mask R-CNN，是 Faster R-CNN 思想应用在实例分割的经典之作，用于许多衍生应用的基线算法，也是现今使用最多、效率最高的实例分割算法。它的成功又激起实例分割领域新的技术浪潮，Mask R-CNN 在目标分类和回归分支上增加了用于预测每个感兴趣区域（Region of Interest, ROI）的语义分割分支。基础网络中采用了当时较为优秀的 ResNet-FPN 结构，多层特征图有利于多尺度物体及小物体的检测。

2018 年，Masklab 也改进了 Faster R-CNN，并产生两个额外的输出即语义分割和实例中心方向。由于 Mask R-CNN 对实例分割研究具有重要的启发意义，后续涌现了一系列相关的工作，具体方法如下：

2018 年，PANet 在 Mask R-CNN 的基础上引入自下而上的路径改进并扩展了 FPN，使用自适应融合的 ROI 特征池化，很好地融合了不同层次的特征信息。DetNet 将空洞卷积加到骨结构中，既保证了特征分辨率又增大了感受野，并提出重新对检测、分割任务训练骨干网络以提高特征表达能力。

2019 年，MSR-CNN 提出 mask 打分策略是使用分类的指标，缺乏针对性的评价机制。故在 Mask R-CNN 基础上修改了 mask 评价标准，通过添加 Mask IoU 分支来预测 mask 并且给其打分来提升模型实例分割性能。同年，何凯明团队提出 PointRend 将实例分割看作图像处理中的渲染问题，细化 Mask R-CNN 产生的粗糙 mask 边缘，先在边缘上选几个点再提取点的特征进行迭代计算，达到细化 mask 的目的。2020 年 BMask R-CNN 则将目标边缘信息加入 Mask R-CNN 中用于监督网络以增强 mask 预测。

2021 年，BPR 提出一个后处理细化模块以提高 Mask R-CNN 的边界质量，Refine Mask 利用边缘信息和语义分割信息细化 Mask R-CNN 生成的粗糙 mask 边缘。姜世浩等在 Mask R-CNN 的基础上引入两条分支，基于整体嵌套边缘检测模型生成边缘特征图，一条基于 FCN 生成偏重于空间位置信息的语义特征图。最后融合以上得到的多个特征图，生成信息更加丰富的新特征。

实例分割的基本流程为：图像输入、实例分割处理、分割结果输出。图像输入后，模型一般使用 VGGNet、ResNet 等骨干网络提取图像特征，然后通过实例分割模型进行处理。模型中可以先通过目标检测判定目标实例的位置和类别，然后在所选定区域位置进行分割，或者先执行语义分割任务，再区分不同的实例，最后输出实例分割结果。

10.2.4　图像实例分割数据集

实例分割常用数据集有 Pascal VOC、MS COCO、Cityscapes、ADE20K 等。Pascal VOC 数据集是计算机视觉主流数据集之一，可以作分类、分割、目标检测、动作检测和人物定位五类任务数据集。Pascal VOC 在 2005—2012 年每年发布关于图像分类、目标检测、图像分割等任务的子数据集，并举行世界级的计算机视觉大赛。Pascal VOC 数据集最初有 4 类，最后稳定在 21 类。对于分割任务，这些类别有房屋、动物、飞机、自行车、船、公共汽车、小汽车、摩托车、火车等，测试图像从早期的 1578 幅最后稳定在 11540 幅。Pascal VOC 数据集包括训练集和测试集，对于实际比赛有一个独立的测试集。

Microsoft Common Objects in Context（MS COCO）是另一个大规模物体检测、分割及文字定位数据集。该数据集包含众多类别和大量的标签。它共有 91 个物体类别、32.8 万幅图像，超过 8 万幅图像用于训练，4 万多幅图像用于验证，8 万多幅图像用于测试，拥有 250 万个标注实例。MS COCO 数据集的每一类物体的图像数量多、标注精细、数据场景多样性高，是目前比较流行的数据集。

ADE20K 是一个新的场景理解数据集，共有 2 万多幅图像，其中训练集有 20210 幅图像，验证集有 2000 幅图像，测试集有 3352 幅图像，以开放字典标签集密集注释。ADE20K 包含 151 个物体类别，如汽车、天空、街道、窗户、草坪、海面、咖啡桌等，每幅图像可能包含多个不同类型的物体，物体尺度变化大，因此检测难度高。

10.2.5　图像语义分割性能评估指标

为了对各种图像语义分割方法的性能进行公平的对比，需要使用一种统一的、在语义分割领域公认的评估指标。目前，语义分割领域中常用的 3 种评价指标包括精度、执行时间及内存占用。就精度这一评价指标而言，最常见的性能评估指标包括像素精度（PA）、平均像素精度（MPA）、平均精度（AP）、平均召回率（AR）、平均精度均值（mAP）、交并比（IoU）以及平均交并比（MIoU）。在评估结果时，一般会选择 PA、MPA 以及 MIoU 这 3 项指标进行综合对比分析。

（1）精度　精度是当前语义分割任务中最重要的一项指标。PA 表示语义分割图像中分割正确的像素数量与总像素数量的比值，具体的计算方法为

$$PA = \frac{\sum_{i=0}^{n} p_{ii}}{\sum_{i=0}^{n} \sum_{j=0}^{n} p_{ij}} \tag{10.1}$$

MPA 表示每个类别中正确的像素数量与该类别所有像素数量的比值的平均值，具体的计算方法为

$$MPA = \frac{1}{n+1} \sum_{i=0}^{n} \frac{p_{ii}}{\sum_{j=0}^{n} p_{ij}} \tag{10.2}$$

MIoU 从字面上理解，表示各类像素的观测区域和真实区域的交集与并集之间的比值

的平均值，从而可以反映出分割结果和真实图像的重合程度。MIoU 是图像语义分割中使用频率最高的一项指标，具体的计算方法为

$$\text{MIoU} = \frac{1}{n+1}\sum_{i=0}^{n}\frac{p_{ii}}{\sum_{j=0}^{n}p_{ij}+\sum_{j=0}^{n}p_{ji}-p_{ii}} \quad (10.3)$$

式中，n 为像素的类别；p_{ij} 为实际类型为 i、预测类型为 j 的像素的数量；p_{ii} 为实际类型为 i、预测类型也为 i 的像素的数量，即正确的像素数量。

（2）执行时间　对于实时语义分割任务，执行时间是比精度还重要的一个指标。这项指标可以反映运行速度的快慢，进而决定是否能投入到实际应用中。

（3）内存占用　当满足精度和执行时间指标时，由于可能在某些应用场景中存在内存配置固定的情况，此时需要考虑内存占用问题。

10.3　实例：基于深度学习的图像分割网络 DeepLabV3+、Mask R-CNN

10.3.1　DeepLabV3+ 简介

DeepLabV3 使用的空洞卷积能够在提取全局上下文特征的同时将特征图保持在比较大的尺寸上，从而保留空间细节信息。然而，由于 DeepLabV3 中最小的特征图尺寸一般为输入图像尺寸的 1/4 或 1/8，导致较大的显存占用和计算量。这种现象在层数较多的网络中更为明显。与之相比，编码器 - 解码器结构的计算效率更高，而且解码器便于恢复空间细节信息。DeepLabV3+ 网络将 SPP 模块和编码器 - 解码器结构融合，在编码器中引入 SPP 模块，能使编码器 - 解码器结构提取多尺度的上下文特征。

DeepLabV3+ 主要注重模型的架构，引入了可任意控制编码器提取特征的分辨率，通过空洞卷积平衡精度和耗时。DeepLabV3+ 在编码器部分引入了大量的空洞卷积，在不损失信息的情况下加大了感受野，让每个卷积输出都包含较大范围的信息。

10.3.2　DeepLabV3+ 的结构与工作原理

DeepLabV3+ 的网络架构如图 10.4 所示，可以看到其主要结构为编码器 - 解码器架构。对于编码器部分，实际上就是 DeepLabV3 网络。图像进入主干网络后，获得两个特征层，浅层的特征层直接进入解码器中进行 1×1 卷积，进行通道压缩，目的是减少低层级的比重。深层特征则在编码器中进入 ASPP 模块，由于编码器得到的特征具有更丰富的信息，所以编码器的特征应该有更高的比重。

ASPP 模块包括 1 个 1×1 卷积，3 个 3×3 的空洞卷积，膨胀率分别为 6、12、18，以及一个图像全局的池化操作，这些操作过后是 1 个 1×1 卷积。对于解码器部分，直接将编码器的输出上采样 4 倍，使其分辨率和低层级特征一致。将两个特征层连接后，再进行一次 3×3 卷积（细化作用），然后再次上采样就得到了像素级的预测。1×1 卷积的作用是升维或降维，使其与要结合的特征层保持一致。

空洞卷积是 DeepLab 模型的关键之一，它可以在不改变特征图大小的同时控制感受野，这有利于提取多尺度信息。空洞卷积如图 10.5 所示，其中 Rate（r）控制着感受野的大小，r 越大感受野越大。通常 CNN 分类网络的 output_stride=32，若希望 DilatedFCN 的 output_stride=16，只需要将最后一个下采样层的 stride 设置为 1，并且将后面所有卷积层

的 r 设置为 2，从而保证感受野没有发生变化。对于 output_stride=8，需要将最后的两个下采样层的 stride 改为 1，并且将后面对应的卷积层的膨胀率分别设为 2 和 4。另外一点，DeepLabV3 中提到了采用 multi-grid 方法针对 ResNet，最后 3 个级联 block 采用不同膨胀率，若 output_stride=16 且 multi_grid＝（1，2，4），那么最后 3 个 block 的 rate＝2×（1，2，4）＝（2，4，8）。这比直接采用（1，1，1）更有效，但结果相差不大。

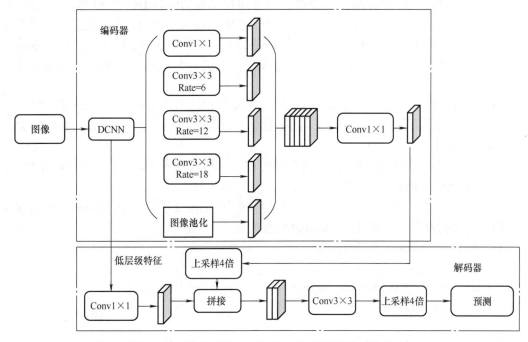

图 10.4 DeepLabV3+ 的网络架构

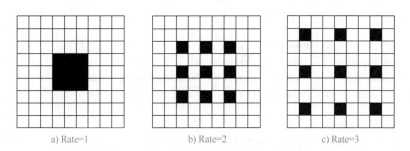

a) Rate=1   b) Rate=2   c) Rate=3

图 10.5 空洞卷积

空洞卷积可描述为

$$y[i] = \sum_k x[i + rk]w[k] \qquad (10.4)$$

式中，i 为卷积操作的像素，r 为参数距离，k 为参数。

编码器部分主要包括 backbone（即图 10.4 中的 DCNN）、ASPP 两大部分。其中 backbone 有两种网络结构：将 layer4 改为空洞卷积的 ResNet 系列、改进的 Xception。从 backbone 出来的特征图分两部分：一部分是最后一层卷积输出的特征图，另一部分是中间的低级特征的特征图；backbone 输出的第一部分送入 ASPP 模块，第二部分则送入解码器模块。

　　ASPP 模块接受 backbone 的第一部分输出作为输入，使用了 4 种膨胀率不同的空洞卷积块（包括卷积层、BN 层、激活层）和一个全局平均池化块（包括池化层、卷积层、BN 层、激活层）得到 5 组特征图，将其拼接起来后，经过一个 1×1 卷积块（包括卷积层、BN 层、激活层、dropout 层），最后送入解码器模块。

　　ASPP 是 DeepLab 中用于语义分割的一个模块。由于被检测物体具有不同的尺度，给分割增加了难度。一种分割方法是通过缩放图片，分别经过 DCNN 检测，然后融合，但这种方法计算量大。DeepLab 就设计了一个 ASPP 的模块，能得到多尺度信息，计算量又比较小，还使用了空洞卷积的方法。在 DeepLab 中，采用 ASPP 模块来进一步提取多尺度信息，这里是采用不同膨胀率的空洞卷积来实现这一点。ASPP 模块主要包含以下几个部分：

　　1）1 个 1×1 卷积层，以及 3 个 3×3 的空洞卷积。对于 output_stride=16，其 Rate 为（6，12，18），若 output_stride=8，Rate 加倍（这些卷积层的输出 channel 数均为 256，并且含有 BN 层）。

　　2）一个全局平均池化层。它得到图像级特征，然后送入 1×1 卷积层（输出 256 个 channel），并双线性插值到原始大小。

　　3）将 1）和 2）得到的 4 个不同尺度的特征在 channel 维度拼接在一起，然后送入 1×1 的卷积进行融合，得到 256-channel 的新特征。

　　ASPP 部分的 Python 实现代码如下：

```python
class ASSP(nn.Module):
    def __init__(self, in_channels, output_stride):
        super(ASSP, self).__init__()

        assert output_stride in [8, 16], 'Only output strides of 8 or 16 are suported'
        if output_stride == 16: dilations = [1, 6, 12, 18]
        elif output_stride == 8: dilations = [1, 12, 24, 36]

        self.aspp1 = assp_branch(in_channels, 256, 1, dilation=dilations[0])
        self.aspp2 = assp_branch(in_channels, 256, 3, dilation=dilations[1])
        self.aspp3 = assp_branch(in_channels, 256, 3, dilation=dilations[2])
        self.aspp4 = assp_branch(in_channels, 256, 3, dilation=dilations[3])

        self.avg_pool = nn.Sequential(
            nn.AdaptiveAvgPool2d((1, 1)),
            nn.Conv2d(in_channels, 256, 1, bias=False),
            nn.BatchNorm2d(256),
            nn.ReLU(inplace=True))

        self.conv1 = nn.Conv2d(256*5, 256, 1, bias=False)
        self.bn1 = nn.BatchNorm2d(256)
        self.relu = nn.ReLU(inplace=True)
        self.dropout = nn.Dropout(0.5)

        initialize_weights(self)

    def forward(self, x):
        x1 = self.aspp1(x)
```

```
            x2 = self.aspp2(x)
            x3 = self.aspp3(x)
            x4 = self.aspp4(x)
            x5 = F.interpolate(self.avg_pool(x), size=(x.size(2), x.size(3)), mode='bilinear', align_
corners=True)

            x = self.conv1(torch.cat((x1, x2, x3, x4, x5), dim=1))
            x = self.bn1(x)
            x = self.dropout(self.relu(x))

            return x
```

DeepLab 类为总的网络结构，从 forward() 函数可以看出其整体的流程：输入 x 经过 backbone 得到 16 倍下采样的特征图 1 和低级特征图 2；特征图 1 送入 ASPP 模块，得到结果，然后和特征图 2 一起送入解码器模块；最后经过插值得到与原图大小相等的预测图。主要代码如下：

```
    class DeepLab(BaseModel):
        def __init__(self, num_classes, in_channels=3, backbone='xception', pretrained=True, output_
stride=16, freeze_bn=False, **_):
            super(DeepLab, self).__init__()
            assert ('xception' or 'resnet' in backbone)
            if 'resnet' in backbone:
                self.backbone = ResNet(in_channels=in_channels, \
                                        output_stride=output_stride,\
                                            pretrained=pretrained)
                low_level_channels = 256
            else:
                self.backbone=Xception(output_stride=output_stride, pretrained=pretrained)
                low_level_channels = 128
            self.ASSP = ASSP(in_channels=2048, output_stride=output_stride)
            self.decoder = Decoder(low_level_channels, num_classes)

            if freeze_bn: self.freeze_bn()

        def forward(self, x):
            H, W = x.size(2), x.size(3)
            x, low_level_features = self.backbone(x)
            x = self.ASSP(x)
            x = self.decoder(x, low_level_features)
            x = F.interpolate(x, size=(H, W), mode='bilinear', align_corners=True)
            return x

        def get_backbone_params(self):
            return self.backbone.parameters()

        def get_decoder_params(self):
            return chain(self.ASSP.parameters(), self.decoder.parameters())

        def freeze_bn(self):
            for module in self.modules():
                if isinstance(module, nn.BatchNorm2d): module.eval()
```

需要注意的是：如果使用 ResNet 系列作为 backbone，中间的低级特征图输出维度为256，如果使用 Xception 作为 backbone，中间的低级特征图维度为 128。

ResNet 作为 backbone 时，对于 ResNet 系列，有 layer0 ~ 4 共 5 层。其中，前 3 层即 layer0 ~ layer2 不变，仅针对 layer3、layer4 进行了改进，将普通卷积改为了空洞卷积。如果输出步幅（输入尺寸与输出特征图尺寸之比）为 8，需要改动 layer3 和 layer4；如果输出步幅为 16，则仅改动 layer4，主要代码如下：

```
if output_stride == 16: s3, s4, d3, d4 = (2, 1, 1, 2)
elif output_stride == 8: s3, s4, d3, d4 = (1, 1, 2, 4)

if output_stride == 8:
    for n, m in self.layer3.named_modules():
        if 'conv1' in n and (backbone=='resnet34' or backbone=='resnet18'):
            m.dilation, m.padding, m.stride = (d3,d3), (d3,d3), (s3,s3)
        elif 'conv2' in n:
            m.dilation, m.padding, m.stride = (d3,d3), (d3,d3), (s3,s3)
        elif 'downsample.0' in n:
            m.stride = (s3, s3)

    for n, m in self.layer4.named_modules():
        if 'conv1' in n and (backbone == 'resnet34' or backbone == 'resnet18'):
            m.dilation, m.padding, m.stride = (d4,d4), (d4,d4), (s4,s4)
        elif 'conv2' in n:
            m.dilation, m.padding, m.stride = (d4,d4), (d4,d4), (s4,s4)
        elif 'downsample.0' in n:
            m.stride = (s4, s4)
```

DeepLabV3 所采用的 backbone 是 ResNet，在 DeepLabV3+ 模型中添加了改进的Xception，Xception 网络主要采用深度可分离卷积，这使得 Xception 计算量更小。改进的Xception 主要体现在以下几点：

1）参考微软亚洲研究院（MSRA）的修改（可变形卷积网络），增加了更多的层。

2）所有的最大池化层使用 stride=2 的深度可分离卷积替换，这样可以改成空洞卷积。

3）与 MobileNet 类似，在 3×3 深度卷积后增加 BN 和 ReLU。

如果以 Xception 作为 backbone，则需要对 Xception 的中间流（Middle Flow）和出口流（Exit Flow）进行改动：去掉原有的池化层，并将原有的卷积层替换为带有步长的可分离卷积，但是入口流（Entry Flow）不变，如图 10.6 所示。

主要代码如下：

```
if output_stride == 16: b3_s, mf_d, ef_d = 2, 1, (1, 2)
if output_stride == 8: b3_s, mf_d, ef_d = 1, 2, (2, 4)

self.conv1 = nn.Conv2d(in_channels, 32, 3, 2, padding=1, bias=False)
self.bn1 = nn.BatchNorm2d(32)
self.relu = nn.ReLU(inplace=True)
self.conv2 = nn.Conv2d(32, 64, 3, 1, padding=1, bias=False)
self.bn2 = nn.BatchNorm2d(64)

self.block1 = Block(64, 128, stride=2, dilation=1, use_1st_relu=False)
```

```
self.block2 = Block(128, 256, stride=2, dilation=1)
self.block3 = Block(256, 728, stride=b3_s, dilation=1)

for i in range(16):
    exec(f'self.block{i+4} = Block(728, 728, stride=1, dilation=mf_d)')

self.block20 = Block(728, 1024, stride=1, dilation=ef_d[0], exit_flow=True)

self.conv3 = SeparableConv2d(1024, 1536, 3, stride=1, dilation=ef_d[1])
self.bn3 = nn.BatchNorm2d(1536)
self.conv4 = SeparableConv2d(1536, 1536, 3, stride=1, dilation=ef_d[1])
self.bn4 = nn.BatchNorm2d(1536)
self.conv5 = SeparableConv2d(1536, 2048, 3, stride=1, dilation=ef_d[1])
self.bn5 = nn.BatchNorm2d(2048)
```

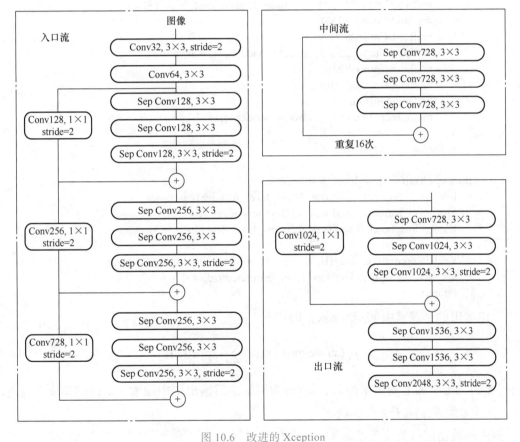

图 10.6　改进的 Xception

注：Sep Conv 为可分离卷积层，stride 为步长。

　　解码器模块为最后一部分，其接收来自 backbone 中间层的低级特征图和来自 ASPP
模块的输出作为输入。对于 DeepLabV3，经过 ASPP 模块得到的特征图的 output_stride
为 8 或者 16，其经过 1×1 的分类层后直接双线性插值到原始图片大小，这是一种非常暴
力的解码器方法，特别是 output_stride=16。然而这并不利于得到较精细的分割结果，故
DeepLabV3+ 模型中借鉴了编码器 – 解码器结构，引入了新的解码器模块。首先将编码器
得到特征双线性插值 4× 的特征，然后与编码器中对应大小的低级特征拼接，如 ResNet

中的 Conv2 层，由于编码器得到的特征数只有 256，而低级特征维度可能会很高，为了防止编码器得到的高级特征被弱化，先采用 1×1 卷积对低级特征进行降维。两个特征拼接后，再采用 3×3 卷积进一步融合特征，最后再次进行线性插值上采样，得到与原图分辨率大小相同的分割预测图。

其类定义代码如下：

```python
class Decoder(nn.Module):
    def __init__(self, low_level_channels, num_classes):
        super(Decoder, self).__init__()
        self.conv1 = nn.Conv2d(low_level_channels, 48, 1, bias=False)
        self.bn1 = nn.BatchNorm2d(48)
        self.relu = nn.ReLU(inplace=True)

        self.output = nn.Sequential(
            nn.Conv2d(48+256, 256, 3, stride=1, padding=1, bias=False),
            nn.BatchNorm2d(256),
            nn.ReLU(inplace=True),
            nn.Conv2d(256, 256, 3, stride=1, padding=1, bias=False),
            nn.BatchNorm2d(256),
            nn.ReLU(inplace=True),
            nn.Dropout(0.1),
            nn.Conv2d(256, num_classes, 1, stride=1),
        )
        initialize_weights(self)

    def forward(self, x, low_level_features):
        low_level_features = self.conv1(low_level_features)
        low_level_features = self.relu(self.bn1(low_level_features))
        H, W = low_level_features.size(2), low_level_features.size(3)

        x = F.interpolate(x, size=(H, W), mode='bilinear', align_corners=True)
        x = self.output(torch.cat((low_level_features, x), dim=1))
        return x
```

网络输出的是像素级的 softmax，即

$$p_k(x) = \exp(a_k(x)) \bigg/ \left(\sum_{k=1}^{K} \exp(a_k(x)) \right) \tag{10.5}$$

式中，x 为二维平面上的像素位置；$a_k(x)$ 为网络最后输出层中像素 x 对应的第 k 个通道的值；$p_k(x)$ 为像素 x 属于 k 类的概率。

损失函数使用负类交叉熵，即

$$E = \sum_x w(x) \lg(p_{l(x)}(x)) \tag{10.6}$$

式中，$p_{l(x)}$ 为 x 在真实标签所在通道上的输出概率。

10.3.3 DeepLabV3+ 网络的训练与测试

DeepLabV3+ 模型是端到端的训练，不需要对每个组件进行分段预训练。训练使用的数据集为 Pascal VOC 2012，该数据集包含 20 个前景物体类别和一个背景类别。原始

数据集包含 1464 张（训练）、1449 张（验证）和 1456 张（测试）像素级注释的图像。通过提供的额外注释来增加数据集，从而得到 10582 张训练图像。训练采用 poly 策略，初始学习率设置为 0.007，图像大小为 513×513 像素，当 output_stride=16 时，微调 BN 参数，以及在训练过程中进行随机的尺度数据增强。此外，还在 Cityscapes 数据集上实验了 DeepLabV3+。

DeepLabV3+ 模型训练的主要代码如下所示，该代码主要包括对 labels 和 logits 张量的重塑、定义损失函数以及设置学习率等功能。

```
def train():
    labels = tf.squeeze(labels, axis=3)
    logits_by_num_classes = tf.reshape(logits, [-1, params['num_classes']])
    labels_flat = tf.reshape(labels, [-1, ])
    valid_indices = tf.to_int32(labels_flat <= params['num_classes'] - 1)#elements cluding 0 and 1
    valid_logits = tf.dynamic_partition(logits_by_num_classes, \
                       valid_indices, num_partitions=2)[1]
    valid_labels = tf.dynamic_partition(labels_flat, valid_indices, num_partitions=2)[1]
    pred_flat = tf.reshape(pred_classes, [-1, ])
    valid_preds = tf.dynamic_partition(preds_flat, valid_indices, num_partitions=2)[1]
```

通过上面对 labels 和 logits 的预处理，使用条件判断筛选出有效的索引，根据有效索引通过动态分区（dynamic_partition）操作提取出有效的 logits、labels 和 preds。下面开始定义损失函数，这里总体损失值包括交叉熵损失和权重衰减项。

```
confusion_matrix = tf.confusion_matrix(valid_labels, valid_preds,\
                       num_classes=params['num_classes'])
cross_entropy = tf.losses.sparse_softmax_cross_entropy(logits=valid_logits,\
                       labels=valid_labels)
train_var_list = [v for v in tf.trainable_variables()]
loss = cross_entropy + params.get('weight_decay', _WEIGHT_DECAY) * tf.add_n([tf.nn.l2_
loss(v) for v in train_var_list])
```

然后创建全局步骤，使用多项式衰减学习率策略 tf.train.polynomial_decay()，根据全局步骤、初始全局步骤、最大迭代次数、终止学习率以及指定的幂来计算学习率，然后使用 tf.identity() 函数定义学习率的名称为 learning_rate。使用动量优化器对训练过程中的参数进行不断更新，最终代码返回了一个 tf.estimator.EstimatorSpec 的实例，包含模式、预测、损失、训练操作和评估指标操作。

```
global_step = tf.train.get_or_create_global_step()
learning_rate = tf.train.polynomial_decay(
    params['initial_learning_rate',
    tf.cast(global_step, tf.int32)-params['initial_global_step'],
    params['max_iter'],
    params['end_learning_rate'],
    power=params['power'])
tf.identity(learning_rate, name='learning_rate')
optimizer = tf.train.MomentumOptimizer(learning_rate=learning_rate, momentum=params['momentum'])
update_ops = tf.get_collection(tf.GraphKeys.UPDATE_OPS)
train_op = optimizer.minimize(loss, global_step, var_list=train_var_list)

return tf.estimator.EstimatorSpec(
    mode=mode,
```

```
                        predictions=predictions,
                        loss=loss,
                        train_op=train_op,
                        eval_metric_ops=metrics)
```

DeepLabV3+ 模型测试的主要代码如下所示，该代码的主要功能包括图像预处理、创建 labels 张量、调用函数获取预测结果、对预测结果进行后处理以及最后返回处理后的预测结果。

```
def predict(img):
    image = tf.convert_to_tensor(img)
    image = tf.to_float(tf.image.convert_image_dtype(image, dtype=tf.uint8))
    image.set_shape([None, None, 3])
    images = preprocessing.mean_image_subtraction(image)
    images = tf.reshape(images, [1, tf.shape(image)[0],tf.shape(image)[1],3])
    labels = tf.zeros([1, tf.shape(image)[0],tf.shape(image)[1],1])
    labels = tf.to_int32(tf.image.convert_image_dtype(labels, dtype=tf.uint8))
```

上面代码对输入图像进行了预处理，将图像转换为 TensorFlow 张量（tensor），将张量数据类型转换为 tf.uint8，并将像素值转换为浮点数类型，设置了 image 张量的形状与通道数。然后创建了 labels 张量，共同作为后面 deeplab_model.deeplabv3_plus_model_fn() 函数的输入来获取预测结果。对预测结果进行后处理，最后返回处理后的预测结果。它是一个形状为［height，width］的二维数组，元素类型为 np.uint8。

```
    predictions = deeplab_model.deeplabv3_plus_model_fn(
            images,
            labels,
            tf.estimator.ModeKeys.EVAL,
            params={
                'output_stride': FLAGS.output_stride,
                'batch_size': 1,    # Batch size must be 1 because the images' size may differ
                'base_architecture': FLAGS.base_architecture,
                'pre_trained_model': None,
                'batch_norm_decay': None,
                'num_classes': _NUM_CLASSES,
                'freeze_batch_norm': True
            }).predictions
    saver = tf.train.Saver()
    with tf.Session(config=config) as sess:
        ckpt = tf.train.get_checkpoint_state(FLAGS.model_dir)
        saver.restore(sess, 'model/model.ckpt-73536')
        preds = sess.run(predictions)
    pred = preds['classes']
    pred = pred.astype(np.float32)
    pred[pred == 1] = -1
    pred += 1
    return pred[0, :, :, 0].astype(np.uint8)
```

10.3.4　DeepLabV3+ 语义分割测试结果分析

从表 10.1 可以看出，DeepLabV3+ 在 Pascal VOC 2012 数据集上取得了很好的分割效果，其 mIoU 为 87.8% 和 89.0%。

采用所提出的解码器模块与单纯双线性上采样（记为 BU）相比的定性效果如图 10.7 所示。其中，采用 Xception 作为特征提取器，并训练输出 stride=eval，输出 stride=16。可以看出，采用解码器模块的分割效果更为准确。

DeepLabV3+ 在 Cityscapes 验证集上的测试结果见表 10.2，采用 Xception 模型作为网络骨干网（记为 X-65），在 DeepLabV3 上包含了 ASPP 模块和图像级特征，在验证集上获得了 77.33% 的性能。添加了 DeepLabV3+ 所提出的解码器模块将性能显著提高到 78.79%（提高 1.46%）。在去掉增强的图像级特征后，性能提高到了 79.14%，这表明在 DeepLab 模型中，图像级特征在 Pascal VOC 2012 数据集上更有效。在 Cityscapes 数据集上，在 Xception 的入口流中增加层数是有效的，就像对目标检测任务所做的一样。在更深的网络骨干网（表 10.2 中表示为 X-71）之上建立的结果模型，在验证集上获得了最佳性能（79.55%）。

表 10.1　DeepLabV3+ 在 Pascal VOC 2012 数据集上的测试结果

方法	mIoU
Deep Layer Cascade（LC）	82.7%
TuSimple	83.1%
Large_Kernel_Matters	83.6%
Multipath-RefineNet	84.2%
ResNet-38_MS_COCO	84.9%
PSPNet	85.4%
IDW-CNN	86.3%
CASIAIVA_SDN	86.6%
DIS	86.8%
DeepLabV3	85.7%
DecpLabV3-JFT	86.9%
DeepLabV3+（Xception）	87.8%
DeepLabV3+（Xoeption-JFT）	89.0%

a) 原图　　　　　　　b) BU　　　　　　　c) 解码器

图 10.7　最佳 DeepLabV3+ 模型的可视化结果

表 10.2　DeepLabV3+ 在 Cityscapes 验证集上的测试结果

Backbone	解码器	ASPP	图像级	mIoU
X-65		√	√	77.33%
X-65	√	√	√	78.79%
X-65	√	√		79.14%
X-71	√	√		79.55%

在验证集上找到最佳模型变体后，在粗注释上进一步微调模型，以便与其他先进的

模型对比。见表 10.3，DeepLabV3+ 在测试集上获得了 82.1% 的性能，在 Cityscapes 上设置了最新的性能。

表 10.3　DeepLabV3+ 在 Cityscapes 测试集上的测试结果

方法	Coarse	mIoU
ResNet-38	√	80.6%
PSPNet	√	81.2%
Mapillary	√	82.0%
DeepLabV3	√	81.3%
DeepLabV3+	√	82.1%

DeepLabV3+ 模型采用 ASPP，用不同的感受野和上采样来实现多尺度提取特征，采用编码器 – 解码器结构，通过逐渐恢复空间信息来捕捉清晰的目标边界。DeepLabV3+ 最佳模型变体的可视化结果如图 10.8 所示，结果表明，该 DeepLabV3+ 模型能够较好地捕获人、马、桌子等目标的轮廓特征，对不同远近及大小的物体分割较准确，且分割出的物体类别之间的分界线比较清晰，边缘光滑平整，不需要任何后处理。

图 10.8　最佳模型变体的可视化结果

10.3.5　Mask R-CNN 简介

Mask R-CNN 由 He 等提出，是在 Faster R-CNN 基础上扩展而来的一种全新的实例分割模型，它能确定图片中各个目标的位置和类别，给出像素级预测。实例分割对场景内每种兴趣对象进行分割，无论它们是否属于同一类别，比如模型可以从街景视频中识别车辆、人员等单个目标。Mask R-CNN 属于两阶段方法，第 1 阶段使用 RPN 来产生 ROI 候选区域，第 2 阶段模型对每个 ROI 的类别、边界框偏移和二值化掩码进行预测。掩码由新增加的第 3 个分支进行预测，这是 Mask R-CNN 与其他方法的不同点。此外，Mask R-CNN 提出了 ROIAlign，在下采样时对像素进行对准，使得分割的实例位置更加准确。R-CNN 集成了 AlexNet 和使用选择性搜索技术的区域方案。

Mask R-CNN 提出了 ROIAlign 方法来替代 ROIPooling，原因是 ROIPooling 的取整做法损失了一些精度，而这对于分割任务来说较为致命。Mask R-CNN 提出的 ROIAlign 取消了取整操作，保留所有浮点，然后通过双线性插值的方法获得多个采样点的值，再将多个采样点进行最大值的池化，即可得到该点最终的值，得到 ROI 的特征后，在原来分类与回归的基础上，增加了一个 mask 分支来预测每一个像素的类别。具体实现时，采用

FCN 的网络结构，利用卷积与反卷积构建端到端的网络，最后对每一个像素分类，实现了较好的分割效果。

总地来说，在 Faster R-CNN 和 FPN 的加持下，Mask R-CNN 开启了 R-CNN 结构下多任务学习的序幕。它出现的时间比其他一些实例分割方法（如 FCIS）要晚，但是依然让 proposal-based instance segmentation 的方式占据了主导地位（尽管先检测后分割的逻辑不是那么的自然）。

Mask R-CNN 利用 R-CNN 得到的物体框来区分各个实例，然后针对各个物体框对其中的实例进行分割。但是如果框不准，分割结果也会不准。因此对于一些边缘精度要求高的任务而言，这不是一个较好的方案。同时由于依赖框的准确性，容易导致一些非方正的物体效果比较差。Mask R-CNN 在 COCO 的一些挑战任务（如目标检测、实例分割、人体关键点检测）中都取得了最好的结果，指标表现较好。它的优点是网络特征提取能力强大、目标检测效果优秀且实例分割效果也很精细，但检测和分割的整体耗时较长。

10.3.6　Mask R-CNN 的结构与工作原理

Mask R-CNN 将 Faster R-CNN 和 FCN 结合起来，实现实例分割，其结构如图 10.9 所示。

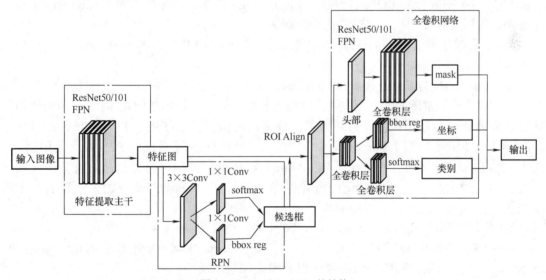

图 10.9　Mask R-CNN 的结构

注：bbox reg 为一种对边界框进行微调的技术。

Mask R-CNN 的算法实现思路非常直接、简单，针对目标检测算法 Faster R-CNN 加入语义分割算法 FCN，使得完成目标检测的同时也得到语义分割的结果，算法对 Faster R-CNN 的一些细节做了调整，最终的组成部分是 RPN+ROI Align+Fast R-CNN+FCN。所以要了解 Mask R-CNN 的细节就需要了解 R-CNN、Fast R-CNN、Faster R-CNN 这一系列算法的实现过程。

Mask R-CNN 总体流程如图 10.10 所示。

1）输入预处理后的原始图片。

2）将输入图片送入特征提取网络得到特征图。

3）再对特征图的每一个像素位置设定固定个数的 ROI（也可以叫锚框），然后将 ROI 区域送入 RPN 进行二分类（前景和背景）以及坐标回归，以获得精炼后的 ROI。

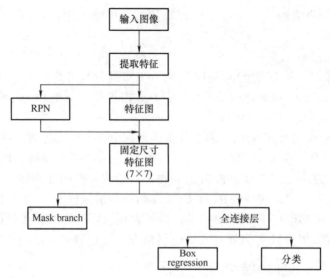

图 10.10　Mask R-CNN 总体流程

4）对 3）中获得的 ROI 执行提出的 ROI Align 操作，即先将原图和特征图的像素对应起来，然后将特征图和固定的特征对应起来。

5）最后对这些 ROI 进行多类别分类，候选框回归和引入 FCN 生成 mask，完成分割任务。

Mask R-CNN 与 Faster R-CNN 的区别：

1）使用了 ResNet+FPN。替换了在 Faster R-CNN 中使用的 VGG 网络，转而使用特征表达能力更强的残差网络。另外为了挖掘多尺度信息，还使用了 FPN。ResNet 分为了 5 个阶段，C1 ～ C5 分别为每个阶段的输出，这些输出在网络后面的 FPN 中会使用到。

2）将 ROIPooling 层替换成了 ROIAlign。解决移位的问题，也就是对特征图使用双线性插值，因为直接 ROIPooling 的量化操作会使得到的 mask 与实际物体位置有一个微小偏移。

3）添加并列的 FCN 层（mask 层）。FCN 属于语义分割。

Mask R-CNN 中有一些重要的模块，包含 Faster R-CNN 模块、ROIAlign 模块、FCN 模块、Classifier 模块、Mask 模块以及损失函数模块等。

（1）Faster R-CNN 模块　在 R-CNN 中，CNN 只被用来作为特征抽取，后接 SVM 和线性回归模型分别用于分类和 box 修正回归。在此基础上，Faster R-CNN 直接对原输入图进行特征抽取，然后在整张图片的特征图上分别对每个 ROI 使用 ROIPooling 提取特定长度的特征向量，去掉 SVM 和线性回归模型，在特征向量上直接使用若干全卷积层进行回归，然后分别使用两个全卷积分支预测 ROI 相关的类别和 box，从而显著提升速度和预测效果。

与 Faster R-CNN 一样，Mask R-CNN 的第一部分是一个标准的 CNN（一般是 ResNet50 或者 ResNet101），目的是提取图像中的信息。除此之外，Mask R-CNN 还使用了 FPN 来提升网络的性能。

CNN 算法是深度学习在图像领域的基础，其目的是提取图像（一个大的 2D 矩阵）中的信息。CNN 结构一般是卷积层和池化层交替出现，在矩阵外圈补 0 以使输入、输出矩阵大小一致（具体网络是否补 0 或是否间隔由 CNN 所处理的问题而定）。

为提高准确度一般使用 ResNet 来实现多层预测。使用残差块可以使得当 CNN 层数增加时，准确度也随之增加，结果不会变差。一般的残差核心思想非常简单，即为一般的卷积计算输出增加一个直接相连的输入项，将网络计算结果与输入相加后作为整体输出。Mask R-CNN 结构图中所使用的 ResNet 50/101 就是常用的两种残差网络结构。

FPN 的设计目标比较好理解，早期 CNN 的设计最终目标是图像分类，具体在使用时一般为卷积层、池化层交替使用，这样可以大幅削减计算开支，但如果将 CNN 用作实例分割的第一步，会出现一个明显的弊端，矩阵长宽尺寸变小后会丢失大量的像素级信息，从而导致实例分隔的边界准确度大大降低。因此为提高预测精度，需要使用一些前面中间层的输出。

FPN 的具体思想是将尺寸小但特征信息多的层做反卷积，与尺寸大但特征提取得少的前几层结果做融合，将整合后的数据做后续预测。在相加前，原 CNN 中间层做了卷积，这一步主要是使相加的各部分通道数一致。相加的另一部分是从上至下，将尺寸小的特征矩阵做上采样（一般 CNN 中池化层大小变为原先的 1/2，故这里上采样一般是 2 倍，具体算法一般是插值），图 10.11 所示为 FPN 的结构。

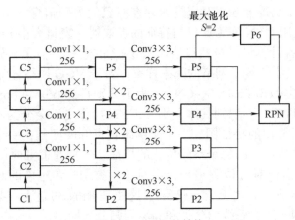

图 10.11　FPN 的结构

注：C1 ～ C5 表示 ResNet 中 5 个阶段分别输出的特征图；P2 ～ P5 表示通过逐层上采样和卷积操作得到的金字塔结构的特征图，同时作为 RPN 的输入；P6 表示通过最大池化操作得到。

从图 10.11 中还可以得出 FPN 会输出多个结果，这些结果的大小依次差距 2 倍，将这些结果分别输入到下一步的 RPN 结构中，同一张图片的各个输出结果可以共享后续的检测框参数。FPN 的核心代码如下：

```
if callable(config.BACKBONE):
    _, C2, C3, C4, C5 = config.BACKBONE(input_image, stage5=True, train_bn=config.TRAIN_BN)
else:
    _, C2, C3, C4, C5 = resnet_graph(input_image, config.BACKBONE, stage5=True, train_
bn=config.TRAIN_BN)

P5 = KL.Conv2D(config.TOP_DOWN_PYRAMID_SIZE, (1, 1), name='fpn_c5p5')(C5)
P4 = KL.Add(name="fpn_p4add")([
    KL.UpSampling2D(size=(2, 2), name="fpn_p5upsampled")(P5),
    KL.Conv2D(config.TOP_DOWN_PYRAMID_SIZE, (1, 1), name='fpn_c4p4')(C4)])
P3 = KL.Add(name="fpn_p3add")([
    KL.UpSampling2D(size=(2, 2), name="fpn_p4upsampled")(P4),
```

```
    KL.Conv2D(config.TOP_DOWN_PYRAMID_SIZE, (1, 1), name='fpn_c3p3')(C3)])
P2 = KL.Add(name="fpn_p2add")([
    KL.UpSampling2D(size=(2, 2), name="fpn_p3upsampled")(P3),
    KL.Conv2D(config.TOP_DOWN_PYRAMID_SIZE, (1, 1), name='fpn_c2p2')(C2)])

P2 = KL.Conv2D(config.TOP_DOWN_PYRAMID_SIZE, (3, 3), padding="SAME", name="fpn_p2")(P2)
P3 = KL.Conv2D(config.TOP_DOWN_PYRAMID_SIZE, (3, 3), padding="SAME", name="fpn_p3")(P3)
P4 = KL.Conv2D(config.TOP_DOWN_PYRAMID_SIZE, (3, 3), padding="SAME", name="fpn_p4")(P4)
P5 = KL.Conv2D(config.TOP_DOWN_PYRAMID_SIZE, (3, 3), padding="SAME", name="fpn_p5")(P5)

P6 = KL.MaxPooling2D(pool_size=(1, 1), strides=2, name="fpn_p6")(P5)

rpn_feature_maps = [P2, P3, P4, P5, P6]
mrcnn_feature_maps = [P2, P3, P4, P5]
```

RPN 的主要功能是产生物品检测框。相对于传统方法，RPN 生成检测框的速度大大提高，这也是 Faster R-CNN/Mask R-CNN 的重要优势，能极快又准确地实现预测。RPN 在 backbone 产生的特征图之上执行 $n \times n$ 的滑窗操作，每个滑窗范围内的特征图会被映射为多个 proposal box 以及每个 box 对应是否存在对象的类别信息。由于 CNN 天然就是滑窗操作，所以 RPN 使用 CNN 作为窗口内特征的提取器，窗口大小 $n=3$，将特征图映射为较低维的特征图以节省计算量。虽然只使用了 3×3 的卷积，但是在原图上有效的感受野还是很大的，感受野大小不等于网络的降采样率，对于 VGG 网络，降采样率为 16，但是感受野为 228 像素。类似于 Faster R-CNN，为了分别得到 box 和 box 对应的类别（此处类别只是表示有没有目标，不识别具体类别），CNN 操作之后会分为两个子网络，它们的输入都是新增 CNN 层输出的特征图，一个子网络负责 box 回归，一个负责类别回归。由于新增 CNN 层产生的特征图的每个空间位置的特征（包括通道方向，尺寸为 $1 \times 1 \times 256$）都被用来预测映射前窗口对应位置是否存在对象（类别）和对象的 box，那么使用 1×1 的 CNN 进行计算正合适（等效于全卷积层），这便是 RPN 的做法。综上所述，所有滑窗位置共享一个新增 CNN 层、后续的分类和 box 回归分支网络。

由于滑窗操作是通过正方形的 CNN 卷积实现的，为了训练网络适应不同长宽比和尺寸的对象，RPN 引入了锚框的概念。每个滑窗位置会预置 k 个锚框，每个锚框的位置便是滑窗的中心点，k 个锚框的长宽比和尺寸不同，该模型使用了 9 种，长宽比分别为 $1 : 2$、$1 : 1$ 和 $2 : 1$，尺寸为 128×128 像素、256×256 像素和 512×512 像素的 9 种不同组合。分类分支和 box 回归分支会将新增 CNN 层输出的特征图的每个空间位置的张量（尺寸为 $1 \times 1 \times 256$）映射为 k 个 box 和与之对应的类别，假设每个位置的锚框数量为 k（如前所述，$k=9$），则分类分支输出的特征向量为 $2k$（两个类别），box 回归分支输出为 $4k$（4 为 box 信息，box 中心点 x 坐标、box 中心点 y 坐标、box 宽 w 和 box 高 h）。box 分支预测的位置 (x, y, w, h) 都是相对锚框的偏移量。从功能上来看，锚框的作用类似于提供给 Faster R-CNN 的 propsal box 的作用，也表示目标可能出现的位置 box，但是锚框是均匀采样的，而 proposal box 是通过特征抽取（或包含训练）回归得到的。由此可以看出，锚框与预测的 box 是一一对应的。

通过锚框与 gt box 的 IoU 的关系，可以确定每个预测 box 的正负样本类别。通过监督的方式让特定的 box 负责特定位置、特定尺寸和特定长宽比的对象，模型就学会了拟合不同尺寸和大小的对象。另外，由于预测的 box 是相对锚框的偏移量，而锚框是均匀分布在特征图上的，只有距离和尺寸与 gt box 接近（IoU 较大）的锚框对应的预测 box 才会与 gt box 计算损失，这大大简化了训练，否则会有大量的预测 box 与 gt box 计算损失，尤其是在训练初始阶段。

从 Mask R-CNN 的架构可以看出，ROI 有两部分输入，第一部分是由 backbone 生成的特征图，另一部分是由 RPN 生成的检测框（proposal），ROI 这一部分的主要职责就是把生成的检测框对应到特征图上。

（2）ROIAlign 模块　ROIPooling 是 Faster R-CNN 提取特征的模块。整个 ROIPooling 可以分成前后两步，第一步将候选框缩放到特征层上，对于非整数的情况四舍五入取整，第二步操作类似最大池化，将刚得到的区域缩放到一个预定义的大小，当无法整除时各部分大小再次做取整操作，每个区域内选取最大值作为输出。

ROIAlign 模块是 Mask R-CNN 对目标检测中 ROIPooling 模块的改进，也用于提取特征，主要是针对 ROIPooling 中的取整操作带来的误差（misalignment）。ROIPooling 主要有两部分取整带来的误差，第一个是候选框对应到特征层上时的取整，第二个是区域缩放不能整除时对边界的取整。ROIAlign 主要就是对这两个地方进行优化，为了缓解 ROIPooling 量化误差过大的缺点，对于没有落在真实像素点的计算不再取整，而是用最近的 4 个点进行双线性插值。图 10.12 所示为 Mask R-CNN 中 ROIAlign 示意图，保留每一步的计算精度，不取整直至最后，利用双线性插值计算每个子区域 4 个点，比较出最大值作为这一部分的输出（最终的采样结果对采样点位置以及采用点个数并不敏感，所以一般直接使用 4 个采样点）。

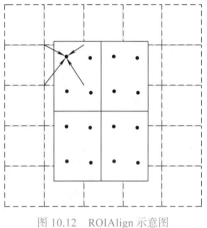

图 10.12　ROIAlign 示意图

Mask R-CNN 充分利用原图中的虚拟像素值如 27.52 四周的 4 个真实存在的像素值来共同决定目标图中的一个像素值，即可以将和 27.52 类似的非整数坐标值像素对应的输出像素值估计出来。ROIAlign 并没有取整的过程，可以全程使用浮点数操作，步骤如下：

1）计算 ROI 的边长，边长不取整。

2）将 ROI 均匀分成 $k \times k$ 个 bin，每个 bin 的大小不取整。

3）每个 bin 的值为其最邻近的特征图的 4 个值通过双线性插值得到。

4）使用最大池化或者平均池化得到长度固定的特征向量。

上面这一过程如图 10.13 所示。

图 10.13 中，特征图由 VGG16 或其他 Backbone 网络获得，黑色实线表示 ROI 划分方式，最后输出的特征图大小为 2×2，然后使用双线性插值的方式来估计这些点的像素值，最后得到输出，再在 A 区域中执行池化操作，最后得到 2×2 的输出特征图。可以看到，这个过程相比于 ROIPooling 没有引入任何量化操作，即原图中的像素和特征图中的像素是完全对齐的，没有偏差，这不仅会提高检测的精度，也有利于实例分割。

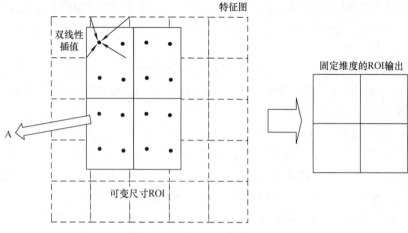

图 10.13　ROIAlign 的实现过程

主要代码如下：

```
class PyramidROIAlign(KE.Layer):

    def __init__(self, pool_shape, **kwargs):
        super(PyramidROIAlign, self).__init__(**kwargs)
        self.pool_shape = tuple(pool_shape)

    def call(self, inputs):
        boxes = inputs[0]
        image_meta = inputs[1]
        feature_maps = inputs[2:]
        y1, x1, y2, x2 = tf.split(boxes, 4, axis=2)
        h = y2 - y1
        w = x2 - x1
        image_shape = parse_image_meta_graph(image_meta)['image_shape'][0]
        image_area = tf.cast(image_shape[0] * image_shape[1], tf.float32)
        roi_level = log2_graph(tf.sqrt(h * w) / (224.0 / tf.sqrt(image_area)))
        roi_level = tf.minimum(5, tf.maximum(
            2, 4 + tf.cast(tf.round(roi_level), tf.int32)))
        roi_level = tf.squeeze(roi_level, 2)
        pooled = []
        box_to_level = []
        for i, level in enumerate(range(2, 6)):
            ix = tf.where(tf.equal(roi_level, level))
            level_boxes = tf.gather_nd(boxes, ix)
            box_indices = tf.cast(ix[:, 0], tf.int32)
            box_to_level.append(ix)
            level_boxes = tf.stop_gradient(level_boxes)
            box_indices = tf.stop_gradient(box_indices)
            pooled.append(tf.image.crop_and_resize(
                feature_maps[i], level_boxes, box_indices, self.pool_shape,
                method="bilinear"))
        pooled = tf.concat(pooled, axis=0)
        box_to_level = tf.concat(box_to_level, axis=0)
        box_range = tf.expand_dims(tf.range(tf.shape(box_to_level)[0]), 1)
```

```
box_to_level = tf.concat([tf.cast(box_to_level, tf.int32), box_range],
                              axis=1)
sorting_tensor = box_to_level[:, 0] * 100000 + box_to_level[:, 1]
ix = tf.nn.top_k(sorting_tensor, k=tf.shape(
        box_to_level)[0]).indices[::-1]
ix = tf.gather(box_to_level[:, 2], ix)
pooled = tf.gather(pooled, ix)
pooled = tf.expand_dims(pooled, 0)
return pooled

def compute_output_shape(self, input_shape):
    return input_shape[0][:2] + self.pool_shape + (input_shape[2][-1], )
```

（3）FCN 模块。FCN 算法是一个经典的语义分割算法，它可以对一张图片上的所有像素点进行分类，实现了对图片中目标的准确分割。FCN 是一个端到端的网络，主要流程包含包括卷积和转置卷积（或反卷积），即先对图像进行卷积和池化，使其特征图的大小逐渐减小，然后进行转置卷积即插值操作，不断地增大其特征图，最后对每一个像素值进行分类，从而实现对输入图像的准确分割。在 FCN 中使用了 3 种重要的技术点，即卷积化（不含全连接层的全卷积网络）、转置卷积（用于增大图片尺寸）和跳级结构（用于结合不同深度层次的结果，同时确保鲁棒性和精确性）。卷积化是指图像语义分割的输出是个分割结果图，是二维数据，所以网络结构中丢弃全连接层，换上卷积层。卷积操作的本质是在输入矩阵和核矩阵之间做逐元素（element-wise）的乘法然后求和，也就是卷积操作建立了多对一的关系。而转置卷积可以认为是卷积的逆向操作，但是从信息论的角度看，卷积是不可逆的，因此这里说的并不是从输出矩阵和核矩阵中计算出原始的输入矩阵，而是计算出一个保持了位置性关系的矩阵，它建立了一个一对多的关系映射。

（4）Classifier　Classifier 模块包括物体检测最终的类别和边界框。该部分是利用了之前检测到了 ROI 进行分类和回归，且分别对每一个 ROI 进行，其结构如图 10.14 所示。

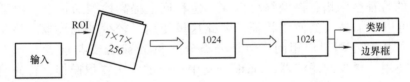

图 10.14　Classifier 的结构

（5）Mask 模块　Mask 的预测是在 ROI 之后通过 FCN 来进行的。注意它实现的是语义分割而不是实例分割。因为每个 ROI 只对应一个物体，只须对其进行语义分割，这也是 Mask R-CNN 与其他分割框架的不同之处，即先分类再分割，其结构如图 10.15 所示。

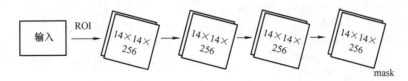

图 10.15　Mask 的结构

对于每一个 ROI 的 mask 都有 80 类，因为 COCO 上的数据集是 80 个类别，这样做可以减弱类别间的竞争，从而得到更好的结果。该模型的训练和预测是分开的，不是套用同一个流程。在训练时，classifier 和 mask 都是同时进行的；在预测时，显示得到 classifier 的结果，然后把此结果传入 mask 预测中得到 mask。

（6）Head Architecture 模块　如图 10.16 所示两种架构用于产生 mask 分支，左侧是 Faster R–CNN/ResNet，右侧是 Faster R–CNN/FPN。

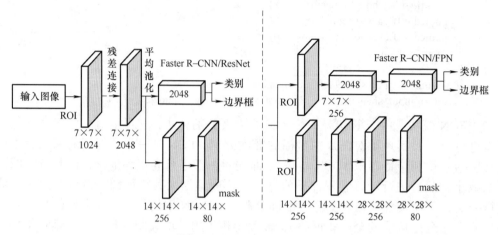

图 10.16　Head Architecture

对于图 10.16 左侧的架构，backbone 使用的是预训练好的 ResNet，使用了 ResNet 倒数第 4 层的网络。输入的 ROI 首先获得 $7 \times 7 \times 1024$ 的 ROI feature，再将其升维到 2048 个通道，然后分为两个分支，上面的分支负责分类和回归，下面的分支负责生成对应的 mask。由于前面进行了多次卷积和池化，减小了对应的分辨率，mask 分支开始利用反卷积进行分辨率的提升，同时减少通道的个数，变为 $14 \times 14 \times 256$，最后输出了 $14 \times 14 \times 80$ 的 mask 模板。

对于图 10.16 右侧的架构，使用的 backbone 是 FPN，通过输入单一尺度的图片，可以得到对应的特征金字塔，该网络可以在一定程度上提高检测的精度。由于 FPN 已经包含 res5，可以更加高效的使用特征，因此这里使用了较少的滤波器。该架构也分为两个分支，作用和左侧架构相同，但是分类分支和 mask 分支与前者相比有很大的区别。分类时使用了更少的滤波器，mask 分支中进行了多次卷积操作，首先将 ROI 变化为 $14 \times 14 \times 256$ 的 feature，再进行 5 次相同的操作，然后进行反卷积操作，最后输出 $28 \times 28 \times 80$ 的 mask，mask 的尺寸更大。

Mask R–CNN 类的主要代码如下：

```
class MaskRCNN():
    def __init__(self, mode, config, model_dir):
        assert mode in ['training', 'inference']
        self.mode = mode
        self.config = config
        self.model_dir = model_dir
        self.set_log_dir()
        self.keras_model = self.build(mode=mode, config=config)

    def build(self, mode, config):
        assert mode in ['training', 'inference']
        h, w = config.IMAGE_SHAPE[:2]
```

```
            if h / 2**6 != int(h / 2**6) or w / 2**6 != int(w / 2**6):
                raise Exception("Image size must be dividable by 2 at least 6 times "
                                "to avoid fractions when downscaling and upscaling."
                                "For example, use 256, 320, 384, 448, 512, ... etc. ")
        input_image = KL.Input(
            shape=[None, None, 3], name="input_image")
        input_image_meta = KL.Input(shape=[config.IMAGE_META_SIZE],
                                    name="input_image_meta")
        if mode == "training":
            input_rpn_match = KL.Input(
                shape=[None, 1], name="input_rpn_match", dtype=tf.int32)
            input_rpn_bbox = KL.Input(
                shape=[None, 4], name="input_rpn_bbox", dtype=tf.float32)
                input_gt_class_ids = KL.Input(
                shape=[None], name="input_gt_class_ids", dtype=tf.int32)
                    input_gt_boxes = KL.Input(
                shape=[None, 4], name="input_gt_boxes", dtype=tf.float32)
                    gt_boxes = KL.Lambda(lambda x: norm_boxes_graph(
            x, K.shape(input_image)[1:3]))(input_gt_boxes)
                    if config.USE_MINI_MASK:
                input_gt_masks = KL.Input(
                    shape=[config.MINI_MASK_SHAPE[0],
                        config.MINI_MASK_SHAPE[1], None],
                    name="input_gt_masks", dtype=bool)
            else:
                input_gt_masks = KL.Input(
                    shape=[config.IMAGE_SHAPE[0], \
config.IMAGE_SHAPE[1], None],
                    name="input_gt_masks", dtype=bool)
        elif mode == "inference":
            input_anchors = KL.Input(shape=[None, 4], name="input_anchors")
        if callable(config.BACKBONE):
            _, C2, C3, C4, C5 = config.BACKBONE(input_image, stage5=True,
                                    train_bn=config.TRAIN_BN)
        else:
            _, C2, C3, C4, C5 = resnet_graph(input_image, config.BACKBONE,
                                stage5=True, train_bn=config.TRAIN_BN)
        P5 = KL.Conv2D(config.TOP_DOWN_PYRAMID_SIZE, (1, 1), \
name='fpn_c5p5')(C5)
        P4 = KL.Add(name="fpn_p4add")([
            KL.UpSampling2D(size=(2, 2), name="fpn_p5upsampled")(P5),
            KL.Conv2D(config.TOP_DOWN_PYRAMID_SIZE, (1, 1),\
name='fpn_c4p4')(C4)])
        P3 = KL.Add(name="fpn_p3add")([
            KL.UpSampling2D(size=(2, 2), name="fpn_p4upsampled")(P4),
            KL.Conv2D(config.TOP_DOWN_PYRAMID_SIZE, (1, 1),\
name='fpn_c3p3')(C3)])
        P2 = KL.Add(name="fpn_p2add")([
            KL.UpSampling2D(size=(2, 2), name="fpn_p3upsampled")(P3),
            KL.Conv2D(config.TOP_DOWN_PYRAMID_SIZE, (1, 1), \
name='fpn_c2p2')(C2)])
        P2 = KL.Conv2D(config.TOP_DOWN_PYRAMID_SIZE, (3, 3), \
```

```
padding="SAME", name="fpn_p2")(P2)
        P3 = KL.Conv2D(config.TOP_DOWN_PYRAMID_SIZE, (3, 3), \
padding="SAME", name="fpn_p3")(P3)
        P4 = KL.Conv2D(config.TOP_DOWN_PYRAMID_SIZE, (3, 3), \
padding="SAME", name="fpn_p4")(P4)
        P5 = KL.Conv2D(config.TOP_DOWN_PYRAMID_SIZE, (3, 3), \
padding="SAME", name="fpn_p5")(P5)
        P6 = KL.MaxPooling2D(pool_size=(1, 1), strides=2, name="fpn_p6")(P5)
        rpn_feature_maps = [P2, P3, P4, P5, P6]
        mrcnn_feature_maps = [P2, P3, P4, P5]
```

（7）损失函数　Mask 分支针对每个 ROI 产生一个 $K \times m \times m$ 的输出特征图，即 K 个 $m \times m$ 的二值掩膜图像，其中 K 代表目标种类数。Mask R-CNN 在 Faster R-CNN 的基础上多了一个 ROIAligin 和 Mask 预测分支，因此 Mask R-CNN 的损失也是多任务损失，可以表示为

$$L = L_{cls} + L_{box} + L_{mask} \tag{10.7}$$

式中，L_{cls} 为预测框的分类损失；L_{box} 为预测框的回归损失；L_{mask} 为 Mask 部分的损失。

预测二值掩膜输出时，对每一个像素点应用 sigmoid() 函数，整体损失定义为平均二值交叉损失熵。引入预测 $K \times m \times m$ 个输出的机制，允许每个类都生成独立的掩膜，避免类间竞争，解耦了掩膜和种类预测。不像 FCN 的做法，在每个像素点上应用 softmax() 函数，整体采用多任务交叉熵，这样会导致类间竞争，最终导致分割效果差。

图 10.17 更清晰地展示了 Mask R-CNN 的 Mask 预测部分的损失计算。

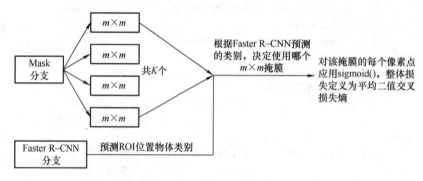

图 10.17　Mask R-CNN 的 Mask 预测部分的损失计算

10.3.7　Mask R-CNN 的训练与测试

R-CNN 模型的训练包括：第一步涉及计算使用选择性搜索获得的类不可知区域建议；第二步是 CNN 模型微调，包括使用区域建议微调预先训练的 CNN 模型，如 AlexNet；第三步，利用 CNN 提取的特征来训练一组类特异性 SVM 分类器，该分类器取代了通过微调学习的 softmax 分类器；第四步使用 CNN 获得的特征对每个对象类进行类特异性边界盒回归训练。其结构与 Faster R-CNN 非常类似，但有 3 点主要区别：

1）在基础网络中采用了较为优秀的 ResNet-FPN 结构，多层特征图有利于多尺度物体及小物体的检测。

2）原始的 FPN 会输出 P2 ～ P5 阶段的特征图，但在 Mask R-CNN 中又增加了一个 P6。

3）将 P5 进行最大值池化即可得到 P6，目的是获得更大感受野的特征，该阶段仅仅用在 RPN 中。

在 Faster R-CNN 中，如果 ROI 和 GT 框的 IoU>0.5，则 ROI 是正样本，否则为负样本。L_{mask} 只在正样本上定义，而 Mask 的标签是 ROI 和它对应的 Ground Truth Mask 的交集。其他的训练细节如下：

1）采用 image-centric 方式训练，将图片的长宽较小的一边缩放到 800 像素。

2）每个 GPU 的 mini-batch=2，每张图片有个采样 ROI，其中正负样本比例为 1：3。

3）在 8 个 GPU 上进行训练，batch_size=2，迭代 16 万次，初始学习率为 0.02，在第 12 万次迭代时衰减 10 倍，weight_decay=0.0001，momentum=0.9。

网络的训练与测试采用 COCO 数据集，采用标准 COCO 指标，包括 AP（超过 IoU 阈值的平均值）、AP50 和 AP75，将 Mask R-CNN 与现有技术进行比较，并对 COCO 数据集进行了全面的消融。

测试阶段，采用的 proposal 的数量分别为 300（Faster R-CNN）和 1000（FPN）。在这些 proposal 上，使用 bbox 预测分支配合后处理 NMS 来预测 box。然后使用 Mask 预测分支对最高分的 100 个检测框进行处理。可以看到这里和训练时 Mask 预测并行处理的方式不同，这里主要是为了加速推断效率。然后，Mask 网络分支对每个 ROI 预测 K 个掩膜图像，但这里只需要使用其中类别概率最大的掩膜图像即可，并将这个掩膜图像改回 ROI 大小，并以 0.5 的阈值进行二值化。

测试过程只有 head 层有一些区别，主要是 bbox 检测和语义分割的先后顺序问题。Head 层先利用上分支得到最终预测框和预测类别，再对它们进行语义分割，因为已知预测类别，所以相当于实例分割，将 28×28 的 Mask 线性插值成特征图中的 ROI 大小，再缩放倍数，得到原图中的 ROI。最后得到的是软掩码，进行阈值分割，得到真正的原图 ROI 掩码。主要代码如下：

```
def unmold_mask(mask, bbox, image_shape):
threshold = 0.5
y1, x1, y2, x2 = bbox
mask = resize(mask, (y2 – y1, x2 – x1))
mask = np.where(mask >= threshold, 1, 0).astype(np.bool)
full_mask = np.zeros(image_shape[:2], dtype=np.bool)
full_mask[y1:y2, x1:x2] = mask
return full_mask
```

10.3.8　Mask R-CNN 实例分割测试结果分析

将 Mask R-CNN 与实例分割中最先进的方法进行比较。Mask R-CNN 模型的所有实例化都优于先前最先进模型的基线变体，包括 MNC 和 FCIS（分别是 2015 年和 2016 年 COCO 细分挑战的获胜者）。基于 ResNet-101-FPN 主干的 Mask R-CNN 在没有附加功能的情况下，性能优于 FCIS+++，其中包括多尺度训练、测试、水平翻转测试和在线难例挖掘（OHEM），测试结果见表 10.4。

该实验使用显卡 Nvidia Tesla M40 来测试 Mask R-CNN 的实例分割效果，单张图片耗时 195ms，大于 5fps。

表 10.4　COCO 测试集上的实例分割指标对比

	backbone	AP	AP$_{50}$	AP$_{75}$
MNC	ResNet–101–C4	24.6	44.3	24.8
FCIS+OHEM	ResNet–101–C5–dilated	29.2	49.5	—
FCIS++++OHEM	ResNet–101–C5–dilated	33.6	54.5	—
Mask R–CNN	ResNet–101–C4	33.1	54.9	34.8
Mask R–CNN	ResNet–101–FPN	35.7	58.0	37.8
Mask R–CNN	ResNet–101–FPN	37.1	60.0	39.4

　　Mask R–CNN 即使在具有挑战性的条件下也能取得良好的效果。图 10.18 比较了 Mask R–CNN 基线和 FCIS+++。FCIS+++ 在重叠的实例上表现出系统性的假象，这表明它受到了实例分割基本困难的挑战。Mask R–CNN 没有显示这样的伪影，它在不同目标的边界位置以及存在遮挡的情况下有较好的预测结果，具有较好的定位、分类和分割效果。可视化对比表明，在不同实例的边界处，Mask R–CNN 处理的边界更为精准，分割质量更高。

图 10.18　Mask R–CNN 与 FCIS+++ 的实例分割对比

本 章 总 结

　　本章通过介绍图像分割的基本任务背景，为深度学习图像分割奠定了理论基础。通过介绍目前语义分割和实例分割网络与数据集的发展，展示了使用深度学习技术构架图像分割网络的趋势。语义分割主要解决的问题是在前端 backbone 提取丰富的特征信息的基础上如何恢复原图相应的细节信息，来给每个像素分类。实例分割技术正向兼并算法实时性和性能高精度的方向发展，单阶段的实例分割在性能上不弱于两阶段的实例分割，但相较于两阶段法的网络架构更为简洁、高效且易于训练，由现存算法的性能比较来看还有提升空间。所以，总体期望发展的方向应该是在追求精度提升的基础上实现快速实时实例分割，更好地应用于实际应用。通过代表性深度学习语义分割网络 DeepLabV3+、实例分割网络 Mask R–CNN 的实例展示，由其基本应用背景、网络设计构架与工作原理、训练细节与测试结果几方面入手，深入阐述了深度学习图像分割网络的设计与构建，同时给出了具体的 Python 实现关键代码，可辅助进行设计与实现。通过本章的学习，可以初步了解与掌握深度学习图像分割网络的原理与应用。

习　　题

1. 简要说明语义分割的基本原理与工作流程。

2. 简要列举并阐述几种常用的实例分割网络模型。

3. 简要阐述深度学习语义分割网络与数据集的发展。

4. 根据文献网址 https://arxiv.org/pdf/1802.02611.pdf 下载文献 *Encoder–Decoder with Atrous Separable Convolution for Semantic Image Segmentation*，并参考该文献简述 DeepLabV3+ 的构架与基本工作原理。

5. 从 开 源 代 码 网 址 https://github.com/tensorflow/models/tree/master/research/deeplab 下载 DeepLabV3+ 与相关数据集，进行训练与测试。

6. 参考 DeepLabV3+、Mask R–CNN 构架提出改进方案，并进行设计、训练与测试。

参 考 文 献

［1］LECUN Y，BOTTOU L. Gradient-based learning applied to document recognition［J］. Proceedings of the IEEE，1998，86（11）：2278-2324.

［2］HE K，ZHANG X，REN S，et al. Deep residual learning for image recognition［C］//2016 IEEE Conference on Computer Vision and Pattern Recognition，2016.

［3］HUANG G，LIU Z，LAURENS V，et al. Densely connected convolutional networks［C］//2017 IEEE Conference on Computer Vision and Pattern Recognition，2017.

［4］SZEGEDY C，LIU W，JIA Y，et al. Going deeper with convolutions［C］//2015. IEEE Conference on Computer Vision and Pattern Recognition，2015.

［5］ZHANG K，ZUO W，CHEN Y，et al. Beyond a Gaussian denoiser：residual learning of deep CNN for image denoising［J］. IEEE transactions on image process，2017，26（7）：3142-3155.

［6］ZHANG K，ZUO W，ZHANG L. FFDNet：toward a fast and flexible solution for CNN based image denoising［J］. IEEE transactions on image processing，2018，27（9）：4608-4622.

［7］KUPYN O，BUDZAN V，MYKHAILYCH M，et al. DeblurGAN：blind motion Deblurring using conditional adversarial networks［C］//2018 IEEE/CVF Conference on Computer Vision and Pattern Recognition，2018.

［8］KUPYN O，MARTYNIUK T，WU J，et al. DeblurGAN-v2：deblurring（orders-of-magnitude）faster and better［C］//2019 IEEE/CVF International Conference on Computer Vision（ICCV），2019.

［9］LEDIG C，THEIS L，HUSZÁR F，et al. Photo-realistic single image super-resolution using a generative adversarial network［C］//2017 IEEE Conference on Computer Vision and Pattern Recognition，2017.

［10］WANG X，YU K，WU S，et al. ESRGAN：enhanced super-resolution generative adversarial networks［J］.Computer Vision：ECCV 2018 workshops，2018：63-79.

［11］REN S，HE K，GIRSHICK R，et al. Faster R-CNN：towards real-time object detection with region proposal networks［J］. IEEE transactions on pattern analysis & machine intelligence，2017，39（6）：1137-1149.

［12］REDMON J，FARHADI A. YOLOv3：an incremental improvement［J］. arXiv e-prints，2018.

［13］BOCHKOVSKIY A，WANG C，LIAO H. YOLOv4：optimal speed and accuracy of object detection［J］. arXiv e-prints，2020.

［14］CHEN L，ZHU Y，PAPANDREOU G，et al. Encoder-decoder with atrous separable convolution for semantic image segmentation［C］//Proceedings of the European Conference on Computer Vision（ECCV），2018.

［15］HE K，GKIOXARI G，DOLLÁR P，et al. Mask R-CNN［C］//2017. IEEE International Conference on Computer Vision，2017.